Heinrich-Karl Podszeck

Trägerfrequenz-Nachrichtenübertragung über Hochspannungsleitungen

Vierte verbesserte Auflage

Springer-Verlag Berlin Heidelberg GmbH 1971

HEINRICH-KARL PODSZECK
Oberingenieur der Siemens Aktiengesellschaft München

Mit 88 Abbildungen

ISBN 978-3-662-10586-3 ISBN 978-3-662-10585-6 (eBook)
DOI 10.1007/978-3-662-10585-6

Ursprünglich erschienen bei Springer-Verlag Berlin Heidelberg New York 1971
Softcover reprint of the hardcovert 4th edition 1971
Library of Congress Catalog Card Number 77-147402

Vorwort zur vierten Auflage

Die Trägerfrequenzübertragung über Hochspannungsleitungen wird ebenso wie die über Postleitungen seit etwa 50 Jahren angewendet. Sie hat sich als lebensnotwendig für die Betriebsführung in Hochspannungsnetzen erwiesen, jedoch ist sie ausschließlich auf Hochspannungsnetze beschränkt. Das Arbeitsgebiet ist somit verhältnismäßig klein, aber es wird viel Entwicklungsarbeit geleistet, um sowohl dem Fortschritt der Hochspannungstechnik als auch dem der Nachrichtentechnik gerecht zu werden.

In der vorliegenden vierten Auflage dieses Buches wird wie bisher versucht, für den Betriebspraktiker die allgemein gültigen Gedankengänge zu den Grundlagen und der Anwendung dieser Technik darzustellen. Der Aufbau und die Wirkungsweise der Trägerfrequenzgeräte wird zwar allgemein beschrieben, jedoch wurde zugunsten der Übersichtlichkeit auf die genauere Schilderung spezieller Ausführungsformen und auf Abbildungen verzichtet, zumal die Geräte der verschiedenen Herstellerfirmen sich nur noch wenig voneinander unterscheiden. Dies ist bedingt durch die Verwendung von Transistoren anstelle der Röhren und durch den allgemein üblichen Aufbau in Steckkartentechnik. In den Lastverteileranlagen der Energieversorgungsbetriebe werden die Mittel der Fernwirktechnik zunehmend durch Verfahren und Geräte der Datentechnik ergänzt, um die Möglichkeiten zur Führung eines Versorgungsnetzes weiter zu verbessern. Infolgedessen sind an einigen Textstellen Themen der Datenfernverarbeitung behandelt, im besonderen also Übertragungskanäle für eine wesentlich höhere Telegrafiergeschwindigkeit, als noch vor 10 Jahren die Regel war.

Bei der Behandlung des Stoffes wurden Erfahrungen verwendet, die sich durch den Gedankenaustausch mit Fachleuten aus zahlreichen Ländern in der CIGRE während der letzten 20 Jahre ergeben haben.

Der Text soll für den Starkstromtechniker und den Nachrichtentechniker gleichermaßen lesbar sein. Fachausdrücke aus der Fernmeldetechnik werden nicht besonders definiert; zum Verständnis genügt es, an den im Sachverzeichnis angegebenen Textstellen nachzulesen. Wo das Eingehen auf Einzelheiten zu weit vom Hauptthema ablenken würde, finden sich Hinweise auf Literaturstellen und entsprechende Erklärungen im Anhang.

Im Schrifttumsverzeichnis sind nur einige der zahlreichen Arbeiten angezogen, soweit sie ein tieferes Verständnis für theoretische Zusammenhänge oder Kenntnisse über angrenzende Sachgebiete, wie etwa die Fernwirk- oder Netzschutztechnik, vermitteln. Im Text wird durch Ziffern in eckigen Klammern auf diese Literaturstellen verwiesen.

Es wurden Fotografien zu Abbildungen verwendet, die die Herstellerfirmen bereitwillig zur Verfügung stellten, und auch einige Textstellen aus geeigneten Originalarbeiten, deren Wiedergabe von den Verlegern gebilligt wurde. Die Herren Dr.-Ing. E. Alsleben, München, und Ing. G. Bergmann, München, haben die Arbeit an der vierten Auflage durch Beiträge und wertvolle Ratschläge gefördert. Allen sei an dieser Stelle nochmals gedankt.

München, im Februar 1971

H.-K. Podszeck

Inhaltsverzeichnis

Verzeichnis der Abkürzungen

AIEE	American Institut of Electrical Engineers
CCITT	Comité Consultatif International Télégraphique et Téléphonique
CEI	Commission Electrotechnique Internationale
CIGRE	Conférence Internationale des Grands Réseaux Electriques à Haute Tension
IEC	International Electrotechnical Commission
UCPTE	Union pour la Coordination de la Production et du Transport de l'Electricité

1. Werkseigene Nachrichtenanlagen für die Führung des Hochspannungsbetriebes

Die Versorgung großer Gebiete mit elektrischer Energie über Hochspannungsfreileitungen hat einen solchen Umfang, daß ein umfassendes Nachrichtennetz als Hilfsmittel für die Betriebsführung unerläßlich geworden ist. Die Nachrichtenanlagen dienen

a) der Führung des Betriebes, bei der man bestrebt ist, die Energie an die Verbraucher zuverlässig und billig zu liefern;

b) der Überwachung des Betriebszustandes, um den vorliegenden Leistungsbedarf möglichst mit der vereinbarten Spannung und Frequenz zu befriedigen;

c) der Eingrenzung von Störungen der Energieversorgung auf tunlichst kleine Gebiete und auf möglichst kurze Zeiten.

Zur Lösung dieser Aufgaben werden in einem Verbundnetz beispielsweise zwischen den verschiedenen Kraftwerken Nachrichten über den zweckmäßigen Einsatz von Dampf- und Wasserkraftwerken ausgetauscht, ebenso Entscheidungen getroffen, in welchem Maße Energie selbst erzeugt oder von anderen Stellen bezogen werden soll. An den Übergangsstellen zwischen verschiedenen Teilen des Hochspannungsnetzes wird meist ein bestimmter Fahrplan eingehalten, damit Belastungsspitzen in wirtschaftlicher Weise aufgefangen werden können. Auch zwischen den Energieerzeugungsstellen und den großen Verbrauchergruppen (Industriewerke, Stadtgemeinden, Bahnbetriebe) werden Nachrichtenverbindungen gebraucht, um die Energielieferung befriedigend durchzuführen.

Wenn Störungen im Hochspannungsbetrieb auftreten, muß man sich rasch auch zwischen den weit voneinander entfernt liegenden Stationen des Hochspannungsnetzes über ihre Ursachen verständigen, sie beseitigen und ihre Auswirkungen auf eine möglichst kleine Zeitspanne beschränken.

Das Nachrichtennetz eines Elektrizitätsversorgungsbetriebes muß also die Kraftwerke, die Umspannwerke und die Übergabepunkte zu Netznachbarn und Großverbrauchern miteinander verbinden. Außer diesen „Bezirksnetzen", die der Betriebsführung innerhalb eines Elektrizitätsversorgungsbetriebes dienen, werden noch Fernverbindungen gebraucht, die über den Versorgungsbereich des Betriebes hinausgehen und einen Nachrichtenaustausch zwischen allen auf das Verbundnetz arbeitenden Werken ermöglichen. Durch das „Fernnetz“ werden nur die Stellen miteinander verbunden, die über den Energieaustausch eines ganzen Versorgungsbereichs mit den Netznachbarn verfügen.

Diese „Lastverteiler“ müssen nicht unbedingt in einer Hochspannungsstation untergebracht sein. Sie können sich auch im Hauptverwaltungsgebäude eines Elektrizitätsversorgungsbetriebes in einer Großstadt weitab von jeder Hochspannungsanlage befinden. Es ist lediglich nötig, daß sie durch Nachrichtenanlagen mit allen für die Stromerzeugung und Stromverteilung wichtigen Stationen ihres Hochspannungsnetzes verbunden sind. In einem solchen Lastverteilerraum enden nicht nur die Fernsprechverbindungen; in Netzbildern werden der Schaltzustand und die wesentlichen Meßwerte aus dem Hochspannungsnetz durch Fernübertragungsanlagen ununterbrochen wiedergegeben.

Die größte Bedeutung für die Übermittlung allgemeiner Nachrichten hat naturgemäß der Fernsprecher. Für manche Aufgaben aber, wie zum Beispiel die ständige Fernüberwachung von Meßwerten, kommt es darauf an, ununterbrochen zu übertragen ohne Inanspruchnahme von Bedienungspersonal. In anderen Fällen, wie etwa für den selektiven Streckenschutz, muß in Bruchteilen von Sekunden das Ansprechen von Netzschutzrelais über große Entfernungen gemeldet und es müssen selbsttätig, ohne Mitwirkung des Bedienungspersonals, Leitungen abgeschaltet werden. Neben dem Fernsprechen spielen deshalb auch andere Nachrichtenmittel, wie das Fernschreiben, das Fernmessen und Fernzählen, die Schalterstellungsfernmeldung und das Fernsteuern, das Fernregeln und die Fernübertragung von Selektivschutzsignalen, eine große Rolle.

Für die Lösung aller dieser Übertragungsaufgaben wurden im Laufe der Zeit werkseigene Nachrichtennetze aufgebaut. Das öffentliche Fernsprechnetz ist nicht genügend frei von Störungen und steht in dringenden Fällen nicht immer sofort dem Betrieb zur Verfügung. Weder die Wartezeiten im Verbindungsaufbau noch die Abhängigkeit von betriebsfremden Verwaltungen bei der Beseitigung von Störungen lassen sich mit den Betriebserfordernissen der Elektrizitätswerke vereinbaren. Meistens liegen auch die Hochspannungsstationen weitab von den dichter besiedelten Bezirken, die in einem Stadtgebiet durch das öffentliche Fernsprechnetz erfaßt werden, und könnten nur über besonders zu bauende Ausläuferstrecken überhaupt angeschlossen werden. Die Freizügigkeit in der Umschaltung und kurzzeitigen Unterbrechung von Verbindungswegen, die sich die Postbehörden im Interesse einer regelmäßigen Durchprüfung und Überholung ihrer Verbindungen vorbehalten müssen, damit alle öffentlichen Teilnehmer gleichmäßig zufriedengestellt werden können, läßt sich beispielsweise mit der Dauerübertragung eines Fernmeßwertes für ein Kraftwerk schlecht vereinbaren, in dem eine Maschinenleistung nach einem aus mehreren fernübertragenen Summanden zusammengesetzten Gesamtwert geregelt wird. Auch der nur kurzzeitige Ausfall eines Summanden durch Maßnahmen einer fremden Verwaltung würde die Grundlagen für den ganzen Kraftwerksbetrieb fälschen.

Alle diese Gesichtspunkte haben dazu geführt, daß die Elektrizitätswerke sich werkseigene Nachrichtenanlagen aufgebaut haben. Es kann zwar in einzelnen Fällen zweckmäßig sein, eine Verbindung des öffentlichen Netzes zu benutzen oder eine Leitung zu mieten, jedoch ist dies meistens nur bei kurzen Entfernungen wirtschaftlich; die Benutzungskosten oder die Mietkosten einer derartigen Verbindung werden gegenüber den Einrichtungs- und Betriebskosten einer werkseigenen Anlage mit wachsender Entfernung rasch sehr hoch.

Bereits bei städtischen Elektrizitätswerken werden werkseigene Nachrichtennetze eingerichtet, wenn es sich um größere Städte handelt, damit stets betriebsbereite, vom allgemeinen Nachrichtenverkehr freie Verbindungen ausschließlich dem Betriebsdienst der Stromversorgung zur Verfügung stehen. Die Leitungen werden fast ausnahmslos verkabelt und sind frei von Witterungseinflüssen, wie Gewitter, Sturm und Rauhreif. In ihrer Betriebsweise besteht kein Unterschied gegenüber der normalen Postleitungen.

Die Energieversorgung in Länder- und Verbundnetzen arbeitet über wesentlich größere Entfernungen als ein städtischer Stromversorgungsbetrieb. Solange es sich um Betriebsspannungen bis etwa 60 kV handelt sind die technischen Voraussetzungen gegeben, auf den Hochspannungsgestängen ein besonderes Freileitungspaar für Fernsprechzwecke mitzuverlegen. Werden die Hochspannungsleitungen verkabelt, so verlegt man im gleichen Kabelgraben ein Fernmeldekabel. In beiden Fällen sind besondere Schutzeinrichtungen an den Enden der Fernmeldeleitungen nötig, um die durch Hochspannungsbeeinflussung entstehende Gefährdungsspannung zwischen Fernmeldeleitung und Erde von den angeschlossenen Fernmeldegeräten fernzuhalten. Wenn mehr als ein Drahtpaar für Nachrichtenübertragungen auf einem Hochspannungsgestänge gebraucht wird, verwendet man anstelle von Freileitungen mehrpaarige Nachrichtenkabel. Diese können in Mittelspannungsnetzen an einem zwischen den Hochspannungsmasten gespannten Tragseil aufgehängt werden oder aber auch in der Zugfestigkeit des Mantels so bemessen sein, daß es keines besonderen Tragseiles mehr bedarf. Solche „selbsttragenden Luftkabel“ werden unterhalb der Hochspannungsfreileitungen aufgehängt und stellen reine Nachrichtenkabel dar. Sie können aber auch als Erdseile von Hochspannungsfreileitungen ausgebildet werden. Dann werden sie nicht mehr unterhalb, sondern oberhalb der Hochspannungsfreileitungen verlegt und genau wie die Erdseile an den Spitzen der einzelnen Maste möglichst gut geerdet. Der Mantel eines derartigen Kabels übernimmt dann die Funktion des Erdseils für die Hochspannungsanlage, ist also für den Blitzstrom bemessen, während im Innern einige Adernpaare für Fernmeldzwecke untergebracht sind.

Es sind auch Erdseile in Betracht gezogen worden, die als Trägerfrequenzkabel ausgebildet sind. Sie haben den großen Vorteil, daß über sie sehr viele Trägerfrequenz-Nachrichtenkanäle arbeiten können und dabei nur wenige Adern im Kabel enthalten zu sein brauchen. Das Gewicht des Kabels bleibt also klein. Außerdem tritt keine unerwünschte Ausbreitung der hochfrequenten Nachrichtenströme auf wie bei der Benutzung des vermaschten Hochspannungsnetzes als Nachrichtenleitung. Man ist auch nicht auf einen so schmalen Frequenzbereich angewiesen wie bei der Trägerfrequenzübertragung über Hochspannungsfreileitungen, man kann also normale, für die Postbehörden entwickelte Trägerfrequenzsysteme anwenden. Obwohl diese Überlegungen seit vielen Jahren bekannt sind[1], beginnt man erst jetzt, derartige selbsttragende Trägerfrequenzkabel als Blitzseile von Hochspannungsleitungen zu verwenden. Sie waren so lange unwirtschaftlich, als man nicht eine genügend große Zahl von Nachrichtenkanälen längs einer Hochspannungsleitung brauchte oder die zu überbrückenden Entfernungen zu groß wurden.

Die Enden der Adernpaare von selbsttragenden Luftkabeln müssen wie die hochspannungsbeeinflußter Erdkabel oder Freileitungen mit Schutzeinrichtungen für die Fernmeldegeräte abgeschlossen werden. Während man mit Nachrichtenfreileitungen an Hochspannungsgestängen bis zu etwa 60 kV Betriebsspannung bei Anwendung geeigneter Schutzeinrichtungen technisch befriedigende Ergebnisse erreicht hat, sind Erdkabel parallel zu Hochspannungskabeln und selbsttragende Luftkabel für niederfrequente Nachrichtenübertragung auf den Gestängen von Hochspannungsfreileitungen bis zu Betriebsspannungen von 220 kV gebaut worden.

Für die Elektrizitätsversorgungsbetriebe ist das Hochspannungsnetz selbst das natürliche Mittel für die Nachrichtenübertragung, da die Stationen, die miteinander verkehren sollen, durch die Hochspannungsleitungen miteinander verbunden sind.

Aus technischen und wirtschaftlichen Gründen kann man die verkabelten Hochspannungsnetze der städtischen Stromversorgungsunternehmen jedoch nicht für die Nachrichtenübertragung benutzen. Bei den kleinen Entfernungen innerhalb eines Stadtgebietes sind werkseigene verkabelte Fernmeldeleitungen mit wesentlich geringerem Aufwand einzurichten als eine Nachrichtenanlage, die das städtische Stromverteilungsnetz als Nachrichtenleitung benutzen würde. Bei genügend großer

---

[1] Siehe auch 1. Aufl. dieses Buches [*3*, S. 166].

Entfernung zwischen den Teilnehmern des Nachrichtenverkehrs jedoch lohnt es sich, keine Fernmeldeleitungen mehr zu verlegen, sondern mittels besonderer Trägerfrequenzgeräte den Nachrichtenverkehr direkt über die Hochspannungsleitung abzuwickeln. Technisch durchführbar ist dies, solange es sich um Hochspannungsfreileitungen handelt. Auch Kabel bis zu etwa 30 km Länge sind brauchbar. Kürzere Hochspannungskabelstücke (bis zu einigen Kilometern Länge) im Zuge der Hochspannungsleitungen bringen keine besonderen technischen Schwierigkeiten.

Für alle Energieversorgungsbetriebe, die über lange Freileitungen arbeiten, ist das Hochspannungsnetz der wichtigste Nachrichtenweg. Die Hochspannungsleitungen sind mechanisch viel sicherer gebaut als Nachrichtenfreileitungen und bieten deshalb die nötige Betriebssicherheit. In den Hochspannungsnetzen mit Betriebsspannungen von 60 kV an aufwärts haben dementsprechend Trägerfrequenz-Nachrichtengeräte weitgehend Anwendung gefunden. Die Grenze für ihre Verwendung ist vornehmlich wirtschaftlicher Natur. Bei niedrigeren Netzspannungen nimmt im allgemeinen die Vermaschung zu, auch liegen die Stationen näher beieinander, und besondere Nachrichtenleitungen werden dann billiger als die Kosten der Leitungsausrüstung und der Trägerfrequenzgeräte.

Solange es, wie bisher, darauf ankommt, auf einer langen Hochspannungsfreileitung nur wenige Nachrichtenkanäle für die betrieblichen Belange der Elektrizitätswerke einzurichten, bleibt bei dem gegebenen Stand der Nachrichtentechnik die Trägerfrequenzübertragung über das Hochspannungsnetz das vorherrschende Nachrichtenmittel. Mitunter werden aber auf einer Strecke auch viele Nachrichtenverbindungen gebraucht. Solche stärkeren Bündel von Nachrichtenkanälen könnte man mit Vielfachsprechsystemen aus der Posttechnik einrichten, die den besonderen Betriebsbedingungen der Hochspannungsleitungen angepaßt sein müssen; dabei ergeben sich aber öfters Erschwernisse in der Frequenzplanung und auch für die Reichweite der Verbindungen (s. S. 90). Gebräuchlicher ist es bis jetzt, für diesen Zweck eine drahtlose Übertragung im Ultrakurzwellenbereich zu verwenden, also „Funkbrücken". Bei dieser Übertragungsart wird durch Richtantennen eine Bündelung der abgestrahlten Energie erreicht, und man kann infolgedessen mit verhältnismäßig geringer Sendeleistung arbeiten. Gewisse Überschreitungen der optischen Sicht sind bei zunehmender Wellenlänge, bereits im Metergebiet, möglich. Man kann jedoch auf diese Weise die Reichweite nicht beliebig vergrößern. Aus wirtschaftlichen Gründen ist eine Vergrößerung der Sendeleistung nicht zweckmäßig. Das wirksamste Mittel zur Vergrößerung der Reichweite besteht darin, die Antennen möglichst hoch aufzustellen. Bei großen Entfernungen werden unterwegs Zwischenverstärker gebraucht. Die Kosten derartiger Richtverbindungen sind immerhin so groß, daß sie nur als Vielfachnachrichtenverbindung zwischen den Knotenämtern des Nachrichtennetzes in Betracht kommen.

Im Ultrakurzwellenbereich kann auch eine Rundstrahlung mit kleiner Sendeleistung durchgeführt werden, der wirtschaftliche Aufwand bleibt deshalb erträglich. Sie ist besonders geeignet, um innerhalb eines bestimmten Umkreises ortsveränderliche Stationen zu erreichen, also die Arbeitskolonnen, die Reparaturen an den Hochspannungsleitungen ausführen. Die Reichweite dieser nach Art des Polizeifunks ausgebildeten Anlagen hängt ebenfalls im wesentlichen von der Antennenhöhe ab. Diese Art der Nachrichtenübertragung ist als „Störtruppfunk" für Mittelspannungsnetze geringer Ausdehnung geeignet und stellt dort gewissermaßen einen beweglichen Arm als Verlängerung des Drahtnachrichtennetzes dar; bei Höchstspannungsleitungen großer Länge dagegen genügt die Reichweite nicht. Zwischen ortsfesten Stationen ist eine Rundstrahlung im Ultrakurzwellengebiet technisch unzweckmäßig, auch sind in der Regel bereits in normalen Mittelspannungsnetzen bis etwa 30 kV die zu überbrückenden Entfernungen größer als die optische Sicht.

Die Trägerfrequenzübertragung über Hochspannungsleitungen ist vorwiegend geeignet für die Nachrichtenübertragung über große Entfernungen. Bei der Untersuchung, welche Art von Nachrichtenweg bei einem bestimmten Bauvorhaben technisch und wirtschaftlich außer dem Hochspannungsnetz noch geeignet sein könnte, entfallen alle Nachrichtenleitungen, die ein eigenes Nachrichtengestänge voraussetzen, da dessen Bau- und Unterhaltungskosten für große Leitungslängen nicht vertretbar sind. Bei Betriebsspannungen bis zu 60 kV, also in Mittelspannungsnetzen, muß man einen Vergleich mit einer Freileitung oder einem Luftkabel am Hochspannungsgestänge anstellen, bei Betriebsspannungen von 220 kV an mitunter mit einer Richtfunkverbindung. Es lassen sich keine allgemeingültigen Regeln aufstellen, nach denen man entscheiden kann, wo werkseigene Fernmeldeleitungen zweckmäßiger sind, wo Trägerfrequenzübertragungen über Hochspannungsleitungen und wo Funkverbindungen, jedenfalls lassen sie sich nicht so genau fassen, daß mit Sicherheit jeder Einzelfall danach beurteilt werden könnte. Das Anwendungsgebiet der Trägerstromübertragung über Hochspannungsleitungen liegt vornehmlich bei hohen Betriebsspannungen und einer relativ kleinen Zahl von Nachrichtenkanälen.

2. Nachrichtenübertragungsaufgaben im Elektrizitätswerksbetrieb

Man kann die von den Elektrizitätswerken zum Betrieb ihrer Energieverteilungsnetze benutzten Nachrichtenmittel in drei Gruppen einteilen, und zwar: Fernsprechen, Fernwirken und Fernschreiben. Die älteste und wichtigste Übertragungsaufgabe ist das Fernsprechen. Es entstanden etwa vom Jahre 1920 an in verschiedenen Ländern Trägerfrequenz-Fernsprechverbindungen, die über Hochspannungsleitungen arbeiteten; diese Einzelverbindungen wuchsen allmählich zu größeren Fernsprechnetzen zusammen. Mit der Einführung der Verbundwirtschaft entstanden im Laufe der Zeit große werkseigene Trägerfrequenz-Fernsprechnetze. Das in der UCPTE zusammengeschlossene Verbundnetz zum Beispiel enthält Tausende von Trägerfrequenzgeräten.

Unter der Bezeichnung „Fernwirken" wurden etwa im Jahre 1932 im deutschen Sprachbereich mehrere besondere Betriebsführungsmittel für Elektrizitätswerke zusammengefaßt, und zwar das Messen und Zählen, das Regeln und Steuern sowie das Melden der Ergebnisse, alles durchgeführt über große Entfernungen. Der Sprachgebrauch hat sich im Laufe der Jahre etwas gewandelt. Heute ist der Begriff nicht mehr an die Betriebsführungsmittel der Elektrizitätswerke gebunden. Man versteht unter Fernwirken jetzt allgemein die Übertragung und damit verkettete Verarbeitung systemgebundener, also nicht willkürlich änderbarer technischer Informationen von Mensch zu technischen Einrichtungen, oder umgekehrt, oder auch zwischen den technischen Einrichtungen untereinander. Fernwirkanlagen bestehen somit aus Einrichtungen zur Informationseingabe, -übertragung und -ausgabe einschließlich der zugehörigen Informationsverarbeitungsgeräte[1]. In der Elektrizitätsversorgung zählen demnach zu den Fernwirkanlagen

a) Fernüberwachungsanlagen, wie
   Fernmeß- und Fernzählanlagen,
   Fernanzeige- und Fernsignalisierungsanlagen,

b) Fernsteueranlagen,

c) Fernregelanlagen

und deren Kombinationen (beispielsweise Fernbedienungsanlagen).

Unter „Messung" wird die Feststellung eines Momentanwertes, wie Wirkleistung oder Blindleistung (kW), verstanden, im Gegensatz zur „Zählung", die Mengenwerte erfaßt, wie elektrische Arbeit (kWh). Meßwerte können angezeigt, ihr zeitlicher Verlauf kann auch mit schreibenden Instrumenten auf einem durch ein Uhrwerk fortbewegten Papierband

[1] Diese Begriffsbestimmung wurde im Jahre 1960 von Vertretern Deutschlands, Österreichs und der deutschsprachigen Schweiz gefunden.

aufgezeichnet werden (Tintenschreiber). Zählwerte dagegen werden durch Einrichtungen wiedergegeben, die Mengenwerte über einen gewissen Zeitraum anzeigen, schreiben oder in Zahlen drucken (Zahlentrommelwerk, Maximumschreiber, Drucker).

Unter „Fernmessung" versteht man allgemein eine Übertragung von Meßgrößen, wenn am Sendeort zum Zwecke der Fernübertragung der Meßwert in eine Hilfsgröße umgeformt und damit unabhängig von der Länge und sonstigen physikalischen Eigenschaften der Übertragungsleitung gemacht wird [*5*]. Bei der „Fernzählung" handelt es sich immer darum, daß einem bestimmten Teil einer zu zählenden Arbeitsmenge ein Stromstoß entspricht, der durch kurzzeitiges Schließen eines Zählkontaktes ausgesandt wird. Das Zählwerk am Empfangsort wird durch diesen Impuls um einen Schritt weiter fortgeschaltet. Wächst die zu zählende Menge rasch, so kommen die Impulse häufiger, das Zählwerk läuft schneller, wächst die Menge langsamer, so kommen weniger Impulse, das Zählwerk läuft langsamer.

Die Hilfsgröße, in die ein zu übertragender Meß- oder Zählwert umgeformt wird, kann nach einem solchen „Analogverfahren" gebildet werden. Bei der Fernmessung stellt beispielsweise eine meßwertproportionale Impulsfrequenz den Meßwert dar oder auch eine dem Meßwert proportional veränderbare Tonfrequenz. Bei der Fernzählung entspricht ein übertragener Impuls einer bestimmten Menge. Verwendet man solche Analogverfahren, dann ist für die Übertragungstechnik der grundsätzliche Unterschied zwischen Messung und Zählung von Bedeutung: gehen Fernmeßimpulse infolge einer Übertragungsstörung verloren, so ist die Momentanwertanzeige falsch; wenn die Störung vorüber ist, zeigt das Anzeigeinstrument (oder schreibt das registrierende Instrument) wieder richtig. Gehen dagegen Fernzählimpulse verloren (oder kommen Störimpulse hinzu), so wird das Zählwerk in der Empfangsstelle falsch betätigt, und dieser Fehler ist fortan in der Zählwertangabe enthalten. Im Laufe der Zeit addieren sich alle Fehler. Es wurde in der Fernzähltechnik deshalb viel Mühe darauf verwandt, eine „Zählerstandübertragung" durchzubilden, bei der in gewissen Zeitabständen der Stand des Zählwerkes festgestellt und fernübertragen wird. Jede Zählerstandübertragung ist unabhängig davon, ob vor Beginn des kurzzeitigen Zählerstand-Meldevorganges Übertragungsfehler vorgekommen waren oder nicht.

Als Hilfsgröße für die Übertragung von Meß- oder Zählwerten können auch Codezeichen verwendet werden. Der Meßbereich wird dabei in kleine Abschnitte zerlegt (quantisiert) und jedem Abschnitt ein codiertes Zeichen zugeordnet (wie jedem Buchstaben in der Telegrafie). Auch beim Fernzählen kann jeder Impuls codiert werden. Diese „Pulscodeverfahren" lassen sich besonders sicher gegen Störungen ausbilden, so daß sich für Messung und Zählung keine unterschiedlichen Anforderungen mehr an die Sicherheit des Übertragungskanals ergeben wie bei den Analogverfahren.

Fernanzeige- und Fernsignalisierungsanlagen übermitteln Zustandsmeldungen, die meist von Meldekontakten ausgehen, wie Meldeanlagen für Schalterstellungen, das Ansprechen von Erdschlußrelais oder sonstiger Warneinrichtungen. Die Übertragungskanäle sind im Gegensatz zu Fernmeßkanälen nur kurzzeitig belegt und für viele verschiedene Meldevorgänge ausreichend, wenn man die bisher fast ausschließlich verwendeten Start-Stop-Geräte zur Ein- beziehungsweise Ausgabe der Informationen und deren Umwandlung in Codezeichen benutzt. Allerdings sind mit der Entwicklung der elektronischen Bauelemente auch für Meldeanlagen wieder Zeitmultiplexverfahren mit zyklischer Wiederholung entwickelt worden, durch die der Übertragungskanal dauernd belegt ist. Die alten Zeitmultiplexverfahren mit mechanischen Bauelementen waren wegen ihres langsamen Umlaufs, ihrer Schwerfälligkeit in der Anpassung an die unterschiedlichen Ausbauzustände der Stationen und wegen des Verschleißes ihrer Bauelemente fast ganz außer Gebrauch gekommen.

Fernsteueranlagen [*4*, *9*] sind mit ähnlichen Ein- und Ausgabegeräten aufgebaut wie die Fernanzeigeanlagen, während Fernregelanlagen praktisch nur erweiterte Fernmeßanlagen darstellen, in denen die fernübertragene Größe am Empfangsort fortlaufend einen Regler betätigt.

Anlagen für den Netzschutz gehören so lange nicht zur Fernwirktechnik, wie sie lediglich an den beiden Enden einer Hochspannungsleitung messende Relais enthalten, die auf Überstrom, Erdschluß und Energierichtungswechsel ansprechen. Diese Schutzrelaissätze lösen gegebenenfalls den Leitungsschalter nur auf Grund eines örtlichen Meßvorgangs aus. In einem Teil des Meßbereichs jedoch ist zusätzlich eine Signalübertragung zwischen den Relaissätzen an den Enden einer Leitung nötig, um die Abschaltgeschwindigkeit zu erhöhen. Besonders in Netzen über 110 kV, in denen der Nullpunkt des Drehstromsystems starr geerdet wird, will man mit der Kurzschlußfortschaltung möglichst rasch einen Hochspannungsfehler beseitigen und braucht deshalb sehr schnell arbeitende Netzschutzanlagen. Mit der Signalübertragung zwischen den Schutzrelaissätzen zählt dann auch eine Netzschutzanlage zu den Fernwirkanlagen [*7*].

Man kann die verschiedenen Übertragungsaufgaben, die durch die Nachrichtenanlagen der Elektrizitätswerke gelöst werden müssen, nach zwei verschiedenen Richtlinien ordnen. Einmal kann man danach gliedern, ob von den beiden möglichen Verkehrsrichtungen auf einer Nachrichtenleitung nur eine Verkehrsrichtung, beide Verkehrsrichtungen zeitlich nacheinander oder beide Verkehrsrichtungen gleichzeitig in Anspruch genommen werden. Zum andern lassen sich die Aufgaben nach der unterschiedlichen Übertragungsdauer gliedern in solche, die eine Verbindung zeitlich unbegrenzt belegen, dann solche, bei der die Dauer der Belegung vom Bedienungspersonal willkürlich begrenzt wird, und solche, bei denen die Dauer der Leitungsbelegung durch das Arbeitsprinzip der angeschlossenen Geräte selbsttätig begrenzt ist.

Ordnet man die Übertragungsaufgaben, die im Elektrizitätswerksbetrieb häufiger vorkommen, nach den beiden angegebenen Richtlinien, so erhält man eine gewisse Übersicht (Abb. 1), die allerdings nicht alle in der Praxis vorkommenden Abarten der einzelnen Aufgaben erfassen kann. In der modernen elektronischen Fernwirktechnik gibt es, wie erwähnt, neben den nach einem Start-Stop-Prinzip arbeitenden Codeverfahren auch ein Zeitmultiplexprinzip, mit dem ein Übertragungsweg in einer Verkehrsrichtung dauernd belegt wird. Eine andere Besonderheit der Übertragungsaufgabe ist mit der Wahlfernmessung gegeben. Meistens wählt man die Meßstellen vom Empfangsort aus. Dazu wird natürlich nicht nur in der Übertragungsrichtung für die eigentliche Fernmessung, sondern auch in der entgegengesetzten Richtung für die Anwahl ein Übertragungskanal gebraucht; ebenso ist bei der Fernregelung ein Übertragungskanal entgegengerichtet dem eigentlichen Regelkanal nötig, damit man das Regelergebnis dauernd vor Augen hat und dementsprechend weiterregeln kann. Auch eine Fernmeldeanlage für Schalterstellungen kann man lediglich dann in nur einer Verkehrsrichtung betreiben, wenn man darauf verzichtet, von der Meldungsempfangsstelle aus auch eine Abfrage durchzuführen. Man braucht aber Kanäle in beiden Verkehrsrichtungen zeitlich nacheinander, sobald die überwachende Stelle in der Lage sein soll, auch von sich aus die Stellungen der Schalter in der entfernten überwachten Stelle abzufragen.

Beim normalen Betrieb einer Fernmeldeleitung entsteht kein unterschiedlicher Geräteaufwand für die Übertragung, wenn die Leitung in beiden Verkehrsrichtungen benutzt wird – wie bei Rede und Gegenrede während eines Gespräches – oder nur in einer Richtung, wie bei der Fernmessung oder Fernzählung. Wenn dagegen die Nachrichtenverbindung mit Trägerfrequenzgeräten aufgebaut wird, ist wie bei Funkwegen in jeder Station für den abgehenden Verkehr ein Sender, für den ankommenden Verkehr ein Empfänger nötig; bei Ausnutzung beider Verkehrsrichtungen sind also doppelt soviel Geräte erforderlich wie beim Aufbau einer Verbindung für nur einseitig gerichteten Verkehr. Man muß deshalb beim Entwurf der Trägerfrequenz-Nachrichtenanlagen unterscheiden, ob zur Lösung einer gestellten Aufgabe nur eine oder beide Verkehrsrichtungen gebraucht werden. Besonders dann, wenn ein Nachrichtenkanal in einer Verkehrsrichtung nur kurzzeitig belegt ist, wie zum Beispiel durch Schalterstellungsabfrage in einer Überwachungsanlage für Schalterstellungen, lohnt sich der Aufwand für einen Ab-

Richtung	Übertragungsaufgabe		Übertragungsdauer		
			unbegrenzt	willkürlich begrenzt	selbsttätig begrenzt
beide Verkehrsrichtungen gleichzeitig	A	Fernsprechen		jedes Ferngespräch	—
	B	Fernschreiben	—	jedes Fernschreiben	—
	C	Fernwirken			
		Leitungsschutz	—	—	jeder Leitungsschutz
beide Verkehrsrichtungen zeitlich nacheinander		Meldung	—	—	Schalterstellung Buchholzschutz, Manometerkontakt usw.
		Steuerung	—	—	Schalterstellung Parallelschalten, Meßwertanwahl usw.
nur eine Verkehrsrichtung		Messung	1. Registrier-Empfänger 2. Summierung des Fernmeßwertes an der Empfangsstelle mit anderen Summanden 3. Ableitung von Regelimpulsen an der Empfangsstelle	Wahlfernmessung	Meßwertabfrage
		Zählung	jede Zählung	—	Zählerstandmeldung
		Regelung	selbsttätige Fernregelung von Frequenz, Leistung usw.	stetige Handfernregelung von Generatoren, Wasserschiebern Sollwertsanzeigern usw.	schrittweise Handfernregelung von Stufentransformatoren

Abb. 1. Übertragungsaufgaben für den Nachrichtenverkehr in Hochspannungsnetzen

fragekanal wirtschaftlich nicht. Meist ist er wirtschaftlich und technisch (Frequenzplanbelegung) nur im Zusammenhang mit anderen, in gleicher Verkehrsrichtung arbeitenden Übertragungen vertretbar.

Die gebräuchlichen Trägerfrequenz-Fernsprechgeräte sind so ausgebildet, daß beide Verkehrsrichtungen gleichzeitig zur Verfügung stehen; einer der beiden Gesprächspartner kann also dem anderen ins Wort fallen. Es gibt jedoch auch Trägerfrequenzgeräte, durch die beide Verkehrsrichtungen nur zeitlich nacheinander belegt werden.

Von den genannten Nachrichtenmitteln sind das Fernsprechen und das Fernschreiben naturgemäß für Mitteilungen allgemeiner Art geeignet. Je größer die Elektrizitätsversorgungsnetze wurden, desto größer wurde auch der Bedarf an Nachrichtenmitteln für die Führung des technischen Betriebes der Hochspannungsanlagen. Gleichzeitig wuchs aber auch der Bedarf an Nachrichtenwegen für den Verwaltungsdienst. Insbesondere können die Nachrichtenwege zwischen den Hauptverwaltungen der großen Unternehmen manchmal derartig belegt sein, daß bei bestimmten stark belasteten Verbindungen der Betriebsmann in einer ähnlichen Lage ist, wie er bei Benutzung des öffentlichen Nachrichtennetzes wäre: die Verbindungen sind dauernd besetzt. Der Fernsprechverkehr in den werkseigenen Nachrichtenanlagen kann dann aber durch Aufschalterechte so eingerichtet werden, daß Betriebsgespräche den Vorrang vor Verwaltungsgesprächen haben.

Beim Fernschreiben kommt es meist nicht auf eine Aussprache zwischen den beiden Partnern an, sondern nur auf eine zunächst einseitige Mitteilung vom Absender zum Empfänger. Es haben sich im Laufe der Jahre zwei verschiedene Anwendungsgebiete herausgebildet, die die Wahl des Nachrichtenweges für eine Fernschreibverbindung bestimmen. Handelt es sich um den Fernschreibverkehr zwischen Stellen, die vorwiegend Verwaltungsnachrichten durchzugeben haben, so liegen die Teilnehmer für diese Art von Fernschreibmitteilungen meist in Orten, die bereits durch das Postnetz gute Nachrichtenverbindungen miteinander haben. Das öffentliche Fernschreibnetz arbeitet ausschließlich mit Selbstfernwahl und ist nicht so stark besetzt wie das Fernsprechnetz, auch kann für eine Fernschreibmitteilung des Verwaltungsdienstes im allgemeinen eine Wartezeit in Kauf genommen werden, wenn der Fernschreibanschluß des Adressaten zufällig besetzt sein sollte. Diese Art von Fernschreibverkehr wird für Energieversorgungsbetriebe, zumal es sich auch oft um betriebsfremde Partner handelt, wie Regierungsstellen, öffentliche Verwaltungen, Lieferfirmen, über das öffentliche Fernschreibnetz abgewickelt.

Kommt es dagegen darauf an, zwischen betriebswichtigen Punkten des Hochspannungsnetzes als Ergänzung zum Betriebsfernsprecher eine Fernschreibverbindung ausschließlich für die technische Betriebsführung einzurichten, so sind die Voraussetzungen zum Bau einer werkseigenen

Fernschreibanlage gegeben. Die Teilnehmer sind Personen in Kraft- oder Umspannwerken eines Energieversorgungsbetriebes, zwischen denen Schaltbefehle und sonstige kurze wichtige Meldungen zur Vermeidung von Hörfehlern schriftlich übermittelt werden sollen oder auch längere Fernschreiben zur Entlastung des Fernsprechnetzes. Es liegt nahe, hierfür werkseigene Fernschreibverbindungen über Hochspannungsleitungen aufzubauen, die von fremden Verwaltungen unabhängig und stets betriebsbereit sind.

In der Leitstelle der Lastverteileranlage eines größeren Netzes kommen sehr viele Fernwirkinformationen zusammen. Es liegt nahe, zur Entlastung des Personals einen „Prozeßrechner“ in die Fernwirkanlage einzufügen, der die Informationen aufnimmt und verarbeitet. Ob ein solcher Rechner auch selbst in die Betriebsführung eingreifen soll, hängt weitgehend davon ab, wie weit man die Führung des Betriebes automatisieren will. Üblich ist bis jetzt, daß der Rechner Schalterstellungs- und Warnmeldungen protokolliert, auf ihre Wertigkeit überprüft und Anzeigen auslöst, ob es sich um eine Störung im Kraftwerk, im Netz oder im Verbundbetrieb handelt. Weiterhin werden Grenzwerte überwacht, Zählerstände abgefragt sowie Meß- und Zählwerte registriert, die wesentlichen Informationen während eines Tages gespeichert und am Ende als Tagesprotokoll ausgedruckt. Außer allen derartigen Überwachungs- und Registrieraufgaben kann der Rechner aber auch Steuer- und Regelaufgaben erledigen, wie die Betätigung von Schaltern, die Steuerung von Erdschlußkompensationsspulen, die Regelung von Maschinen und ähnliches. Das Ziel ist eine „Netzoptimierung“, also ein Betrieb mit einer optimalen Verteilung der Last auf die einzelnen Maschinen, verbunden mit einer Kontrolle der Netzsicherheit. Dabei müssen meist auch die Leitungsverluste berücksichtigt und die Leitungsbelastung überwacht werden, alle Netzpunkte immer über mindestens zwei Leitungen gespeist bleiben und insgesamt viele gegenseitigen Abhängigkeiten zwischen Melde- und Steuerinformationen eingehalten werden.

Der Informationsfluß zu und von einem solchen Rechner ist also groß, und die Daten müssen mit relativ hoher Geschwindigkeit übertragen werden, damit die Reaktionszeiten der Fernwirkanlage kurz genug bleiben.

Es muß betont werden, daß bei den Trägerfrequenz-Nachrichtenanlagen, die über Hochspannungsleitungen arbeiten, die Fernsprechverbindungen noch immer überwiegen, wenn auch die Fernwirkverbindungen prozentual stetig zunehmen. Über Fernwirk-Übertragungsgeräte wurde in diesem Abschnitt viel mehr gesagt als über Fernsprechgeräte, um die für die Übertragungsgeräte wesentlichen Unterschiede bei den verschiedenen Nachrichten-Übertragungsaufgaben deutlich hervorzuheben.

3. Nachrichtenwege im Hochspannungsnetz

Beim Trägerfrequenz-Nachrichtenverkehr der Elektrizitätswerke werden die Hochspannungsleitungen selbst für die Übertragung der hochfrequenten Ströme benutzt. Sie verbinden meist auf kürzestem Weg die Stellen, die miteinander verkehren sollen, und haben gegenüber Schwachstromfreileitungen eine bessere Isolation und eine wesentlich größere mechanische Festigkeit, so daß Beschädigungen durch Witterungseinflüsse sehr selten sind. Bei einer Trägerfrequenz-Nachrichtenanlage entfällt somit der Aufwand für den Bau einer Leitung.

Man muß die Hochfrequenzströme den Hochspannungsleitungen zuführen und sie wieder von ihnen ableiten, ohne die Nachrichtengeräte oder das Bedienungspersonal durch die Hochspannung zu gefährden und ohne nennenswerte Verluste für die Starkstromübertragung.

In einem Hochspannungsleitungsnetz (Abb. 2) werden also besondere Wege für Hochfrequenz-Nachrichtenströme gebildet. Dabei werden

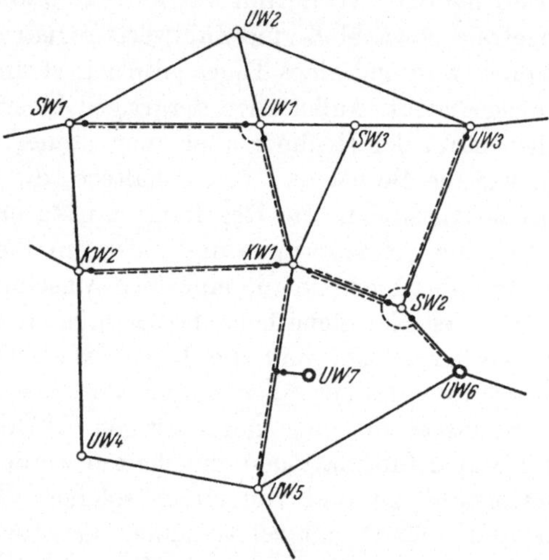

Abb. 2. Schema eines Hochspannungsnetzes. *KW* Kraftwerke; *UW* Umspannwerke; *SW* Schaltwerke; --- Hochfrequenzwege; ○ Starkstromstationen; ● Endpunkt für den Hochfrequenzweg (Sperren)

„Hochfrequenzsperren" an allen Stellen gebraucht, an denen die Hochfrequenzströme in Hochspannungsschaltanlagen oder Leitungsteile außerhalb des Nachrichtenweges abfließen könnten, und außerdem „Ankopplungen" an allen Stellen, an denen Nachrichtengeräte an die Hochspannungsleitungen angeschlossen werden oder der Trägerfrequenz-Nachrichtenweg eine Hochspannungsstation umgehen soll.

Vom Nachrichtenweg abzweigende „Stichleitungen" des Hochspannungsnetzes werden für die Trägerfrequenzübertragung gesperrt, und Hochspannungsstationen, die im Zuge des Nachrichtenweges liegen, werden überbrückt. Eine „Überbrückungsschaltung" besteht aus Sperren, die verhindern, daß für die ankommende und die weitergehende Hochfrequenzverbindung unerwünschte Verluste durch die Sammelschienen der zu überbrückenden Hochspannungsstation entstehen, und zwei miteinander verbundene Ankopplungen, die vor den Sperren angeschlossen werden und den gewünschten Umgehungsweg für die Hochfrequenzströme bilden.

Bei der Benutzung einer Hochspannungsleitung als Nachrichtenweg tritt erschwerend gegenüber der Nachrichtenfreileitung die Forderung auf, daß bei stillgelegtem Hochspannungsbetrieb und geerdeter Hochspannungsleitung die Nachrichtenanlage einwandfrei weiterarbeiten muß. Ein Abfluß der Hochfrequenzströme zur Erde und damit auch eine zu große zusätzliche Dämpfung für die Nachrichtenübertragung wird durch Sperren verhindert, die in die Erdleitungen eingeschaltet sind. Soweit die Hochspannungsleitungen in den Schaltanlagen geerdet werden, sind Sperren vorhanden, weil sie für den normalen Betrieb bereits eingebaut sind; werden die Freileitungen dagegen bei Reparaturarbeiten auf der Strecke geerdet, so kann man tragbare Sperren verwenden, um den Nachrichtenverkehr über die geerdete Hochspannungsleitung aufrechtzuerhalten.

Die Sperren und Ankopplungen, die zur Einrichtung eines Trägerfrequenz-Übertragungsweges über eine Hochspannungsleitung gebraucht werden, faßt man auch unter der Bezeichnung „Leitungsausrüstung" zusammen. Während die Sperren den Starkstrom ungehindert durchlassen und für die Hochfrequenzströme undurchlässig sein sollen, haben die Ankopplungen die umgekehrte Aufgabe, den Starkstrom fernzuhalten und die Hochfrequenzströme ungehindert durchzulassen. Die Betriebsfrequenzen der Starkstromnetze liegen zwischen $16^2/_3$ Hz und 60 Hz, die der Trägerfrequenz-Nachrichtenanlagen zwischen 15 kHz und 500 kHz. Geeignete Mittel sind daher für die Sperrung Spulen (Selbstinduktionen), bemessen für den Betriebsstrom der Hochspannungsanlage, und für die Ankopplung Kondensatoren (Kapazitäten), bemessen für die Betriebsspannung der Hochspannungsanlage. Während die Sperren Baueinheiten darstellen, die für die jeweilige Betriebsspannung isoliert aufgehängt oder aufgestellt werden, bestehen die Ankopplungen meist aus drei Baueinheiten, dem „Koppelkondensator", der „Sicherungseinrichtung" und dem „Koppelfilter" (oder „Leitungsabstimmfilter").

Man hat in verschiedenen Ländern versucht, den Aufwand für die Leitungsausrüstung ganz einzusparen und die Erdseile längs der Strecke isoliert zur Übertragung von Nachrichten mit Trägerfrequenzen zu benutzen. Die technisch beste Lösung ergibt sich bei Leitungen mit zwei Erdseilen. Wenn sie aus Eisen bestehen, muß ihre Oberfläche mit Kupfer überzogen sein; oft werden aber aus starkstromtechnischen Gründen Erdseile in gleicher Weise wie die Phasenleiter in Stahlaluminium ausgeführt [*29*]. Durch Ableiter auf den Masten unterwegs, die bei Spannungen von etwa 10 kV ansprechen, wird erreicht, daß die Schutzwirkung der Erdseile für den Starkstrombetrieb nicht beeinträchtigt wird. Erdschlüsse können sich störend auf die Trägerfrequenzverbindungen auswirken. Es kommt auf die Art der übertragenen Nachrichten an, inwieweit dies in Kauf genommen werden kann. Hinzu kommt die Überlegung, bis zu welcher Entfernung die Einsparung von Koppelkondensatoren und Sperren sich lohnt, im Vergleich zu den Kosten eines isolierten Erdseils mit Spannungsbegrenzern, die über denen eines normalen Erdseils liegen.

3.1 Ankopplungsschaltungen

Zu Beginn der Entwicklung der Trägerfrequenzübertragung über Hochspannungsleitungen im Jahre 1920 gab es noch keine hochspannungssicheren Kondensatoren mit ausreichender Kapazität. Man benutzte wie in der Funktechnik Antennen. Sie wurden unter den Hochspannungsleitern an den Leitungsmasten befestigt. Bei dieser „Antennenkopplung“ wurden mehr als 100 m lange Antennen auf die benutzten Trägerfrequenzen abgestimmt. Da in die Resonanzabstimmung die Kapazität der Hochspannungsschaltanlage mit eingeht, entstanden bei Änderungen des Schaltzustandes unerwünschte Verstimmungen.

Eine Antennenkopplung hat nur einen kleinen Wirkungsgrad und ist anfällig gegen Einstrahlung von Funksendern. Sie wird deshalb heute nur noch beim Betrieb tragbarer Trägerfrequenzsprechgeräte für das Sprechen von einer Baustelle an der Hochspannungsleitung zur nächsten ortsfesten Trägerfrequenzsprechstelle benutzt oder beim Sprechen von einem fahrenden Zug über Drahtleitungen längs des Bahndamms zu den ortsfesten Stationen.

Man war immer bestrebt, nach Möglichkeit vorhandene Hochspannungsapparate mitzubenutzen, um besondere Koppelglieder und damit zusätzliche Fehlerquellen zu vermeiden, außerdem auch die Kosten zu verringern. Blitzseile, die bis zum zweiten oder dritten Mast über Hochfrequenzsperren geerdet sind, erwiesen sich am Anfang der Entwicklung als ebenso ungeeignet zur Ankopplung wie Antennen. Zudem bestand damals ein Blitzseil fast immer aus Eisen, so daß für die Trägerfrequenzströme noch größere Verluste entstanden. Die Kapazität der Durchführungen erwies sich zur Ankopplung von Trägerfrequenz-Nachrichtenanlagen an die Hochspannungsleitungen als zu klein. Nur die Verwendung eines gemeinsamen Hochspannungskondensators für Ankopplung und Meßzwecke, also der kapazitive Spannungswandler mit Anschluß für Trägerfrequenz-Nachrichtenanlagen, hat sich durchgesetzt [*35*].

Neben den Antennen versuchte man von Anfang an auch Hochspannungskondensatoren für die Ankopplung zu benutzen, insbesondere weil der Übertragungsvorgang bereits damals von einigen an der Entwicklung beteiligten Stellen nicht als Funk-, sondern als Trägerfrequenzübertragung über Leitungen aufgefaßt wurde. Man hat Hartpapierkondensatoren entwickelt, die sich nur in Innenräumen verwenden ließen, und für Freiluftanlagen Porzellankondensatoren, die insbesondere bei höheren Betriebsspannungen zu teuer werden. Seit etwa dem Jahre 1930 verwendet man ausschließlich Ölpapierkondensatoren für ortsfeste Ankopplungen. Aus der Entwicklungszeit war anfangs der Gedanke übernommen worden, daß die Größe der Kapazität wesentlich für die Kosten eines Kondensators sei. Man hat deshalb früher Kondensatoren mit 550 und 1100 pF verwendet, heute gilt als Mindestwert allgemein 2200 pF. Für Koppelkondensatoren kann man mit Werten bis 4400 pF, bei kapazitiven Spannungswandlern auch mit noch größeren Kapazitäten (bis etwa 11000 pF) rechnen. Erst für noch größere Werte sind Grenzen durch den wirtschaftlichen Aufwand gegeben und auch dadurch, daß die Ableitströme immer größer werden.

In den meisten Ländern gibt es Normen für die Kennwerte und Prüfung von Hochspannungskondensatoren – auch internationale Empfehlungen wurden ausgearbeitet [*1*] –, denen die Koppelkondensatoren entsprechen müssen. Soweit es sich um kapazitive Spannungswandler handelt, gelten zusätzlich auch Normen für Meßwandler. Alle diese Festlegungen beziehen sich auf das Verhalten der Kondensatoren bei Netzfrequenz, meist also bei 50 Hz. Es sind auch in einzelnen Ländern Richtlinien für die Eigenschaften im Trägerfrequenzbereich aufgestellt worden, eine internationale Regelung wird von der CEI vorbereitet.

Im Freiluftschaltanlagenbau verwendet man für niedrige Betriebsspannungen hängende, für höhere dagegen stehende Ausführungen (Abb. 3). Auch der Aufbau einer Sperre auf einen Koppelkondensator ist üblich (Abb. 4). Innenraumkondensatoren, die nur für niedrige Betriebsspannungen in Betracht kommen, sind so selten geworden, daß sie kaum noch gefertigt werden; man koppelt lieber mit Freiluftkondensatoren am Einführungsmast vor der Station an.

Es ist üblich, eine Hochspannungsleitung nach der verketteten Spannung zu benennen. Eine 110-kV-Leitung zum Beispiel hat bei einem in Stern geschalteten Transformator eine Phasenspannung von $110 : \sqrt{3} = 63{,}5$ kV. Solange der Sternpunkt über Petersenspulen geerdet ist, können bei Erdschluß eines Leiters die beiden anderen Leiter eine Spannung gegen Erde annehmen, die etwa gleich der verketteten Spannung ist. Ein Koppelkondensator liegt demnach im normalen Betrieb nur an der Phasenspannung, er muß aber mit Rücksicht auf einen möglichen Erdschluß für die verkettete Spannung, also für die Nennspannung der Hochspannungsleitung, bemessen sein.

Abb. 3. Koppelkondensatoren für Freiluftmontage, stehend, für 245 kV und 123 kV Betriebsspannung, 4400 pF (Dielektra)

Abb. 4. Koppelkondensator für Freiluftmontage, stehend mit aufgebauter Sperre, für 110 kV Betriebsspannung, 4400 pF, 400 A Betriebsstrom (Siemens A.G.)

In Netzen mit höherer Betriebsspannung, über etwa 110 kV, wird der Sternpunkt starr geerdet. Ein Koppelkondensator, der zwischen einem Leiter und Erde eingeschaltet ist, kann dann für eine geringere Spannung als die Nennspannung der Starkstromleitung gebaut sein. Übereinstimmend mit den Bemessungsgrundsätzen für die Hochspannungsgeräte wird mit der 0,8fachen verketteten Spannung gerechnet.

Ursprünglich wurden die Trägerfrequenzgeräte mit einer Resonanzabstimmung der Koppelkondensatoren an die Leitung angeschlossen, ein Verfahren, mit dem man nur einzelne Trägerfrequenzgeräte ankoppeln konnte. Seit etwa dem Jahre 1935 jedoch verwendet man an deren Stelle allgemein eine Filterschaltung. Dabei stellt der Koppelkondensator einen Bestandteil eines Bandfilters dar, das für ein breites Frequenzband durchlässig ist (Abb. 5). An einen Koppelkondensator lassen sich damit mehrere Trägerfrequenzgeräte parallelschalten, man verringert also den Aufwand. Allerdings wird man bei der Verteilung der Trägerfrequenzen in einem Hochspannungsnetz manchmal doch wieder genötigt, den Durchlaßbereich durch Richtungsfilter auf bestimmte Frequenzbänder zu beschränken (s. S. 44).

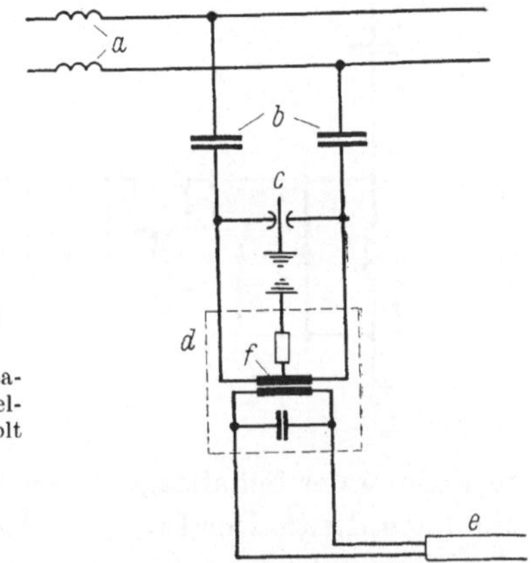

Abb. 5. Schaltung einer Ankopplung mit Bandfilter (Siemens A.G.).
a Hochfrequenzsperren; *b* Koppelkondensatoren; *c* Grobspannungsableiter; *d* Koppelfilter; *e* Kabel; *f* Isolierwandler 5000 Volt Sicherheit

Eine Ankopplungsschaltung hat demnach zwei verschiedene Aufgaben zu erfüllen:

a) Es sollen alle gefährdenden Überspannungen aus dem Hochspannungsnetz von der Nachrichtenanlage ferngehalten werden.

b) Es soll für ein breites Trägerfrequenzband ein möglichst verlustfreier Durchlaß von der Hochspannungsleitung zur Nachrichtenanlage geschaffen werden.

Beide Aufgaben und ihre Lösungen lassen sich in allen Einzelheiten am besten anhand einer Schaltung (Abb. 6) beschreiben, die im Studiencomité No. 35 der CIGRE als Vorbereitung einer internationalen Empfehlung für die Ausführung solcher Ankopplungsschaltungen erörtert wird (siehe auch VDE 0850). Der Ladestrom des Koppelkondensators wächst mit der Betriebsspannung und der Koppelkapazität (Abb. 7). Er muß über eine Erdungsdrossel sicher zur Erde abgeleitet werden. Es könnten auf der Geräteseite des Kondensators Überspannungen bis zur Größe der Betriebsspannung auftreten, wenn die Leitung auf der Erdseite des Kondensators unterbrochen wird. Deshalb wird diese besonders zuverlässig ausgebildet, etwa mit Kupferleiter von mindestens

6 mm Durchmesser auf 10-kV-Stützen, obwohl sie normalerweise nur einen kleinen Strom führt und keine Spannung gegen Erde hat. Der Grobspannungsableiter mit einer Ansprechspannung von etwa 2 kV soll bei Wanderwellen oder bei Unterbrechung der Erdleitung eine unmittel-

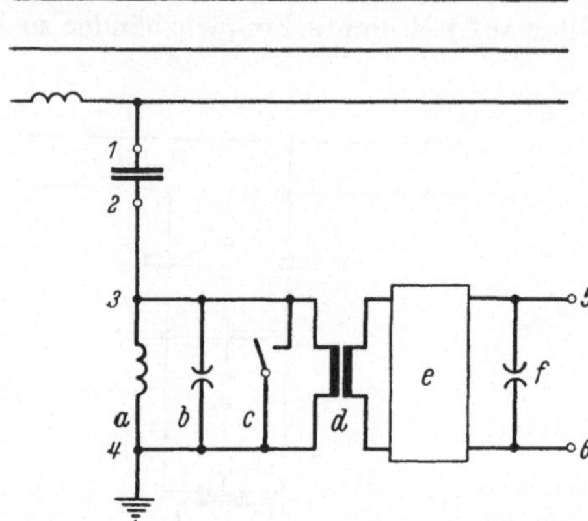

Abb. 6. Allgemeine Schaltung einer Ankopplung mit Bandfilter.
a Erdungsdrossel; *b* Grobspannungsableiter; *c* Erdungsschalter; *d* Isoliertransformator; *e* Abstimmteile; *f* Spannungsableiter; *1* Hochspannungsanschluß des Koppelkondensators; *2* Niederspannungsanschluß des Koppelkondensators; *3, 4* Leitungsanschlüsse des Koppelfilters; *5, 6* Kabelanschlüsse des Koppelfilters

bare Erdung der Schaltung an der Stelle herbeiführen, an der die Überspannung auftritt. Der Erdungsschalter bietet die Möglichkeit, die ganze Ankopplungsschaltung hinter dem Kondensator im Betrieb zu erden, wenn in der Nachrichtenanlage Fehler gesucht werden sollen. Der Isoliertransformator ist für eine Festigkeit von 7 kV zwischen Primär- und

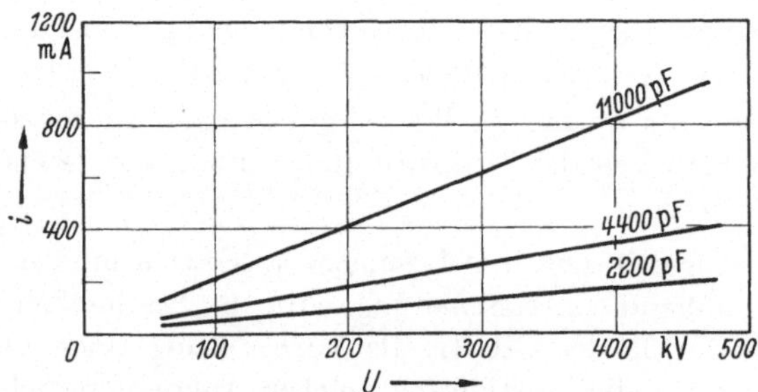

Abb. 7. Ladestrom eines Koppelkondensators abhängig von Betriebsspannung und Kapazität, Netzfrequenz 50 Hz

Sekundärseite bemessen. Die Abstimmelemente sollen für einen möglichst großen Teil des Trägerfrequenzbereichs den Wellenwiderstand der Hochspannungsleitung an den der Ankopplungsschaltung anpassen. Mitunter wird noch ein weiterer Spannungsableiter verwendet, bevor man in das Kabel übergeht, das die in der Freiluftschaltanlage untergebrachte

Ankopplungseinrichtung mit den Trägerfrequenzgeräten in den Stationsgebäuden verbindet.

Dieses Kabel wird für etwa 2 kV isoliert gegen Erde ausgeführt. Bei Abständen bis zu einigen hundert Metern genügt meistens ein einpaariges kapazitätsarmes Fernsprechkabel; nur bei besonders großen Entfernungen müssen Hochfrequenzkabel oder Freileitungen verwendet werden, damit die Dämpfung für die Hochfrequenzströme nicht unzulässig hoch wird. Dies gilt auch bei bereits einigen hundert Metern, wenn hohe Trägerfrequenzen (400 kHz bis 500 kHz) übertragen werden sollen. Wird ein derartiges Zuführungskabel im gleichen Graben auf größere Strecken parallel zu Hochspannungskabeln verlegt, oder verlaufen diese Zuführungen als Freileitungen durch Hochspannungsschaltanlagen, so muß unmittelbar vor dem Hochfrequenzgerät nochmals eine Sicherungseinrichtung eingebaut werden, um einer möglichen Hochspannungsbeeinflussung zu begegnen.

Es werden zum Teil einpolige Kabel verwendet, bei denen der eine Draht für die Trägerfrequenzzuführung und der Kabelmantel als Rückleitung dient. Außerdem benutzt man auch zweipolige Kabel, die also ein Leiterpaar enthalten, damit man zwischen Ankopplung und Trägerfrequenzgerät die Ausgangs- und Eingangskreise erdsymmetrisch aufbauen und frei von Überspannungen halten kann, die durch Ausgleichströme oder den Parallelverlauf mit Hochspannungsleitungen innerhalb der Schaltanlage entstehen.

Es ist im Laufe der Jahre sehr viel Mühe auf die Ausbildung der Ankopplungsschaltung verwendet worden, weil von ihr die Sicherheit der Nachrichtenanlage und der sie benutzenden Personen abhängt, außerdem ist sie mitbestimmend für die Güte der Nachrichtenverbindungen. Andererseits wird der Aufwand immer höher, je mehr man all den verschiedenen Gesichtspunkten für ihren Aufbau Rechnung trägt. Jede Lösung stellt einen Kompromiß zwischen den technischen Anforderungen und dem Streben nach möglichst kleinem Aufwand dar. Ein Minimum an Aufwand wird beispielsweise für die bereits erwähnte Anordnung (Abb. 5) erreicht, in der die Funktionen der Erdungsspule, des Isoliertransformators und des Anpassungsübertragers in einem Bauelement zusammengefaßt sind. Der Erdungsschalter fehlt ganz und muß im Bedarfsfall gesondert montiert oder durch eine Erdleitung ersetzt werden. Ob man eine solche möglichst einfache und wegen der wenigen Bauteile (Abb. 8 und 9) an Störungsquellen arme Anordnung verwendet oder eine umfangreichere (Abb. 8 und 10), hängt davon ab, welche Anforderungen gestellt oder nach welchen Sicherheitsvorschriften gebaut werden soll. Eine für alle Länder einheitliche Auffassung wird sich nur sehr allmählich durchsetzen.

Der Durchlaßbereich einer Bandfilterschaltung für diese Zwecke hängt außer von der Schaltungsanordnung nur von der Größe der Koppelkapazität ab (Abb. 11). Je größer sie wird, um so tiefere Frequenzen können auch noch übertragen werden. Je größer die Kapazität, also auch der Ladestrom wird, um so eher wird man zur Erdung eine eigene

Abb. 8a

Spule in der Ankopplungsschaltung verwenden, da die Bemessung des Isoliertransformators für hohe Spannungsfestigkeit und seine Abstimmung mit den Anpassungsteilen nicht mehr gut vereinbar ist mit der Aufgabe, größere Dauerströme abzuleiten. Liegt die Spule in der Erd-

Abb. 8b

Abb. 8a u. b. Koppelfilter für Freiluftmontage (Siemens A.G.). a) geschlossen; b) offen

leitung eines kapazitiven Spannungswandlers, so wird sie meistens in diesen eingebaut, teils um den Erdungsvorschriften für Hochspannungsgeräte zu entsprechen, teils auch, um ihren Einfluß auf die Meßgenauigkeit besser in den zulässigen Grenzen halten zu können (s. S. 28).

Man kann die Trägerfrequenz-Nachrichtenanlagen an zwei Hochspannungsleiter anschließen und unterscheidet dann je nach der Schaltung (Abb. 12) zwischen einer „Doppelleiterkopplung“, die man früher zur Erhöhung der Übertragungssicherheit bei Bruch eines Koppel-

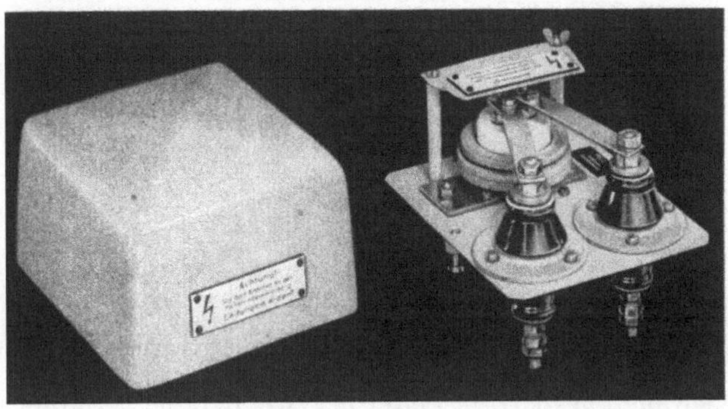

Abb. 9. Grobspannungsableiter für Freiluftmontage (Siemens A.G.)

leiters benutzte, einer „Zweileiterkopplung“, die ebenfalls zwei Leiter einer Drehstromleitung belegt, und einer „Zwischensystemkopplung“, bei der je ein Leiter zweier auf einem gemeinsamen Gestänge verlegten Drehstromleitungen verwendet wird. Man kann jedoch auch zwischen

Abb. 10. Ankopplungsschutz (Siemens A.G.)

einem Hochspannungsleiter und Erde anschließen und erhält so eine „Einleiterkopplung“, bei der man nur die halbe Zahl von Koppelkondensatoren und Sperren – im Vergleich zu den anderen Kopplungsarten – braucht.

Bei der Zweileiterkopplung (und der Zwischensystemkopplung) kann man von einer metallischen Hin- und Rückleitung für die hochfrequenten Trägerströme sprechen. Der dritte, nicht durch Sperren gegen die Hochspannungsstationen abgeriegelte Leiter eines Drehstromsystems (oder

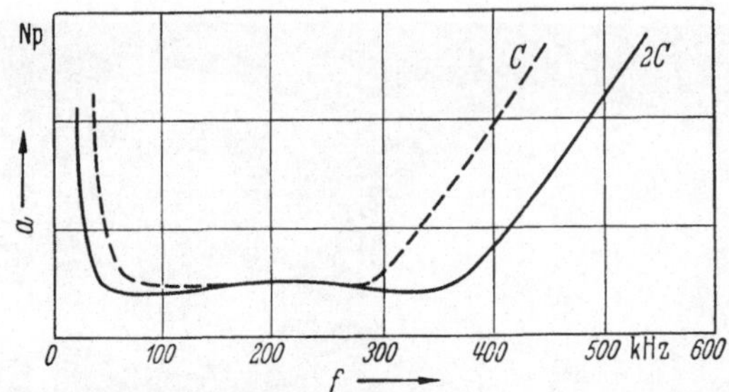

Abb. 11. Durchlaßbereich einer Ankopplungsschaltung abhängig von der Koppelkapazität

auch die vier nicht gesperrten Leiter bei zwei parallel verlaufenden Drehstromleitungen) hat keinen wesentlichen Einfluß auf die Übertragung, so daß der Schaltzustand der Hochspannungsstationen die Trägerfrequenzübertragung kaum beeinträchtigt.

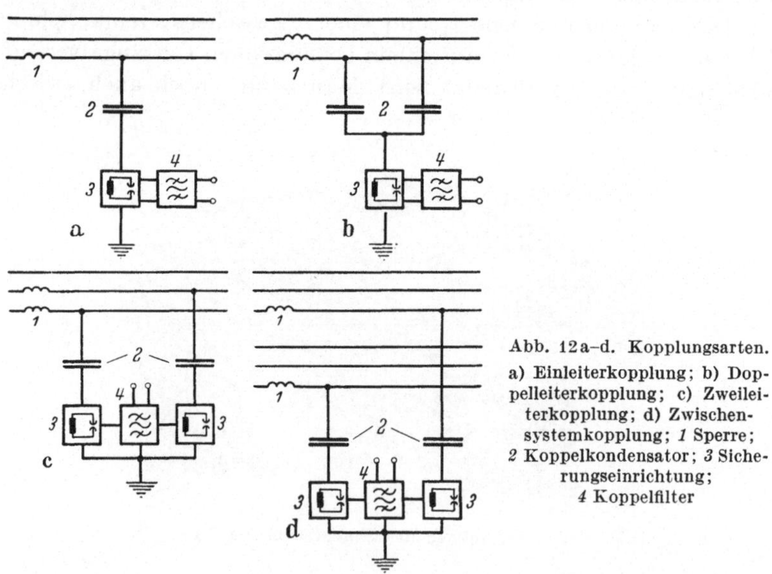

Abb. 12a–d. Kopplungsarten. a) Einleiterkopplung; b) Doppelleiterkopplung; c) Zweileiterkopplung; d) Zwischensystemkopplung; *1* Sperre; *2* Koppelkondensator; *3* Sicherungseinrichtung; *4* Koppelfilter

Von der Fernsprechtechnik mit Niederfrequenzströmen ist bekannt, daß man auch über nur einen Draht und Erde als Rückleitung Sprache übertragen kann. Als man die Trägerfrequenzgeräte an nur einen Hochspannungsleiter ankoppelte, glaubte man anfangs auch, daß die Erde die Rückleitung der Hochfrequenzströme übernähme. Theoretische Überlegungen und praktische Versuche haben aber gezeigt, daß die Trägerfrequenzübertragung bei Einleiterkopplung auf eine andere Art zustande kommt. Bei einem einzelnen Leiter und Erde würde wegen der Wirbelstromverluste im Erdboden nur eine kurze Entfernung überbrückt werden können. In einem Dreileitersystem jedoch, wie es jede Drehstromleitung darstellt, beteiligen sich bei Einleiterkopplung die beiden nicht angekoppelten Leiter an der Übertragung, so daß größere Entfernungen überbrückt werden können (s. S. 50).

Bei der Doppelleiterkopplung wird zwar auch an zwei Leiter angekoppelt, die beiden Koppelkondensatoren sind jedoch parallel an dasselbe Koppelfilter angeschlossen. Diese Anordnung weist eine größere Sicherheit als die Einleiterkopplung auf für den Fall, daß einer der beiden Koppelleiter reißt. Die Vorstellung, daß durch Parallelschalten zweier Leiter (nach Art der Querschnittverdoppelung bei Übertragung von Niederfrequenzströmen) die Übertragungsbedingung verbessert würden, ist unzutreffend.

Zur Beantwortung der Frage, welche der Kopplungsarten für eine gegebene Aufgabe zweckmäßigerweise angewandt wird, vergegenwärtige man sich deren charakteristische Eigenschaften:

		Wirtschaftlicher Aufwand	Dämpfung	Sicherheit bei Bruch eines Koppelleiters	Abhör- und Störmöglichkeit durch Rundfunkanlagen
a	Einleiterkopplung	Minimum	größer als c und d	Minimum	größer als c und d
b	Doppelleiterkopplung	Doppel von a	größer als a	größer als a	größer als a
c	Zweileiterkopplung	Doppel von a	Minimum	wie b	Minimum
d	Zwischensystemkopplung	Doppel von a	wie c	wie b	wie c

Abb. 13. Eigenschaften der verschiedenen Kopplungsarten

Die Doppelleiterkopplung wird wegen der zu großen Ankopplungsdämpfung nicht mehr verwendet. Man bevorzugt die Einleiterkopplung aus wirtschaftlichen Gründen; sie ist auch technisch ausreichend, solange es sich nicht um große Entfernungen oder um Höchstspannungsleitungen mit hohem Störpegel handelt. Bei Bruch des Koppelleiters kann der Betrieb der Trägerfrequenzanlage aussetzen, wenn die Unterbrechung (und möglicherweise Erdung) des defekten Leiters in der Nähe einer Ankopplungs- oder Überbrückungsstelle liegt. Bei einer größeren Entfernung des Fehlerortes von den Koppelstellen jedoch kann sich die

Unterbrechung des Koppelleiters zwar in einem größeren Dämpfungszuwachs auswirken, die Trägerfrequenzanlage braucht aber dabei nicht außer Betrieb zu gehen.

Die Zweileiterkopplung und die Zwischensystemkopplung bringen eine größere Sicherheit bei Bruch eines Koppelleiters, da die Trägerfrequenzanlage über den zweiten gekoppelten Leiter weiter arbeitet. Für die Zwischensystemkopplung kommt noch als weiterer Vorteil hinzu, daß eines der beiden Drehstromsysteme auch unterwegs ohne Sperren geerdet werden kann und die Trägerfrequenz-Nachrichtenanlagen dabei trotzdem betriebsfähig bleiben. Man kann allerdings bei der Zwischensystemkopplung nicht so weit gehen, daß an zwei auf getrennten Gestängen verlegte Drehstromsysteme angekoppelt wird, weil bei größeren Entfernungen zwischen den beiden gekoppelten Leitern störende Laufzeitunterschiede auftreten können. Hinzu kommt, daß durch die andere Verteilung der Kapazität zwischen den Leitern und Erde sich die Zwischensystemkopplung dann doch praktisch in zwei Einleiterkopplungen auflöst.

Zweileiter- und Zwischensystemkopplung werden wegen ihrer geringeren Dämpfung immer angewandt, wenn große Entfernungen oder hohe Störpegel vorliegen, praktisch also bei Leitungen von 220 kV ab aufwärts. Wenn mehrere Überbrückungsschaltungen in einem Übertragungsabschnitt liegen oder die Hochspannungsleitungen im Winter besonders stark von Rauhreif befallen werden, wendet man ebenfalls Zweileiterkopplung an, damit auch in diesen kritischen Zeiträumen die Gesamtdämpfung des Übertragungsweges nicht zu groß wird.

Manchmal gibt es auch zwingende Gründe für die Anwendung einer Zweileiterkopplung in Fällen, in denen sie nicht durch die Dämpfungsverhältnisse bedingt ist. Im Vordergrund steht dann ohne Rücksicht auf den wirtschaftlichen Aufwand die Forderung nach größtmöglicher Übertragungssicherheit bei Leiterbruch. Ein solcher Fall ist zum Beispiel immer beim Aufbau einer Streckenschutzanlage mit Trägerfrequenzkanälen gegeben.

Alle Verbindungsleitungen innerhalb der Ankopplungsschaltung sollen frei verlegt und möglichst kurz sein, um die Eigenschaften des Bandfilters im Trägerfrequenzbereich nicht zu beeinträchtigen. Diese Forderung ist bei Einleiterkopplung fast immer leicht zu erfüllen. Bei Zweileiter- und Zwischensystemkopplung ergeben sich jedoch mitunter unbequeme Anordnungen in Freiluftschaltanlagen, wenn die beiden Koppelleiter weit auseinander liegen und ein für beide Koppelkondensatoren gemeinsames Zweileiterkoppelfilter etwa in der Mitte zwischen den beiden Ankopplungsstellen angeordnet werden soll. Man verwendet dann besser für jeden Koppelkondensator ein Einleiterkoppelfilter, insgesamt also zwei, die durch ein Kabel miteinander verbunden werden. Derartige Anordnungen finden sich naturgemäß am häufigsten in ausgedehnten Freiluftschaltanlagen für 220 kV oder höhere Betriebsspannung.

Bei hohen Betriebsspannungen werden häufig kapazitive Spannungswandler für die Ankopplung der Trägerfrequenzanlagen benutzt. Während es bei Koppelkondensatoren selbstverständlich ist, daß sie unmittelbar am Leitungsende, also vor dem ersten Trenner angeschlossen werden, um auch bei abgeschalteter Hochspannungsleitung den Nachrichtenweg aufrechtzuerhalten, muß man bei kapazitiven Spannungswandlern besonders auf diese Schaltungsanordnung achten. Wenn aus irgendwelchen Gründen starkstromtechnischer oder meßtechnischer Natur ein kapazitiver Spannungswandler erst hinter dem Trenner angeschaltet wird, kann man ihn nicht für die Ankopplung der Trägerfrequenzanlage mitbenutzen, weil dann die Nachrichtenverbindungen mit dem Öffnen der Trennschalter unterbrochen würden.

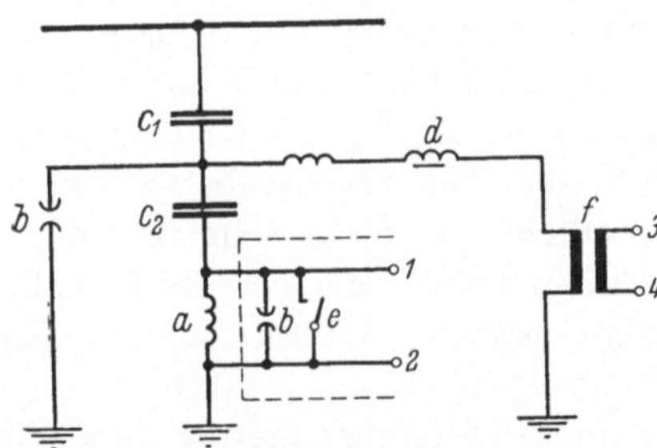

Abb. 14. Grundschaltung eines kapazitiven Spannungswandlers mit Anschluß für eine Trägerfrequenz-Nachrichtenanlage.
a Erdungsdrossel; *b* Überspannungsableiter; c_1 Hochspannungskondensator; c_2 Meßkondensator; *d* Kompensationsdrossel; *e* Erdungsschalter; *f* Hilfswandler; *1, 2* zu den Leitungsanschlüssen des Koppelfilters; *3, 4* zu den Meßkreisen

Ein kapazitiver Spannungswandler (Abb. 14) stellt einen Spannungsteiler dar, der als Hochspannungskondensator mit Meßabgriff ausgebildet ist. Größe und Phase der Meßspannung an den Ausgangsklemmen des Hilfswandlers werden in weiten Grenzen unabhängig von der Bürde durch Verwendung einer Kompensationsdrossel, die in Resonanz mit der Summe der beiden Teilkapazitäten gebracht ist. Die Drossel darf für die trägerfrequenten Nachrichtenströme keinen zu großen Nebenschluß (durch ihre Kapazitäten) darstellen, notfalls müßte eine Hochfrequenzdrossel vorgeschaltet werden.

Rein meßtechnisch gesehen, muß die resultierende Kapazität um so größer sein, je niedriger die zu messende Betriebsspannung ist, je größere Nennleistung bei einer gegebenen Genauigkeit oder je größere Genauigkeit bei gegebener Nennleistung vom Wandler verlangt wird. Dies führt zum Beispiel dazu, daß bei 110 kV Betriebsspannung und 120 VA Nennleistung mit einer Genauigkeit der Klasse 1 eine Kapazität von 4400 pF an den Eingangsklemmen des Koppelfilters zur Verfügung steht. Bei 220 kV Betriebsspannung dagegen erreicht man die gleiche Nennleistung bei gleicher Genauigkeit bereits mit einer Kapazität von 2200 pF.

Die Kapazität, die man für Meßzwecke braucht, liegt also in derselben Größenordnung, wie sie für die Ankopplung benötigt wird. Es kommt nun darauf an, daß man bei der Wahl des Kapazitätswertes die Aufgaben der Messung und der Trägerfrequenzankopplung um der wirtschaftlichsten Gesamtlösung willen immer im Zusammenhang behandelt. Für den Aufbau eines kapazitiven Spannungswandlers kommen zwei Möglichkeiten in Betracht. Im ersten Fall sind die beiden Kondensatoren in einem gemeinsamen Porzellankörper mit einem einheitlichen Dielektrikum untergebracht, damit sich Temperaturschwankungen für beide Kondensatoren in gleicher Weise auswirken und so das Teilverhältnis gewahrt bleibt, also zusätzliche Meßfehler vermieden werden. Man kann diese Lösung immer wählen, wenn die Meß- und die Nachrichtenanlage zur gleichen Zeit eingerichtet werden. Der zweite Fall liegt vor, wenn die Kopplungsaufgabe in größerem zeitlichem Abstand vor der Meßaufgabe gelöst und auch die Anschaffungskosten in zwei Etappen aufgebracht werden sollen. Der Koppelkondensator c_1 wird dann zuerst beschafft, später erst der Meßzusatz, bestehend aus dem Kondensator c_2, konstruktiv mit dem Hilfsschalter f sowie der Drossel zu einer besonderen Einheit zusammengefaßt. In diesem Fall besteht die Gefahr, daß man – wie erwähnt – zusätzliche Meßfehler in Kauf nehmen muß, die sich durch unterschiedliche Auswirkungen von Temperaturschwankungen in den beiden Teilen und der daraus resultierenden Störung des Teilerverhältnisses $c_1 : c_2$ ergeben.

Der wesentliche Gewinn für die Nachrichtenübertragung durch Mitbenutzung der kapazitiven Spannungswandler besteht darin, daß man keine Koppelkondensatoren beschaffen muß. Da zur Spannungsmessung an jedem Leiter eines Drehstromsystems ein kapazitiver Spannungswandler angeschlossen wird, sind für die Ankopplung einer Nachrichtenanlage damit auch immer die Anschlüsse an zwei Leiter gegeben. Man kann also zudem die Vorteile der Zweileiter- oder Zwischensystemkopplung mit geringerem Aufwand ausnutzen. Sie bestehen im wesentlichen in der größeren Sicherheit bei Leiterbruch, der kleineren Dämpfung und der geringeren Störanfälligkeit gegenüber Funksendern (s. S. 25). Der Druck wirtschaftlicher Erwägungen hatte oft dazu geführt, dennoch die Einleiterkopplung zu verwenden, weil für sie nur halb soviel Koppelkondensatoren und Sperren gebraucht werden. Er entfällt, wenn man kapazitive Spannungswandler für die Ankopplung mitbenützen kann.

Auch kapazitive Spannungswandler, die mit Stromwandlern zu einer Einheit zusammengebaut werden, können als „kombinierte Wandler" für die Ankopplung von Trägerfrequenz-Nachrichtenanlagen mitbenutzt werden. Die Primärkopplung des Stromwandlers ist dann einpolig fest mit der Hochspannungsklemme des Spannungswandlers verbunden, an der die Trägerfrequenz eintritt. Da Versuche, die Stromwandler (mit

Eisenkern) als Sperre für die Nachrichtenströme auszubilden, bisher ohne Erfolg blieben, braucht man hinter dem kombinierenden Wandler eine Sperrre vor dem Eingang in die Schaltanlage und muß sicher sein, daß der Stromwandlerteil durch seine Eigenkapazität nicht zu große Verluste für die Trägerfrequenzübertragung bringt.

Koppelkondensatoren und kapazitive Spannungswandler haben infolge ihres Aufbaus eine Eigeninduktivität, die man bei den tieferen Trägerfrequenzen in einem Ersatzschaltbild als zur Kapazität in Reihe geschaltet auffassen kann. Sie wirkt also wie eine Vergrößerung der Koppelkapazität. Bei hohen Frequenzen verändert sich die Wirkung in eine Parallelresonanz. Damit keine Sperrwirkung der Ankopplungsschaltung auftritt, also das Gegenteil dessen, was man mit der Ankopplung bezweckt, kommt es darauf an, daß diese „Resonanzfrequenz des Koppelkondensators" genügend weit oberhalb des Übertragungsbereiches liegt, etwa bei dem $1^1/_2$- bis 2fachen der obersten zu übertragenden Frequenz. Bei den Arbeiten der CEI für eine international gültige Empfehlung ist ein Wert von 800 kHz in Aussicht genommen, damit auch Kondensatoren für Betriebsspannungen über 220 kV noch wirtschaftlich gebaut werden können; bei niedrigeren Betriebsspannungen wurde eine Resonanzfrequenz von etwa 1 MHz erreicht.

3.2 Sperren

Am Endpunkt eines Trägerfrequenzweges liegt parallel zur Ankopplung die Hochspannungsstation. Ihr Widerstand für Trägerfrequenzen hängt von ihrem Aufbau und vom Schaltzustand ab. Größere Kapazitäten der Sammelschienen verursachen große Verluste, Transformatoren unter Umständen dagegen nicht. Man hat deshalb am Anfang der Entwicklung versucht, ohne besondere Trägerfrequenzsperren auszukommen, mußte aber bald einsehen, daß der Scheinwiderstand einer Hochspannungsstation einen zu unsicheren Faktor für die Trägerfrequenzübertragung darstellt, und man besser durch besondere Mittel dafür sorgt, daß er einen gewissen Mindestwert nicht unterschreitet. Nach einigen Umwegen [*23*] kam man allgemein zu der Lösung, vor dem Eingang in eine Hochspannungsstation oder zu einem Netzteil, der nicht zum Nachrichtenweg gehört, Drosselspulen einzubauen. Besonders kritisch sind kurze Abzweige von der Hauptleitung, also Stichleitungen, die durch Resonanzerscheinungen die Trägerfrequenzübertragung empfindlich stören können (Anhang 9.1).

Eine Sperre liegt in der Hochspannungsleitung, sie muß also für die Betriebsspannung isoliert aufgehängt oder aufgestellt werden, vor allem aber muß sie für den vollen Betriebsstrom bemessen sein. Darüber hinaus soll sie bei Netzstörungen dieselbe Kurzschlußfestigkeit wie die Hochspannungsanlage haben, also denselben dynamischen und thermischen Grenzstrom aushalten wie die übrigen Hochspannungsgeräte. Diese Bedingungen sind maßgebend für den wirtschaftlichen Aufwand, den man für eine Sperre treiben muß. Es hat deshalb nicht an Versuchen gefehlt, sie nicht am Eingang vor der Hochspannungsstation einzubauen, sondern durch eine andere Anordnung innerhalb der Stationsschaltung einfachere Bedingungen für die Bemessung der Sperren zu schaffen und damit den Aufwand kleiner zu machen.

Geht man davon aus, daß Hochspannungstransformatoren einen zur Sperrung genügend großen Scheinwiderstand haben können [*27*] und der Gesamtwiderstand der Station durch Schalthandlungen nicht wesentlich beeinträchtigt wird, so kann man mit einer kleinen Sperre auskommen, die in der Erdleitung liegt und nur für einen kleinen Strom bemessen zu sein braucht (Abb. 15). Das Arbeiten der Trägerfrequenzanlage ist dann

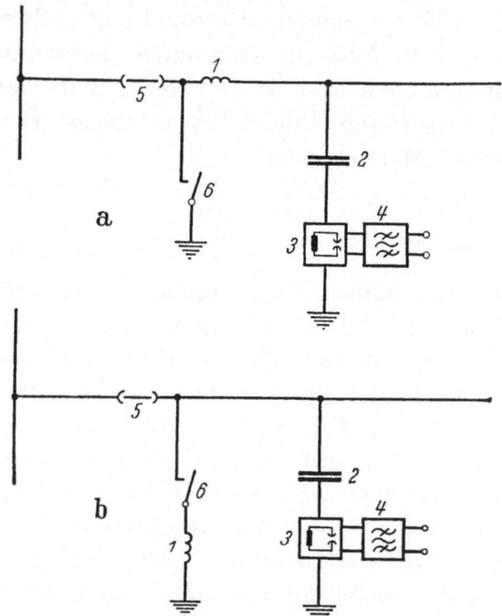

Abb. 15a u. b. Lage der Sperren in der Schaltstation.

a) Sperre in der Betriebsstrom führenden Leitung; b) Sperre in der Zuleitung zum Erdungsschalter; *1* Sperre; *2* Koppelkondensator; *3* Sicherungseinrichtung; *4* Koppelfilter; *5* Leitungstrennschalter; *6* Erdungsschalter

auch für den Fall sichergestellt, daß die Leitung in der Station geerdet wird. Mit einer solchen Lösung kann man aber nicht allgemein arbeiten, weil oft die Hochspannungsstationen einen zu niedrigen oder durch Schalthandlungen zu stark veränderbaren Scheinwiderstand haben, zum Teil ist es auch in vielen Ländern nicht statthaft, ein besonderes Element in die Erdleitung einzubauen. Hinzu kommt, daß bei dieser Anordnung die Trägerfrequenz in andere Leitungsabschnitte weiterläuft. Deshalb werden die Sperren meistens zwischen der Anschlußstelle des Koppelkondensators und dem Trenner in die Schaltanlage eingebaut.

Diese für den Betriebsstrom bemessenen Sperren wurden früher in einer ziemlich unübersichtlichen Vielfalt hergestellt, je nach Herstellerfirma und Land verschieden. Um eine gewisse Ordnung zu bekommen, bemühte man sich genauso wie bei den Ankopplungsschaltungen um allgemeingültige Regeln für die Bemessung und Prüfung. Die Vorschläge zur Festlegung einer Typenreihe gehen von den entsprechenden Starkstromnormen aus.

Von der CEI wird eine bestimmte Staffelung nach Nennstromstärken mit zugehörigen Werten für die Kurzschlußfestigkeit empfohlen (Abb. 16). Unter Nennkurzzeitstrom ist dabei der höchste Effektivwert des Stromes in kA verstanden, dessen Wärmewirkung die Sperre 1 s lang

	Mindestwerte des Grenzstromes			
	Reihe 1		Reihe 2	
Nennstrom A	Nennkurzzeitstrom kA eff	erste Stromamplitude kA	Nennkurzzeitstrom kA eff	erste Stromamplitude kA
100	2,5	6	3	13
200	5	13	10	26
400	*10*	26	16	41
630	*16*	41	20	51
800	*20*	51	25	64
1000	25	64	31,5	81
1250	*31,5*	81	40	102
1600	40	102	50	102
2000	*40*	102	50	102
4000	50	118	63	162

Induktivität: *0,2*–0,25–0,4–*0,5*–*1,0*–2,0 mH

Abb. 16. Empfehlungen der CEI für die Bemessung von Sperren (kursive Zahlen: Vorzugswerte)

im Anschluß an eine Dauerbelastung mit Nennstrom nach genormten Temperaturbedingungen aushalten kann. Außerdem muß die Sperre für die Kraftwirkung der ersten Stromamplitude gebaut sein, die bei dem 2,55fachen Wert des Nennkurzzeitstromes liegt.

Es wurden früher von manchen Herstellerfirmen auch Sperren für noch kleinere Nennströme gebaut, als in der Tabelle angegeben sind und für viele Zwischenwerte. Während man anfangs eine gewisse Überlastbarkeit im Dauerbetrieb forderte – in Anlehnung an die Überlastbarkeit der Stromwandler –, ging man in den letzten Jahren davon ab, weil beim Wandler eine Überlastbarkeit innerhalb einer Klasse der Meßgenauigkeit gemeint ist, sie also einen bestimmten Sinn hat, während es sich bei der Trägerfrequenzsperre einfach um eine Frage der Benennung handelt.

Die Sperren waren früher für geringere Grenzströme bemessen worden; für die neuen Sperren, insbesondere die hoher Nennstromstärke, werden immer größere Nennkurzzeitströme in Betracht gezogen. Diese ganze Bewegung ist bestimmt durch die Entwicklung der Hochspannungstechnik. Die Kurzschlußleistung in den Hochspannungsnetzen wächst immer mehr. Eine Trägerfrequenzsperre kann am Eingang eines großen Kraftwerkes eingebaut werden, und es besteht die Möglichkeit, daß bereits kurz nach der Sperre an der Leitung ein Erdschluß oder Kurzschluß auftritt. Dann ist sie einem Stoßstrom ausgesetzt, der praktisch der vollen Maschinenleistung entspricht.

Abb. 17. Resonanzsperre für 400 A Betriebsstrom, 0,2 mH (Siemens A.G.)

Die Eigenschaften der Sperren im Trägerfrequenzbereich sind durch ihre Induktivität bestimmt. Man unterscheidet „Resonanzsperren", die nur ein oder zwei Trägerfrequenzkanäle sperren (Induktivität etwa 0,2 mH) und „Bandsperren", die den ganzen zugelassenen Trägerfrequenzbereich oder einen größeren Teil davon sperren (Induktivität bis zu 2,0 mH).

Wenn man vom Nennkurzzeitstrom absieht, bestimmen Nennstrom und Induktivität den Leiteraufwand und damit die Kosten einer Sperre in erster Linie, hinzu kommt der mechanische Aufbau, dessen Kosten vom höchsten Wert der ersten Amplitude des Nennkurzzeitstroms abhängen. Während die Resonanzsperren als einlagige Zylinderwicklung ausgeführt sind (Abb. 17), baut man die Breitbandsperren mit ihrer etwa

Abb. 18. Bandsperre für 400 A Betriebsstrom, 0,5 mH (Siemens A.G.)

Abb. 19. Bandsperre für 2500 A Betriebsstrom, 1,0 mH (Allgemeine Elektricitäts-Gesellschaft)

10fachen Induktivität als Scheibenwicklung ähnlich den Erdschlußdrosselspulen (Abb. 18, 19). Als Leitermaterial wird Profilkupfer oder auch Freileitungsseil verwendet. Es hat im Laufe der Entwicklung noch viele andere Konstruktionsformen gegeben, die hier nicht weiter beschrieben werden sollen.

Die ältere Art von Sperren sind die Resonanzsperren; sie wurden bis etwa zum Jahre 1940 ausschließlich verwendet. In dieser Zeit genügte es noch, wenige Trägerfrequenzbänder zu sperren. Im Bedarfsfall wurden auch zwei Resonanzsperren untereinander gehängt, bei drei Resonanzsperren in Reihe wurden allerdings die Montageanordnungen schon ziemlich unhandlich.

Man benutzte anfangs einwellig abgestimmte Spulen (Abb. 20a). Damit die vom Starkstrom durchflossene Induktivität und der Abstimmkondensator möglichst klein gehalten wurde, koppelte man einen auf

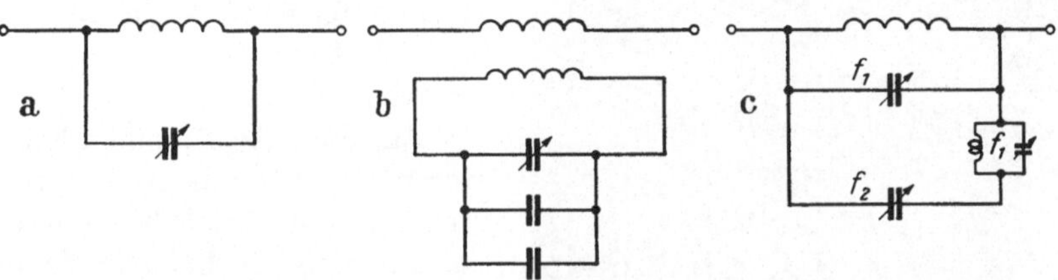

Abb. 20a–c. Beispiele von Resonanzsperrenschaltungen.
a) Einwellenresonanzsperre; b) Einwellenresonanzsperre mit abgestimmtem Sekundärkreis; c) Zweiwellenresonanzsperre mit Parallelkreisabstimmung

die Trägerfrequenz abgestimmten Sekundärkreis, der eine Spule mit höherer Windungszahl besaß, induktiv mit einer Spule kleinerer Windungszahl im Leitungszuge (Abb. 20b). Die Sekundärkreiskopplung brachte jedoch, wenn Wanderwellen auftraten, so hohe Spannungen an die Sekundärspule, daß die Kondensatoren mit festem Dielektrikum, die dem Drehkondensator zur Erzielung ausreichender Kapazität parallelgeschaltet wurden, häufig durchschlugen. Man hat deshalb diese Abstimmart bald verlassen. Da Fernsprechanlagen bei weitem am häufigsten gebaut und dazu zwei Trägerfrequenzen gebraucht wurden, waren bald auf zwei Frequenzbänder abgestimmte Sperren die Regel.

Häufig benutzt wird eine Schaltung, bei der eine Induktivität von etwa 0,2 mH zunächst durch einen Parallelkondensator auf eine Frequenz f_1 abgestimmt wird (Abb. 20c). Ein weiterer Kondensator wird in Reihe mit einem auf f_1 abgestimmten Sperrkreis ebenfalls der Induktivität parallelgeschaltet und so bemessen, daß die ganze Schaltanordnung auch die Frequenz f_2 sperrt. Dabei ist f_1 die höhere, f_2 die tiefere der beiden Trägerfrequenzen.

Mit der Resonanzabstimmung kann man den Sperrwiderstand für beide Trägerfrequenzen auf ein Mehrfaches des Wellenwiderstands der Leitung bringen. Die Trägerstromübertragung wird damit bei Erdung der Hochspannungsleitung hinter den Sperren und bei Änderungen des Schaltzustandes der Hochspannungsanlagen einwandfrei aufrechterhalten.

Die Abstimmittel sind bei manchen Sperren im Innern der zylindrisch gewickelten Spule untergebracht. Bei anderen Konstruktionen baut man sie in einem regensicheren Gehäuse ein, das nahe bei der Sperre angebracht wird. Früher verwendete man gegen Regen Schutzmäntel für die ganze Sperre, eine Maßnahme, die der besseren Lüftungsverhältnisse wegen allgemein aufgegeben wurde, als man die Oberfläche der Spule wetterfest ausbilden konnte.

Abb. 21. Dreileiterbreitbandkopplung an eine 765-kV-Leitung, Sperren für 3150 A Betriebsstrom (Brown Boveri & Cie)

An die „Abstimmkondensatoren“ werden hohe Anforderungen gestellt. Zunächst müssen sie für eine sehr hohe Prüfspannung gebaut sein, da bei den Kurzschlußströmen längs der Spule ein hoher Spannungsabfall auftritt und auch Beschädigungen durch Wanderwellen zu befürchten sind. Defekte an den Abstimmkondensatoren können nur mittelbar durch Messungen in der Trägerfrequenz-Nachrichtenanlage festgestellt werden, weil die Sperren im Betrieb unter Hochspannung stehen und für direkte Messungen nicht zugänglich sind (Abb. 21). Die Auswechslung defekter Abstimmkondensatoren ist also immer mit einer Abschaltung der Hochspannungsanlage, dem Ausbau der Sperre und einer Neuabstimmung verbunden. Um diesen Unannehmlichkeiten auszuweichen, wählt man die Spannungsfestigkeit der Abstimmkondensatoren so hoch, wie es nur irgend in Anlehnung ihrer Abmessungen und ihrer Kosten vertretbar ist.

Eine weitere Anforderung an die Abstimmkondensatoren betrifft ihre Temperaturkonstanz. Man verlangt, daß der Kapazitätswert sich trotz der großen Temperaturschwankungen, denen der Kondensator in einer Freiluftschaltanlage ausgesetzt ist, möglichst wenig ändert, damit die Abstimmung auf die zu sperrende Trägerfrequenz der Nachrichtenanlage sich nicht in einem unzulässigen Maß ändert.

Zum Schutz der Kondensatoren werden noch Spannungsableiter zwischen den Endpunkten der Spule eingebaut, beispielsweise Kathodenfallableiter. Die Ansprechspannung solcher Ableiter liegt einerseits unter der Nennspannung der Abstimmkondensatoren, andererseits aber auch über der Spannung, die beim Stoßkurzschluß längs der Spule auftritt; damit werden also die Abstimmkondensatoren gegen die kurzzeitigen Überspannungen bei Wanderwellen geschützt. Die beim Stoßkurzschluß auftretenden länger andauernden Überspannungen, die den Kathodenfallableiter zerstören könnten, sind nicht groß genug, um ihn zum Ansprechen zu bringen.

In ausgedehnten Schaltanlagen stehen die Spannungsableiter zum Schutz der Hochspannungsgeräte in deren unmittelbarer Nähe, etwa des

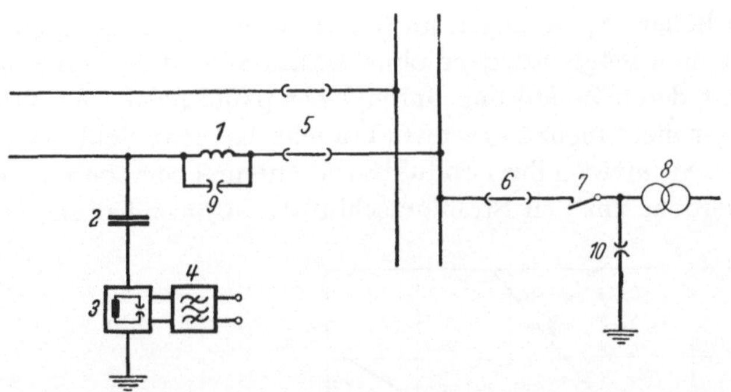

Abb. 22. Lage der Überspannungsableiter in einer Hochspannungsstation.
1 Sperre; *2* Koppelkondensator; *3* Sicherungseinrichtung; *4* Koppelfilter; *5* Leitungstrennschalter; *6* Transformatortrennschalter; *7* Transformatorleistungsschalter; *8* Transformator; *9* Überspannungsableiter der Sperre; *10* Überspannungsableiter des Transformators

Leistungstransformators. Die Sperren der Trägerfrequenzanlage liegen dagegen weit weg an den Stationseingängen. Damit nun die kleinen Ableiter der Sperren nicht durch das Ansprechen der großen Ableiter in der Anlage überlastet und zerstört werden, müssen beide, obwohl sie für sehr verschiedene Ansprechspannungen ausgeführt sind, doch für das gleiche Ableitvermögen (etwa 10 kA) gebaut sein (Abb. 22).

Die Resonanzsperren stellen einen Sperrkreis dar, der im Prinzip aus einer Spule und einem parallelgeschalteten Kondensator besteht. Man ist bestrebt, keine allzugroßen Unterschiede zwischen den Werten des Sperrwiderstandes für die Frequenzen innerhalb des Sperrbereichs entstehen zu lassen, weil die Güte der Übertragung davon abhängt, und dämpft deshalb den Schwingkreis durch einen zusätzlichen Widerstand. Die Resonanzsperren wurden weiterentwickelt in dem Bestreben, mit der für den Betriebsstrom bemessenen Spule nicht nur zwei, sondern möglichst viele Trägerfrequenzen zu sperren. Dieser Wunsch, ein für Starkstromverhältnisse gebautes Element der Anlage, das verhältnismäßig teuer ist, für möglichst viele Nachrichtenwege auszunutzen, war bereits für die Entwicklung der Ankopplungsschaltungen mit Bandfiltern ausschlaggebend, die zur Einsparung von Koppelkondensatoren führte. Hier wurde der Durchlaßbereich durch Vergrößerung der Kopplungskapazität verbreitert.

Wenn man die Induktivität der vom Starkstrom durchflossenen Spule einer Hochfrequenzsperre vergrößert, so wächst die Breite des Sperrbereichs. Die individuelle Abstimmung auf die einzelnen Trägerfrequenzen entfällt, und es genügen wenige, auf verschiedene Frequenzbänder abgestimmte Sperren, um den ganzen zugelassenen Frequenzbereich zu überdecken. In diesen Bandsperren treten infolge der größeren Induktivität auch größere mechanische Kräfte bei Kurzschlüssen im Starkstromnetz und auch höhere Spannungen an den Abstimmkondensatoren auf.

Damit man möglichst ganz ohne Abstimmkondensatoren auskommt und so mit deren Zerstörung durch Überspannungen oder Witterungseinflüsse gar nicht mehr zu rechnen braucht, hat man Spulen von 2,0 mH verwendet. Sie müssen ihrer Induktivität entsprechend bereits sehr stabil gebaut werden, um den Stoßkurzschlußstrom auszuhalten. Der Blind-

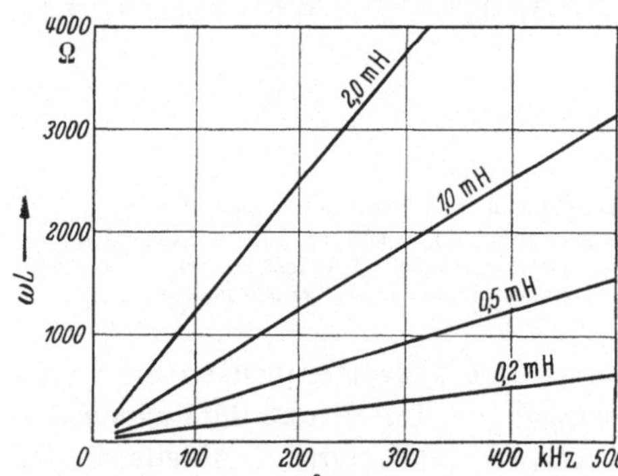

Abb. 23. Blindwiderstand einer Drossel, abhängig von der Trägerfrequenz

widerstand einer Drosselspule (Abb. 23) ist je nach der Größe ihrer Induktivität ausreichend für einen großen Teil des Trägerfrequenzbereichs. In Ländern, deren Verwaltungen die Verwendung nur eines Teiles des Bereichs zulassen (siehe S. 64), genügt oft auch eine kleinere Induktivität, etwa 1,0 mH. Als ausreichend wird ein Sperrwiderstand angesehen, der etwa gleich dem Wellenwiderstand einer Hochspannungsleitung ist; für 50 kHz beispielsweise ergibt eine 2-mH-Sperre einen Widerstand

$\omega L = 628\,\Omega$; beginnt dagegen der zugelassene Frequenzbereich erst bei 100 kHz, so genügen 1,0 mH, um auf den gleichen Widerstandswert zu kommen.

Spulen ohne Kondensatoren als Sperren sind zwar frei von Störungen, die durch die Abstimmittel auftreten könnten, ihre Verwendung ist aber mit dem Risiko verbunden, daß sie in Längsresonanz mit der Kapazität der Sammelschienen kommen und damit an bestimmten Stellen des Trägerfrequenzbereichs unwirksam werden können. Die Erfahrung hat allerdings gezeigt, daß dies bei einer Induktivität von 2,0 mH nur selten vorkommt, und man nicht dieses Risikos wegen grundsätzlich jede Sperre mit Gegenmitteln für diesen verhältnismäßig selten eintretenden Fall bauen sollte. Es genügt dann, eine Zusatzeinrichtung anzuschalten, die im wesentlichen aus einem Dämpfungswiderstand und einem wenig beanspruchten Kondensator besteht. Bei Induktivitäten von 1,0 mH oder 0,5 mH ist dieses Risiko größer, so daß man solche Spulen besser immer mit Abstimmitteln baut.

Je größer die Betriebsströme werden, und vor allem, je größer die Nennkurzzeitströme werden, um so unwirtschaftlicher wird eine Induktivität von 2 mH. Bei einem Nennstrom von 1600 A und 100 kA Kurzzeitstrom beispielsweise muß man mit etwa 5mal so hohen Kosten rechnen wie bei einer Sperre gleicher Induktivität für 400 A Nennstrom und 50 kA Stoßkurzschlußstrom. Die Anwendung der Trägerfrequenz-Nachrichtentechnik in Hochspannungsnetzen würde von der wirtschaftlichen Seite her in Frage gestellt, wollte man dann noch an reinen Induktivitäten von 2 mH als Sperren festhalten. Man verwendet deshalb bei 100 kA Nennkurzzeitstrom kleinere Induktivitäten mit Abstimmmitteln, um Bandsperren aufzubauen, ein Weg, der auch bei kleineren Kurzzeitströmen in vielen Ländern grundsätzlich beibehalten wurde, um Kosten einzusparen. Allerdings verzichtet man damit auf die völlige Freizügigkeit in der Wahl der Trägerfrequenzen, die bei 2-mH-Sperren gegeben ist; insbesondere bei Umbauten in den Trägerfrequenzanlagen muß man dann auch öfters Änderungen an Sperren durchführen, was bei 2-mH-Sperren nicht nötig wäre.

Die Wirkung einer Sperre im Trägerfrequenzbereich wird nach ihrem Widerstand beurteilt, oder besser nach der „Nebenschlußdämpfung“, die sie für die Trägerfrequenzanlage darstellt. Diese hängt nicht nur vom Aufbau der Sperre, sondern auch vom Scheinwiderstand der Schaltstation oder der Lage der Sperre im Leitungszug ab (Anhang 9.2).

Es ist nicht möglich, eine Spule völlig kapazitätsfrei zu bauen. Man kann die Eigenkapazität der Spule in einem Ersatzschaltbild als parallelgeschaltet zur Induktivität auffassen; sie liegt in der Größenordnung von 100 pF und führt bei Spulen ohne Abstimmittel (2,0 mH) zu einer „Eigenresonanzfrequenz der Sperre“, die meist im oberen Teil des Übertragungsbereiches liegt, je nach Konstruktion zwischen 250 kHz und 500 kHz. Für diese Stelle des Frequenzbereichs wächst der Sperrwiderstand einer nicht abgestimmten Spule auf einen überhöhten Wert. Die Eigenkapazität wirkt also in einem Sinne, der dem Zweck der Sperre entspricht. Bei abgestimmten Sperren, also bei Induktivitäten von 0,2 mH oder 0,5 mH liegen die Kapazitäten der Abstimmkreise für hohe Frequenzen bei etwa 1000 pF; die Eigenkapazität der Spule macht also 10% der Abstimmkapazität aus und muß bei der Abstimmung berücksichtigt werden.

Eine Drosselspule mit kleinerer Induktivität, wie sie für Resonanzsperren gebraucht wird, wird durchweg als einlagige Zylinderwicklung gebaut. Man bemüht sich, diese einfache und billige Form bei größeren Induktivitäten so lange beizubehalten, wie dies im Hinblick auf die Abmessungen und den Materialbedarf zweckmäßig ist. Die Scheibenwicklung erweist sich bei größeren Induktivitäten als günstiger. Die Gewichte werden mit zunehmender Induktivität und wachsendem Nennstrom so groß, daß man anstelle der für kleinere Sperren üblichen hängenden Anordnung auf stehende Ausführungen übergegangen ist. Das Aufstellen auf besonderen Stützerisolatoren, die für Betriebsspannungen bemessen sein müssen, ist zwar teurer als das Aufhängen, fügt sich aber oft besser in den Aufbau der Freiluftschaltanlagen ein. Bei ganz großen Kurzzeitströmen ist wiederum oft eine hängende Anordnung besser, um die mechanischen Stöße beim Kurzschluß, auch die der Zuleitungen zur Sperre, besser abfangen zu können.

Bis hierher wurden nur „Betriebssperren" behandelt; diese sind dadurch gekennzeichnet, daß ihr Sperrwiderstand lediglich hoch genug sein muß, um den unerwünschten Abfluß der trägerfrequenten Nachrichtenströme so weit zu vermindern, daß die Trägerfrequenzgeräte unabhängig vom Schaltzustand der Hochspannungsanlage, auch bei Erdungen der Hochspannungsleitungen über die Sperren, einwandfrei arbeiten können. Betriebssperren lassen sich aus wirtschaftlichen und technischen Gründen nicht so bemessen, daß sie eine auch im Sinne einer Entkopplung ausreichende Sperrwirkung haben. Es hätte auch keinen Zweck, nur in die zur Ankopplung benutzten Leiter hochwertigere Sperren einzubauen, weil durch die lange Parallelführung ein nennenswerter Teil der Nachrichtenenergie von den nichtbenutzten Leitern eines Drehstromsystems übernommen und über die Sperrpunkte hinweg weiter in das Hochspannungsnetz verschleppt wird. Dieser Vorgang erschwert außerordentlich die Frequenzplanung für ein Hochspannungsnetz, das ein in allen Knotenpunkten – den Stationssammelschienen – galvanisch durchgeschaltetes Maschennetz darstellt; man kann ein Nachrichtenfrequenzband in weitem Umkreis um die Verwendungsstellen trotz der Sperren nicht wieder benutzen.

Man verwendet deshalb noch eine andere Art von Sperren mit einer wesentlich höheren Sperrwirkung [*15*]. Diese „Übersprechsperren“ oder „Netzentkopplungsschaltungen“ werden an bestimmten Punkten eines großen zusammenhängenden Hochspannungsnetzes gebraucht, um einzelne Hochfrequenzteilnetze zu bilden, die so weit voneinander entkoppelt sind, daß in jedem Teilnetz alle Trägerfrequenzen des ganzen Bereichs verwendet werden können. Übersprechsperren haben also die Aufgabe, ein sehr großes Maschennetz, innerhalb dessen mehr Trägerfrequenzkanäle gebraucht werden, als in dem Frequenzbereich 15 kHz bis 500 kHz untergebracht werden können, für den Trägerfrequenz-Nachrichtenbetrieb in kleinere Maschennetze aufzuteilen.

Für die Entkopplung einzelner Teile eines Hochspannungsnetzes voneinander gibt es verschiedene Mittel, wie Hochspannungstransformatoren, Einbau von längeren Kabelstücken in den Zug der Hochspannungsleitung, die Verwendung von Leitungsstrecken mit Eisenüberzug und Netzentkopplungsschaltungen, die als Bandsperren aus Spulen und Kondensatoren aufgebaut sind. Die Anwendung dieser Mittel ist mit so hohen Kosten verknüpft, daß man nach Möglichkeit die Mittel anwendet, die sich durch den Aufbau der Starkstromanlage von selbst anbieten, also Hochspannungstransformatoren und längere Hochspannungskabel an den Einführungsstellen zu Schaltstationen [*26*]. Von den Mitteln, die nur zur Netzentkopplung dienen, hat man die Hochspannungsleitungen mit Eisenüberzug (Anhang 9.3) noch nicht verwendet.

Ein Hochspannungstransformator stellt eine gute Entkopplungseinrichtung dar, bei der ein unerwünschter Übertritt der Hochfrequenznachrichtenströme von einer Seite zur anderen praktisch nicht stattfindet. In Hochspannungsnetzen, die durch Transformatoren voneinander getrennt sind, kann man voneinander unabhängige Frequenzpläne für die Hochfrequenznachrichtenanlagen aufstellen. Man vermeidet dabei eine Verwendung gleicher Trägerfrequenzen auf Leitungen verschiedener Betriebsspannung in einer Station, weil sich bei der Einführung der Hochspannungsleitungen eine unerwünschte Kopplung der Netze verschiedener Betriebsspannung oft nicht ganz verhindern läßt.

Zur Begrenzung der Kurzschlußleistungen werden zwischen größeren Teilen des Hochspannungsnetzes auch Transformatoren mit dem Übersetzungsverhältnis 1 : 1 eingesetzt. Die Bestrebungen, diese Trenntransformatoren auch so auszubilden, daß sie gleichzeitig als Übersprechsperren für die Hochfrequenznachrichtenströme dienen, und erst recht die Forderung, derartige Starkstromtransformatoren nur mit Rücksicht auf die Belange der Trägerfrequenz-Nachrichtenanlagen einzubauen, haben wegen der damit verbundenen Kosten bis jetzt zu keinen wesentlichen Ergebnissen geführt.

Einen Sonderfall von Hochfrequenzsperren stellen die „tragbaren Hochfrequenzsperren“ dar, die als Betriebssperren da verwendet werden, wo eine abgeschaltete Hochspannungsleitung unterwegs geerdet wird. Beim Aufbau einer tragbaren Hochfrequenzsprechstelle (s. S. 111), die den Sprechverkehr zwischen einem Bautrupp auf der Strecke und der nächsten ortsfest eingebauten Station ermöglicht, können tragbare Sperren in die Erdleitungen eingebaut werden, über die die Hochspannungsleitung zu beiden Seiten der Baustelle aus Sicherheitsgründen geerdet ist.

Die Einsatzbedingungen für tragbare Sperren sind somit andere als die der ortsfest eingebauten Betriebssperren. Sie führen keinen Betriebsstrom und werden für verschieden abgestimmte Trägerfrequenzverbindungen je nach Lage der Baustelle im Hochspannungsnetz verwendet, müssen also alle Frequenzen des zugelassenen Bereichs sperren. Außerdem weiß man beim Einbau auf freier Strecke nie sicher, an welchen der drei Leiter des Drehstromsystems die Trägerfrequenz-Nachrichtenanlage angekoppelt ist, man sperrt also an der Baustelle in der Erdungsleitung immer alle drei Phasen gegen Erde. Bei den Bauarbeiten an der Hochspannungsleitung werden normalerweise die drei Hochspannungsleiter kurzgeschlossen und gemeinsam geerdet. Man kann dabei eine zweipolige tragbare Allwellensperre verwenden, die in die Erdleitung eingeschaltet ist. Solange es sich um nur eine Trägerfrequenz-Nachrichtenanlage handelt, die an einen Hochspannungsleiter angekoppelt ist, genügt diese Anordnung. Meistens sind jedoch an mehr als einen Hochspannungsleiter Trägerfrequenzanlagen angekoppelt, sei es, daß eine Anlage an zwei Leiter angeschlossen ist, sei es, daß an jeden Hochspannungsleiter voneinander unabhängige Trägerfrequenzanlagen angekoppelt sind. Um eine allen diesen Fällen Rechnung tragende Sperrung zu erreichen, wird die tragbare Allwellensperre dreiphasig ausgeführt.

Die Voraussetzungen dafür, daß die tragbaren Sperren tatsächlich sachgemäß von den Bautrupps angewendet werden, bestehen darin, daß sie leicht zu transportieren sind, bequem an einem Gittermast aufgehängt und daß die Erdseile rasch und zuverlässig angeschlossen werden können. Die für eine tragbare Allwellensperre erforderliche Induktivität mit kleinen Abmessungen ist bei einem Ausführungsbeispiel (Abb. 24) durch einen Kern aus Hochfrequenzeisen erreicht. Dieser ist so bemessen, daß bei einer versehentlichen Zuschaltung der Hochspannung die Induktivität durch Übersättigung des Eisens aufgehoben wird und damit eine fast widerstandslose Erdleitung entsteht. Das Gewicht der Sperre beträgt etwa 20 kg. Für jede Baustelle werden zwei Exemplare entsprechend den beiden Erdungspunkten benötigt.

Die Gesichtspunkte für die Bemessung der tragbaren Hochfrequenzsperren sind die gleichen wir für die erwähnten ortsfesten Sperren in der Erdleitung der Trenner (s. S. 30). Angesichts der Sicherheitsvorschriften bestehen in vielen Ländern Bedenken gegen die Verwendung tragbarer Sperren ebenso wie gegen ortsfeste Sperren im Erdleiter. Vollends problematisch wird die Verwendung solcher Sperrenarten, wenn man bei einer Doppelleitung ein Drehstromsystem über eine solche Sperre erden wollte, während das andere in Betrieb bleibt [*40*].

Abb. 24. Tragbare Allwellensperre für drei Phasen (Siemens A.G.)

3.3 Überbrückungsschaltungen

Eine Schaltstation oder andere Trennstellen im Zug der Hochspannungsleitung werden von den hochfrequenten Trägerströmen der Nachrichtenanlage durch Überbrückungsschaltungen umgangen. Als man noch mit Antennenkopplung zu arbeiten versuchte, lag es nahe, auch die Überbrückungen durch einen Luftdraht parallel zu den beiden Endstrecken der zu koppelnden Hochspannungsleitungen herzustellen. Diese Art der Überbrückung erwies sich als genauso wenig geeignet wie die Antennenkopplung überhaupt. Man baut deshalb seit langem die Überbrückungsschaltungen in gleicher Weise wie die Ankopplungen mit Koppelkondensatoren auf.

Für den Betrieb der Hochspannungsanlage ist es wichtig, daß die Trägerfrequenz-Überbrückungsschaltungen keine Gefährdungsspannung aus einem spannungsführenden Abschnitt der Hochspannungsleitung in einen abgeschalteten Leitungsabschnitt übertragen können. Man kann also aus diesem Grund eine Trennstelle nicht einfach durch einen Kondensator überbrücken.

Die Forderung, daß keine Gefährdungsspannung durch die Überbrückungsschaltung übertragen werden soll, ist erfüllt, wenn jeder Kondensator über eine genügend große Induktivität geerdet wird. Bei einer der ältesten Überbrückungsschaltungen (Abb. 25a) war dies noch nicht der Fall. Bei der später angewendeten induktiven Kopplung beider Brückenzweige (Abb. 25b) war dieser Mangel beseitigt. Die Brücken mit

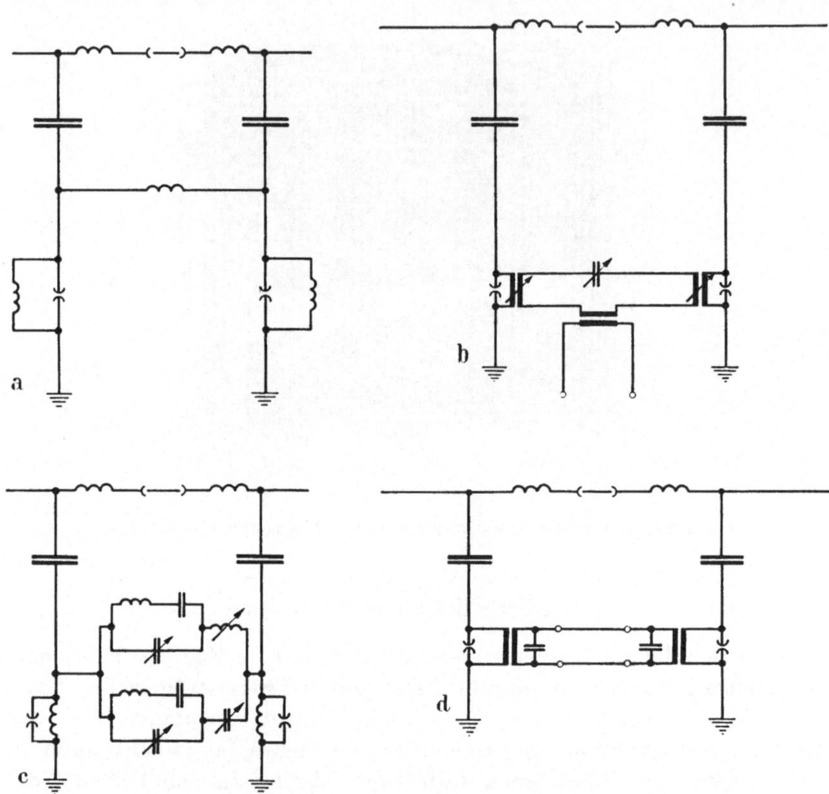

Abb. 25a–d. Überbrückungsschaltungen bei Einleiterkopplung.
a) Brücke mit Abstimmspule zwischen den Kondensatoren; b) Brücke mit galvanischer Trennung der Brückenzweige und angekoppelter Sprechstelle; c) Brücke mit Resonanzabstimmung für zwei Trägerfrequenzen; d) Brücke mit Bandfiltern für ein breites Frequenzband

Resonanzabstimmung (Abb. 25c) waren auf die beiden durchzulassenden Trägerfrequenzen abgestimmt; die Qualität der Sprechverbindungen litt wie bei der Ankopplung mit Resonanzabstimmung darunter, daß die Frequenzen an den Grenzen des Sprachbandes abgeschnitten werden. Bei den modernen Überbrückungsschaltungen (Abb. 25d) werden einfach zwei normale, als Bandfilter ausgebildete Ankopplungen durch ein Kabel miteinander verbunden. Der Durchlaßbereich einer derartigen

Überbrückungsschaltung entspricht dem der verwendeten Ankopplungsschaltung.

Die Überbrückungsschaltungen mit Resonanzabstimmung waren nur für die beiden zu übertragenden Trägerfrequenzen durchlässig. Eine Erweiterung dieser Schaltung auf den Durchlaß von mehr als zwei Trägerfrequenzen ist verhältnismäßig umständlich. Bei der Überbrückungsschaltung mit Bandfiltern ist von vornherein ein Durchlaß für eine Reihe von Trägerfrequenzen gegeben. Solange nicht in der zu überbrückenden Station Trägerfrequenzen nach nur einer der beiden Richtungen gesandt oder aus nur einer Richtung empfangen werden sollen, ist dieser breite Durchlaßbereich durchaus erwünscht.

Damit keine unnötigen Verluste für Trägerfrequenzen entstehen, die nur nach einer Richtung gehen sollen oder aus nur einer Richtung kommen und in der Brückenstation enden sollen, müssen Breitbandsperren in beiden Abschnitten der Hochspannungsleitung eingebaut sein. Wenn nur Resonanzsperren verwendet werden, braucht man zusätzliche Sperren auch in dem zweiten Abschnitt. Billiger und besser für die Frequenz-

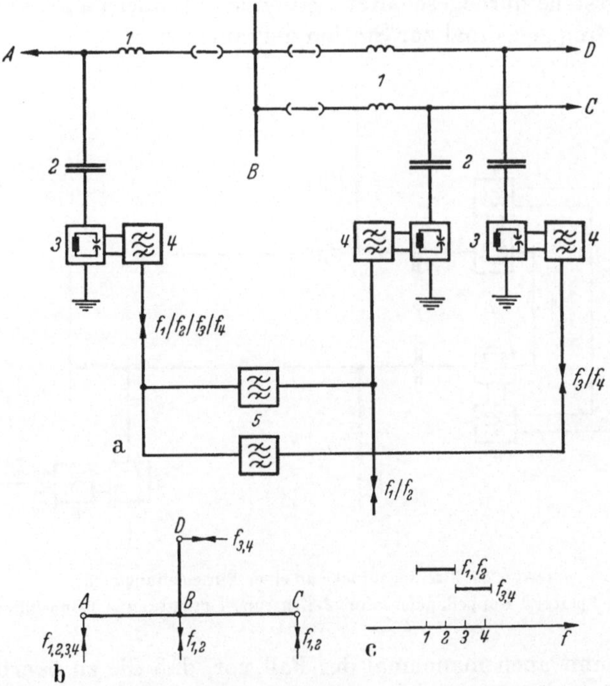

Abb. 26a–c. Dreiwegebrücke mit Zusatzbandfiltern für bestimmte Durchlaßbereiche (Einleiterkopplung).

a) Grundschaltung; b) Verkehrsaufgabe; c) Durchlaßbereiche der Richtungsfilter; *1* Sperre; *2* Koppelkondensator; *3* Sicherungseinrichtung; *4* Koppelfilter; *5* Richtungsfilter planung ist es jedoch, das Übertreten der im anderen Leitungsabschnitt nicht benötigten Frequenzen überhaupt zu verhindern. Dies kann dadurch geschehen, daß man Koppelfilter verschiedener Durchlaßbereiche verwendet, die sich überlappen. Bequemer im Zusammenhang mit der Frequenzplanung und daher allgemein üblich ist jedoch die Verwendung von „Richtungsfiltern", die in der Verbindungsleitung zwischen den beiden Ankopplungsschaltungen liegen und nur die gewünschten Frequenzbänder durchlassen (Abb. 26).

Es können auch „Dreiwegebrücken" aufgebaut werden; bei der alten Resonanzabstimmung der Überbrückungsschaltungen brachte dies einige Abstimmschwierigkeiten, die bei Verwendung von Bandfilterschaltungen nicht auftreten. Dreiwegebrücken kommen viel seltener vor als Einwegbrücken. Allerdings muß dann oft der Durchlaßbereich nach den drei Richtungen verschieden gewählt werden, um eine unerwünschte Verbreitung von Trägerfrequenzen im Hochspannungsnetz zu verhindern.

Eine besondere Art von Dreiwegebrücken wird zur Überbrückung von Stellen benutzt, an denen die Leitung in eine Station eingeschleift wird (Abb. 27), wenn die Trägerfrequenzverbindung nicht nur über die Einschleifungsstelle durchgeschaltet werden soll, sondern auch ein Abzweig im Trägerfrequenzkanal zur Station gebraucht wird.

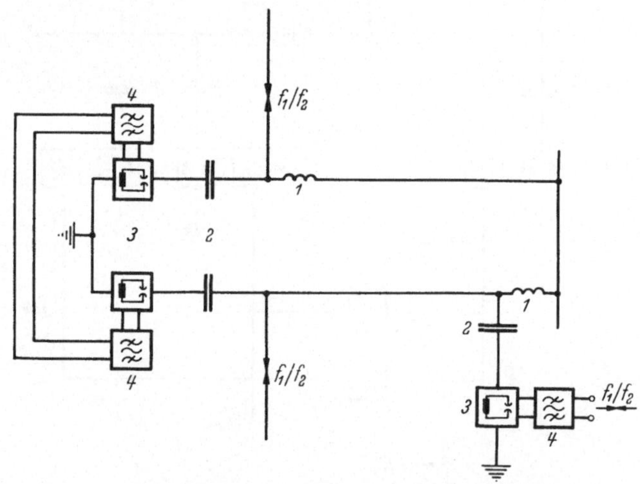

Abb. 27. Dreiwegebrücke an einer Einschleifungsstelle.
1 Sperre; *2* Koppelkondensator; *3* Sicherungseinrichtung; *4* Koppelfilter

Es kommt auch manchmal der Fall vor, daß die zu überbrückende Trennstelle in der Hochspannungsleitung nicht aus einer vollständigen Hochspannungsstation besteht, sondern nur aus einem Freileitungstrennschalter. Der Starkstromtechniker neigt zu der Annahme, daß hier die

Hochfrequenzsperren überflüssig sind, da ein Abfluß der Hochfrequenzenergie über Kapazitäten von Sammelschienen oder Transformatorwicklungen zur Erde nicht in Betracht kommt. Diese Auffassung ist nur mit Einschränkungen richtig. Wenn bei einer solchen „Trennschalterbrücke", die sich von der normalen Überbrückungsschaltung durch das Fehlen der Sperren unterscheidet (Abb. 28), der Trennschalter offen ist, liegen für die Trägerfrequenzübertragung übersichtliche Verhältnisse vor. Ist dagegen der Trennschalter geschlossen, so können die zwischen Hochspannungsleitung und Erde angeschalteten Bandfilteranordnungen Reflexionsverluste bringen und damit Störungen der Trägerfrequenzübertragung verursachen. Man baut deshalb Hilfsschalter ein, die bei geschlossenem Trennschalter die Koppelfilter abtrennen und damit die Überbrückungsschaltung unwirksam machen.

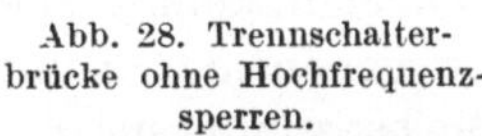

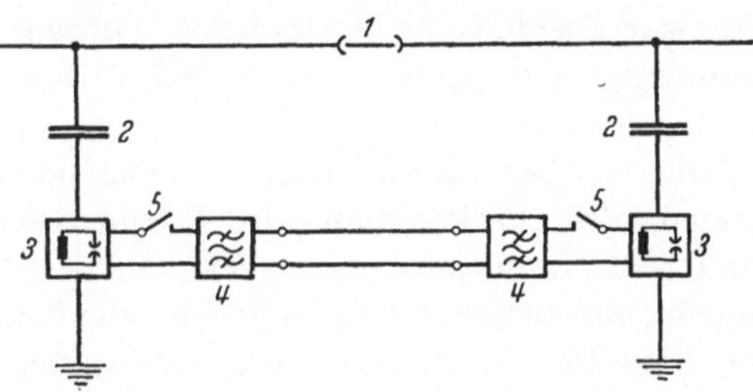

Abb. 28. Trennschalterbrücke ohne Hochfrequenzsperren.
1 Trennschalter; *2* Koppelkondensator; *3* Sicherungseinrichtung; *4* Koppelfilter; *5* Hilfsschalter; wenn *1* offen, sind *5* geschlossen, wenn *1* geschlossen sind *5* offen

3.4 Neue Arten der Leitungsausrüstung

In den ersten 10 Jahren der Entwicklung hat man sowohl für die Ankopplung als auch für die Sperren, somit also auch für die Überbrückungsschaltungen, sehr weitgehende Untersuchungen angestellt, um die durch die Starkstromanlage gegebenen Möglichkeiten auszunutzen, also besonderen Aufwand für die Leitungsausrüstung zur Trägerfrequenz-Nachrichtenanlage zu vermeiden. In den anschließenden 30 Jahren hat sich dann, nachdem die Ergebnisse aller dieser Untersuchungen unbefriedigend waren, ausschließlich der nunmehr als klassisch zu bezeichnende Aufbau der Leitungsausrüstung aus einer Kopplungsschaltung mit Hochspannungskondensatoren und einer Drossel als Sperre durchgesetzt. Vereinzelt hat man bereits die Leitungsausrüstung als zum Aufgabengebiet der Starkstromtechniker gehörig erklärt [*11*]. Unentwegt gingen jedoch die Versuche weiter, den Aufwand für das Herrichten des Trägerfrequenz-Übertragungsweges herabzusetzen oder seine technischen Eigenschaften zu verbessern. Obwohl kein Ergebnis dieser Arbeiten bis jetzt eine allgemeinere Anwendung gefunden hat, muß man einige der neueren Bemühungen in dieser Richtung kennen.

Der Gedanke, die Erdseile zu isolieren und somit die Leitungsausrüstung nicht mehr für die Betriebsspannungen und den Betriebsstrom bemessen zu müssen, war bereits erwähnt worden (s. S. 15). Man hat in einigen Ländern zahlreiche derartige Anlagen aufgebaut [*29*, *44*]. In erster Linie sind wirtschaftliche Gesichtspunkte für diese Anlagenart maßgebend. Technisch gesehen müssen zwar für die Starkstromanlage und für den Trägerfrequenzbetrieb dabei Kompromisse in Kauf genommen werden, die aber oft nicht wesentlich sind. Bemerkenswert ist, daß man mitunter das Erdseil nicht isoliert, um eine Trägerfrequenzverbindung aufbauen zu können, sondern zu dem Zweck, die Leistungsverluste der Hochspannungsleitung herabzusetzen. In einem solchen Fall bietet sich das isolierte Erdseil als ein Nachrichtenübertragungsweg an, der keinen zusätzlichen Aufwand erfordert.

Ein anderer Gedanke, der sich aus rein technischen Erwägungen ergibt, war ebenfalls bereits erörtert worden: der Aufbau von Netzentkopplungsschaltungen (s. S. 39 und Anhang 9.4). Man könnte solche Schaltungen nicht nur zur Trennung von Trägerfrequenznetzen untereinander bei galvanisch zusammenhängendem Hochspannungsnetz verwenden, also zur Behebung des Frequenzmangels, sondern auch dazu, eine Hochspannungsleitungsstrecke von den Anschlußstrecken so zu entkoppeln, daß sich ein größeres Bündel von Nachrichtenkanälen einrichten läßt, etwa 12 oder 24 Sprechkreise nach Art der Trägerfrequenztechnik der Post oder nach Art des Richtfunks. Ohne eine solche Entkopplung würde der größte Teil des Trägerfrequenzbereichs für das ganze übrige Hochspannungsnetz blockiert.

Das gleiche Ziel, auf einer Leitungsstrecke Vielfachträgerfrequenzverbindungen einzurichten und dabei den Frequenzbereich im übrigen Teil des Maschennetzes völlig freizuhalten, wird auch auf eine andere Weise verfolgt. Man geht dabei von dem Gedanken aus, daß stärkere Bündel von Nachrichtenkanälen hauptsächlich längs großer Energietransportleitungen mit 380 kV oder noch höherer Betriebsspannung gebraucht werden. Jede derartige Drehstromleitung wird zur Herabsetzung der Koronaverluste nicht mehr mit Einzelseilen je Phase, sondern zwei oder vier parallel geschalteten Leitungsseilen je Phase aufgebaut, mit „Bündelleitern“. Wenn es mit vertretbarem wirtschaftlichem Aufwand gelingt, die einzelnen Seile einer Phase zwischen den Stationen voneinander zu isolieren, ohne die Eigenschaften der Leitung für den Starkstrombetrieb zu beeinträchtigen und die Einzelseile erst in den Stationen über Trägerfrequenzsperren wieder parallel zu schalten, kann man eine Vielfachträgerfrequenzverbindung ohne Netzentkopplungen an den Leitungsenden einrichten. Bei dem üblichen Leiterabstand von etwa 40 cm zwischen den Seilen eines Bündels besteht keine große Gefahr, daß die Trägerfrequenzen in die übrigen Teile des Hochspannungsnetzes verschleppt werden. Es wurde das mechanische und elektrische Verhalten solcher Bündelleiter bei Netzfrequenz und Normalbetrieb und bei Netzstörungen untersucht und für die Trägerfrequenzübertragung durch Messungen festgestellt, daß solche Leitungen den aus der Theorie entstandenen Erwartungen entsprechen [*21*].

Man hat versucht, das Trägerfrequenzfernsprechen über Hochspannungsleitungen auch außerhalb des Energieversorgungsbetriebes anzuwenden, beispielsweise in der „Farmertelefonie". Diese hat zum Ziel [*16*], die Hochspannungsleitungen, die zur Energieversorgung weit auseinanderliegender Farmen dienen (Mittelspannung, etwa 30 kV), auch als Fernsprechwege für den öffentlichen Nachrichtendienst zu benutzen. Für die Leitungsausrüstung entstanden dabei keine neuen Anordnungen. Dagegen hat man bei einer anderen Sonderaufgabe, dem Trägerfrequenzfernsprechen von einem fahrenden Zug aus, mehrere besondere Ankopplungsarten angewandt, nämlich

a) Antennenkopplung auf Nachrichtenfreileitungen parallel zum Bahndamm (für nichtelektrifizierte Strecken),

b) Antennenkopplung auf einen besonderen Führungsleiter für Trägerfrequenz parallel zum Bahndamm (für elektrifizierte und für nichtelektrifizierte Strecken),

c) Kondensatorkopplung an den Stromabnehmer elektrischer Lokomotiven (für elektrifizierte Strecken).

Eine ungewöhnliche Verwendungsmöglichkeit der Leitungsausrüstungen wird in der australischen Fachliteratur erwähnt [*43*]. Man schlägt unter Hinweis auf Messungen an einer amerikanischen 500-kV-Versuchsanlage vor, die Leitungsausrüstung so auszubilden, daß sie nicht nur als Anschlußeinrichtung für Trägerfrequenzanlagen, sondern auch gleichzeitig als Entstörungsschaltung wirkt. Diese verhindert, daß Störspannungen im Rundfunkbereich, die in der Station entstehen, über die Leitungen ausgebreitet werden. Man hat damit die Störungen oberhalb des Trägerfrequenzbereichs (bis 10 MHz) um 40% herabgesetzt.

4. Eigenschaften der Hochspannungsleitungen im Trägerfrequenzbereich

Bei der Trägerfrequenz-Nachrichtenübertragung über Hochspannungsleitungen arbeitete man anfangs, wie erwähnt, mit den Mitteln der drahtlosen Telefonie, insbesondere mit der Antennenkopplung. Es bildete sich dabei die Vorstellung heraus, die Übertragung sei ein Raumstrahlungsvorgang, der sich in Richtung der Hochspannungsleitung bevorzugt vollzieht. Man sprach deshalb allgemein von „Leitungsgerichteter Hochfrequenzübertragung" im Gegensatz zur drahtlosen Hochfrequenzübertragung. Grundsätzlich besteht jedoch kein Unterschied zwischen der Energieübertragung mit technischen Wechselströmen von $16^2/_3$ oder 50 Hz und Hochfrequenzströmen von 15 bis 500 kHz. Strom und Spannung der Leitung haben ein elektromagnetisches Feld zwischen den Leitern zur Folge; die Energie wird durch dieses Feld übertragen [*6*]. Allerdings haben die Leitungen stark unterschiedliche Eigenschaften bei den verschiedenen Frequenzen. Insbesondere ergeben sich mit wachsender Frequenz stark anwachsende Energieverluste bei der Übertragung. Ein Maß für diese Energieverluste ist die Dämpfung der Leitung (Anhang 9.5); diese hängt ab vom Verlustwiderstand und dem Wellenwiderstand der Leitung.

Zwar kann man nach der Leitungstheorie diese beiden Größen und damit auch die Dämpfung berechnen, wenn alle Eigenschaften der Hochspannungsleitung bekannt sind, also die geometrischen Abmessungen, wie Leiterabstand untereinander und von Erde, Leiterdurchmesser und Leitermaterial. Die übliche Rechenweise berücksichtigt jedoch nicht genügend den Umstand, daß an der Trägerfrequenzübertragung außer den angekoppelten Leitern infolge der gegenseitigen kapazitiven und induktiven Beeinflussung auch die nicht angekoppelten Leiter beteiligt sind. Hinzu kommt der Einfluß der Erde auf den Übertragungsvorgang.

In den letzten Jahren hat die theoretische Betrachtung des Übertragungsvorganges erneut an Interesse gewonnen, insbesondere für Hochspannungsleitungen mit extrem hohen Betriebsspannungen wie 500 kV oder 750 kV. Man hatte keine Erfahrung über die Eignung solcher Leitungen für Trägerfrequenzübertragung. Die „Modal Analysis“ [*33*, *42*] lieferte die Grundlagen für eine genauere Berechnung der Übertragungsverhältnisse bei Leitungen mit wenigen Auskreuzungen (Verdrillungen) und Masten, deren Abmessungen wesentlich größer sind, als bis dahin bekannt war.

Alle derartigen Rechnungen sind umständlich. Selbst wenn man für verschiedene Leitungsarten ein allgemein anwendbares Tabellenbuch ausarbeiten würde, wäre seine Handhabung nicht einfach, weil zu viele Variationsmöglichkeiten im Leitungsbau zu berücksichtigen wären. Man hat deshalb im Laufe vieler Jahre an den verschiedenartigsten Leitungen gemessen und Richtwerte ermittelt, die die Eigenschaften der Hochspannungsleitungen zusammen mit denen der Ankopplungsschaltungen erfassen. Genauere theoretische Untersuchungen macht man nur bei Höchstspannungsnetzen.

Die in vielen Veröffentlichungen zerstreuten Angaben weichen oft merklich von einander ab. Eine kritische Sichtung, Ergänzung und Verarbeitung aller Angaben führt zu „Kenngrößen“, deren Zahlenwerte man für den Entwurf und die Einrichtung der Trägerfrequenz-Nachrichtenanlagen wissen muß[1]. Für die wichtigsten Kenngrößen lassen sich allgemeingültige Richtwerte aufstellen. Mit diesen kann man die meisten Nachrichtenanlagen ohne vorhergehende Messungen entwerfen und beurteilen. Für andere Kenngrößen, die bei einigen Anlagen zusätzlich von Bedeutung sind, lassen sich nur ziemlich weite Grenzen angeben, innerhalb derer ihre Werte liegen können. Sie hängen zu sehr von dem speziellen Fall und dem jeweiligen Betriebszustand der Starkstromanlage ab. Man muß sie deshalb von Fall zu Fall durch Messungen ermitteln. Wenn solche Messungen nicht schon bei der Planung der Anlagen durchgeführt werden können, sollte man sie bei der Inbetriebnahme der Anlagen nachholen, um sicherzugehen, daß die Anlagen bei allen vorkommenden Betriebsbedingungen einwandfrei arbeiten.

Die Güte einer Nachrichtenverbindung wird wesentlich durch das Verhältnis von Nutz- zu Fremdpegel am Empfangsort bestimmt (Anhang 9.5). Als wichtige Eigenschaften des Hochspannungsnetzes interessieren deshalb bei der Nachrichtenübertragung die Dämpfung des Nutzpegels und die Größe des Fremdpegels.

Die Kenngrößen, die für die Dämpfung oder die Bemessung der Anlage auf kleinste Dämpfung maßgebend sind, werden vom Aufbau des Hochspannungsnetzes und der Ankopplungsschaltungen bestimmt. Auch die Kenngrößen, die man für den Fremdpegel angeben kann, hängen davon ab, außerdem aber sind sie bestimmt von den Ursachen des Fremdpegels, nämlich vom Starkstrombetrieb, von atmosphärischen Störungen oder von fremden Nachrichtenverbindungen. Verschiedene Kenngrößen werden merklich durch die Witterung beeinflußt.

Um die maximale Leistung aus dem Generator zu erhalten, arbeitet die Nachrichtentechnik im Gegensatz zur Starkstromtechnik mit Anpassung des Generators an den Verbraucher. Der Senderwiderstand wird an den Leitungswiderstand und dieser wiederum an den am Ende liegenden Empfängerwiderstand angepaßt.

Bei der Übertragung über normale Nachrichtenleitungen kann man so gut anpassen, daß Stoßdämpfungen keinen merklichen Anteil zur Gesamtdämpfung liefern. Die Dämpfung entsteht hauptsächlich durch Leistungsverluste auf der Leitung. Maßgebend für die Anpassung ist der Wellenwiderstand der Leitung. Er ergibt sich als Eingangswiderstand der unendlich langen oder der mit dem Wellenwiderstand und somit reflexionsfrei abgeschlossenen kurzen, homogenen Leitung.

Bei der Übertragung über Hochspannungsleitungen entstehen neben der Verlustdämpfung auf der Leitung Dämpfungen durch Fehlanpassung der einzelnen Teile des Übertragungsweges (Stoßdämpfung) und durch Abfließen von Trägerfrequenzenergie in die angeschlossenen Hochspan-

[1] Die hier folgenden Ausführungen der Abschn. 4 und 8.1 bis 8.3 sind zum größten Teil übernommen aus einer Arbeit von E. Alsleben [*13*].

nungsanlagen (Nebenschlußdämpfung, s. S. 57). Der Eingangswiderstand einer nicht reflexionsfrei abgeschlossenen kurzen Leitung zeigt Maxima und Minima abhängig von der Frequenz. Mit wachsender Länge, also mit abnehmendem Einfluß des Abschlußwiderstandes infolge zunehmender Dämpfung, strebt er dem Wellenwiderstand als Grenzwert zu.

Den Wellenwiderstand kann man sich bei einem System aus mehreren Leitern und Erde aus Teilwellenwiderständen zusammengesetzt denken, die zwischen den einzelnen Leitern und zwischen den Leitern und Erde liegen. Entsprechend der Zusammenschaltung der Teilwellenwiderstände und etwa vorhandener Abschlußwiderstände verteilt sich die durch die Ankopplungsschaltung auf das System gegebene Energie zwischen den Leitern und zwischen diesen und Erde. Bei den beiden üblichen Ankopplungsverfahren, erdsymmetrische Ankopplung zwischen zwei Leitern (Zweileiterkopplung) und Ankopplung zwischen einem Leiter und Erde (Einleiterkopplung), ergeben sich unterschiedliche Verhältnisse.

Bei der Zweileiterkopplung liegt der Hauptteil der vom Sender abgegebenen Energie zwischen den beiden zur Ankopplung benutzten Leitern und pflanzt sich als elektromagnetische Welle zwischen ihnen fort, ein geringer Anteil liegt zwischen den Leitern und Erde. Der dritte Leiter ist, strenge Symmetrie vorausgesetzt, stromlos und auch bei üblichen, nicht ganz symmetrischen Anordnungen ist er, ebenso wie der Erdleiter, wenig an der Übertragung beteiligt. Gäbe es ideale Sperren in den beiden zur Ankopplung benutzten Leitern, so würde auch keine Hochfrequenzenergie in die Hochspannungsstation abfließen. Am Ende der Leitung liegen entsprechend umgekehrte Verhältnisse vor; die gesamte zwischen den beiden Leitern ankommende Energie kann reflexionsfrei an den Empfänger abgegeben werden. Dementsprechend kann man zwischen den beiden zur Ankopplung benutzten Leitern einen von der Hochspannungsstation unabhängigen resultierenden Wellenwiderstand bei Zweileiterkopplung als Eingangswiderstand der Leitung messen, auf den man Sender und Empfänger anpassen muß, um günstigste Übertragungsbedingungen zu erhalten.

Bei der Einleiterkopplung ergibt sich eine andere Energieverteilung. Ein Teil der Energie geht über die beiden nicht mit Sperren ausgerüsteten Leiter durch Abfließen in die Hochspannungsstation verloren, die restliche, als elektromagnetische Welle fortgeleitete Energie liegt mit einem merklichen Anteil zwischen den Leitern und Erde, der übrige Teil liegt symmetrisch zwischen dem angekoppelten und den beiden nicht angekoppelten Leitern, wobei diese praktisch auf gleichem (bei Symmetrie auf genau gleichem) Trägerfrequenzpotential liegen und je den halben Strom des zur Ankopplung benutzten Leiters führen. Infolge der hohen Verluste im Erdboden wird der Anteil zwischen den Leitern und Erde sehr viel stärker geschwächt als der zwischen den Leitern, der in genügender Entfernung von der Einspeisestelle praktisch allein übrigbleibt und sich nun unter ähnlichen Dämpfungsbedingungen weiter fortpflanzt wie bei der Zweileiterkopplung. Am Ende der Leitung hat man entsprechende Verhältnisse wie am Anfang. Der Empfänger liegt zwischen dem angekoppelten Leiter und Erde und nicht zwischen diesem und den beiden parallelschaltbaren anderen, wie es der ankommenden Welle entsprechen würde. Die Leitung läßt sich daher in dieser Schaltung nicht durch die Anpassung des Empfängers reflexionsfrei abschließen. Nur ein Teil der ankommenden Energie gelangt an den Empfänger, der Rest geht zum Teil in der Station verloren, zum Teil wird er reflektiert. Der Eingangswiderstand der Leitung bei Einleiterkopplung hängt dementsprechend nicht von der Leitung allein ab, sondern auch vom Eingangswiderstand der Station für die beiden nichtangekoppelten Leiter. Bei genügend langer Leitung, bei der keine merkliche Rückwirkung vom Ausgang der Leitung auf den Eingang stattfindet, würde der Eingangswiderstand einen von der jeweiligen Station und ihrem Schaltzustand abhängigen Grenzwert annehmen. Mit einer gewissen Berechtigung kann man diesen Grenzwert als Wellenwiderstand bei Einleiterankopplung bezeichnen, und es erscheint sinnvoll, Sender und Empfänger auf ihn anzupassen, um die kleinstmögliche Dämpfung zu erreichen. Einen reflexionsfreien Abschluß erreicht man durch die Anpassung jedoch nicht.

Während die Dämpfung der Hochspannungsleitung bei Zweileiterkopplung im wesentlichen durch Verluste bei der Fortleitung entsteht und proportional mit der Länge der Leitung anwächst, kommt bei der Einleiterkopplung zu diesem, von der Länge abhängigen Anteil eine von der Länge unabhängige „Einleiterzusatzdämpfung“ hinzu, welche die bei etwas größeren Leitungslängen praktisch verlorene Energie der an beiden Enden entstehenden Welle zwischen den Leitern und Erde und die in die Hochspannungsstationen abfließende Energie berücksichtigt. In manchen Veröffentlichungen sind die Angaben über die Dämpfung bei Einleiterkopplung nicht nach diesen beiden Komponenten aufgeteilt, man kann deshalb diese Angaben nicht ohne weiteres auf Leitungen gleichen Aufbaus, aber anderer Länge umrechnen.

Bei normalen Nachrichtenleitungen kann man die Anpassung an den Wellenwiderstand so ausführen, daß keine merkliche Stoßdämpfung und zusätzliche Verlustdämpfung auftritt. Bei Hochspannungsleitungen muß man dagegen mit einer zusätzlichen Dämpfung der Ankopplungsschaltung einschließlich der Zuleitung zum Nachrichtengerät rechnen.

Der Scheinwiderstand einer Hochspannungsstation hat merklichen Einfluß auf die Zusatzdämpfung bei der Einleiterkopplung, aber auch bei der Zweileiterkopplung ist er nicht ganz zu vernachlässigen, da die Hochfrequenzsperren, die seinen Einfluß ausschalten sollen, wegen der

Anforderungen des Starkstrombetriebes nicht so bemessen werden können, daß sie ideale Eigenschaften für den Nachrichtenbetrieb haben. Das äußert sich in der Dämpfung durch den Scheinwiderstand einer Hochspannungsstation, der als Nebenschluß wirkt.

Als weitere Kenngröße interessiert die Durchgangsdämpfung einer Hochspannungsstation, wenn man eine Verbindung über eine Station hinaus auf einer zweiten Leitung weiterführen oder wenn man die gleiche Frequenz in einem Leitungsnetz für verschiedene Verbindungen benutzen will.

Gelegentlich werden im Zuge von Leitungen oder als Einführung in Hochspannungsstationen Hochspannungskabel benutzt. Man kann diese für die Nachrichtenübertragung mit ausnutzen; dafür interessieren Wellenwiderstand und Dämpfung von Hochspannungskabeln.

Fehlanpassungen oder Stoßstellen an zwei oder mehr Punkten einer Leitung sind besonders deshalb unangenehm, weil sie bei den üblichen Entfernungen und Dämpfungen durch Reflexionen zu stehenden Wellen und damit zu periodisch frequenzabhängigen Reflexionsdämpfungen führen, die störende Dämpfungsunterschiede innerhalb der für die einzelnen Nachrichtenverbindungen verwendeten Frequenzbänder zur Folge haben können. Außer an den Enden können sie auch an Stoßstellen durch Besonderheiten im Leitungsaufbau entstehen, bei Abzweigen, Stichleitungen oder anderen Inhomogenitäten der Leitung. Diese sind deshalb bei der Einrichtung von Nachrichtenverbindungen auf Hochspannungsleitungen besonders zu beachten [*12*].

Im folgenden sind Zahlenwerte für die Kenngrößen aus verschiedenen Veröffentlichungen von Messungen und Rechnungen zusammengestellt.

4.1 Wellenwiderstände von Hochspannungsfreileitungen

Für den Wellenwiderstand einer Leitung aus zwei Leitern in genügendem Abstand vom Erdboden gilt für den hier benutzten Frequenzbereich

$$Z = 120 \ln \frac{d}{r} \,\Omega\,,$$

wobei

d = Abstand zwischen den Leitern
r = Halbmesser der Leiter.

Für Zweileiterkopplung kann man näherungsweise mit einem Wellenwiderstand nach dieser Formel rechnen. Er ist reell und frequenzunabhängig. Durch den Einfluß des Erdbodens und den Einfluß benachbarter Leiter liegen die tatsächlichen Werte etwas niedriger. Die Abweichungen sind im allgemeinen aber vernachlässigbar.

Es ergibt sich eine nur geringe Abhängigkeit vom Aufbau der Leitungen, und zwar dadurch, daß nur der Logarithmus des großen Quotienten d/r in die Formel eingeht. Außerdem haben die Leitungen für höhere Betriebsspannung in der Regel mit größerem Abstand auch größere Durchmesser der Leiter, und das Verhältnis d/r wächst nur etwa mit der Wurzel aus der Spannung.

Wesentlich niedrigere Werte ergeben sich erst beim Übergang zu Bündelleitern für Leitungen höherer Spannung. Hier tritt anstelle des Leiterradius r für die Berechnung des Wellenwiderstands ein wirksamer Radius r', der wesentlich größer als der des Einzelleiters ist:

$$r' = r\left(k\frac{s}{r}\right)^{\frac{n-1}{n}}$$

Dabei ist

s = Abstand zwischen zwei benachbarten Leitern im Bündel
n = Anzahl der Leiter im Bündel
k = eine Konstante, die sich aus n ergibt:

n	2	3	4	5
k	1	1	1,12	1,27

Bei Verwendung von mehr als zwei Leitern im Bündel vergrößert sich der wirksame Radius des Bündels. Dementsprechend wird der Wellenwiderstand kleiner.

Bei Einleiterkopplung in einem Dreiphasensystem kann man auch nach einer ausführlichen Theorie den Eingangswiderstand bei beliebiger Länge der Leitung unter Berücksichtigung des Einflusses der Abschlußwiderstände aller Phasen errechnen [*33*, *42*]. Diese genauen Werte sind aber für die Planung der Anlagen nicht erforderlich.

Man rechnet beim Entwurf mit folgenden ungefähren Werten:

	Bereich	Planungswert
Bei Zweileiterkopplung:		
1fach Seile	650···800 Ω	700 Ω
2fach Bündel	500···600 Ω	500 Ω
4fach Bündel	420···500 Ω	500 Ω
Bei Einleiterkopplung:		
1fach Seile	350···500 Ω	400 Ω
2fach Bündel	250···400 Ω	325 Ω
4fach Bündel	220···350 Ω	325 Ω

4.2 Dämpfung von Hochspannungsfreileitungen

Die Dämpfung einer zweidrähtigen Leitung in genügendem Abstand über dem Erdboden läßt sich für die zur Nachrichtenübertragung auf Hochspannungsleitungen benutzten Frequenzen aus dem Verlustwiderstand und dem Wellenwiderstand der Leitung berechnen mit

$$a = \frac{R}{2Z}.$$

Wegen der Stromverdrängung wächst R und damit a mit der Wurzel aus der Frequenz an.

Die Dämpfung einer Hochspannungsleitung bei Zweileiterkopplung ist größer als die einer zweidrähtigen Leitung mit gleichen Abmessungen, weil zu den Verlusten im Leiter solche im Erdboden hinzukommen, die oft größer sind als die im Leiter selbst. Dies ist bedingt durch den geringeren Abstand der Leiter vom Erdboden, der je nach Aufbau der Leitung und Lage der zur Ankopplung benutzten Phasen nur etwa 1- bis 4mal so groß ist wie der Abstand zwischen den Leitern. Dadurch entstehen hohe Wirbelstromverluste, bei höheren Frequenzen auch höhere dielektrische Verluste im Erdboden, die sich in einer Erhöhung des Verlustwiderstandes der Leitung auswirken. Außerdem haben sie zur Folge, daß Verlustwiderstand und Dämpfung der Leitung fast proportional mit der Frequenz ansteigen im Gegensatz zu den Werten bei einer vom Erdboden unbeeinflußten Leitung. Dies gilt für Leitungen über etwa 60 kV; bei Leitungen kleinerer Betriebsspannung mit ihren kleineren Leitungsquerschnitten überwiegen die höheren Verluste in den Leitern.

Bei diesen Leitungen machen sich bei feuchtem Wetter auch Ableitverluste auf den Isolatoren durch erhöhte Dämpfung bemerkbar, während Leitungen mit größeren Isolatoren, also höherer Betriebsspannung, davon kaum beeinflußt werden. Geringe Dämpfungserhöhungen könnten auch bei starker Verschmutzung der Leiter auftreten, wenn diese feucht werden.

Rauhreif und Vereisungen können besonders hohe Zunahmen der Dämpfung bewirken, die in ungünstigen Gegenden beachtet werden müssen. Man hat an einer besonders gefährdeten Leitung in Norwegen bei starker Vereisung Dämpfungswerte bis zum 15fachen des normalen Wertes bei einer Frequenz von 105 kHz festgestellt [*30*]. Bei normalen Leitungen kann man allerdings damit rechnen, daß starke Dämpfungszunahmen nur an besonders gefährdeten Stellen und nicht über die ganze Leitung hinweg auftreten. In der Schweiz wurden, ebenfalls unter extremen Witterungsverhältnissen, ähnliche Werte gemessen [*37*]. Über die Frequenzabhängigkeit der Verluste durch Rauhreif und Vereisung liegen noch nicht genügend eindeutige Messungen vor. In theoretischen Untersuchungen wurde die Zunahme der Dämpfung bei Vereisung durch dielektrische Verluste im Eis erklärt und es wurde bis etwa 200 kHz ein angenähert frequenzproportionaler Anstieg festgestellt.

Faßt man für die Bestimmung der Leitungsdämpfung bei normaler, trockener Witterung alle Erfahrungen zusammen, so kann man Planungswerte für Leitungen von etwa 60 kV bis 400 kV zusammenstellen (Abb. 29). Es ist offensichtlich, daß die Dämpfung einer Leitung stark von dem Verhältnis d/h abhängt. Dabei ist der Abstand d zwischen den Leitern als Mittelwert unter Berücksichtigung der Auskreuzungen zu verstehen, bei Einleiterkopplung der mittlere Abstand des zur Ankopplung benutzten Leiters von den beiden benachbarten. Als Höhe h über dem Erdboden gilt die mittlere Höhe an den Masten.

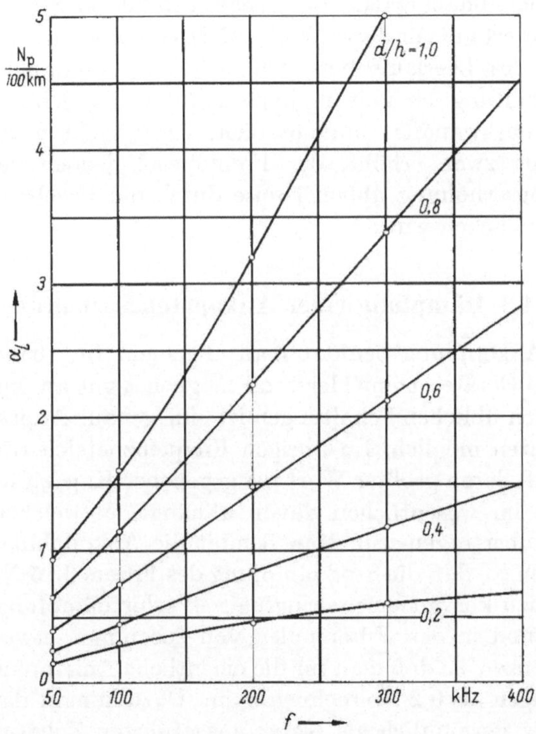

Abb. 29. Planungswerte für die kilometrische Leitungsdämpfung bei Betriebsspannungen von 60 kV bis 400 kV

Bei Einleiterkopplung kommt zu dieser Leitungsdämpfung noch die Einleiterzusatzdämpfung hinzu. Ihre Größe hängt von den Eingangswiderständen der Station für die nicht angekoppelten Leiter ab. Sie wurde für die beiden Grenzfälle, Kurzschluß (Erdung) und Leerlauf (Abschaltung) der nicht angekoppelten Leiter aus Rechnungen und Messungen ermittelt mit etwa 0,25 Np beziehungsweise 0,65 Np. Diese Werte müssen bei Übertragung über mehrere Abschnitte für jeden Abschnitt hinzugerechnet werden.

Normalerweise sind die nicht angekoppelten Leiter nicht mit Sperren ausgerüstet. Die Zusatzdämpfung hängt dann in den angegebenen Grenzen vom Scheinwiderstand der beiden in die Station hineinführenden Leiter gegen Erde und damit von ihrem Schaltzustand ab. Als normaler Planungswert gilt 0,4 Np für einen Leitungsabschnitt.

Sind kapazitive Spannungswandler für alle drei Leiter vorhanden, so kann über diese der Kurzschluß der beiden nicht angekoppelten Leiter erzwungen werden. Damit wird das Minimum an Zusatzdämpfung erreicht und die Abhängigkeit vom Schaltzustand der Station verringert. Als Planungswert gilt für diesen Fall 0,25 Np für einen Leitungsabschnitt.

Der Fall des Leerlaufs der zwei nicht zur Ankopplung benutzten Leiter (Abschaltung der Leitung ohne Erdung über Schalter oder kapazitive Spannungswandler) braucht nicht berücksichtigt zu werden, da die Dämpfung zwar erhöht, der Fremdpegel jedoch verringert und die Dämpfungserhöhung üblicherweise durch die Pegelregelung in den Geräten ausgeglichen wird.

4.3 Dämpfung einer Ankopplungsschaltung

Für die Ankopplung benutzt man allgemein Breitbandkoppelfilter. Sie sollen den Gerätescheinwiderstand möglichst gut an die Leitung anpassen. Bei den üblichen Schaltungen ist eine genaue Anpassung nur für zwei Frequenzen möglich. Im übrigen Frequenzbereich tritt eine Stoßdämpfung auf, deren größter Wert bei gegebener Kapazität des Koppelkondensators im wesentlichen davon abhängt, in welchem Frequenzbereich man übertragen will. Man bemißt die Ankopplungsschaltungen im allgemeinen so, daß die Stoßdämpfung des Filters 0,15 Np nicht überschreitet. Hinzu kommt eine geringfügige Verlustdämpfung im Koppelkondensator und in den Filterspulen von zusammen etwa 0,05 Np bei hohen Frequenzen, so daß man für die eigentliche Ankopplungsschaltung mit Dämpfungen bis 0,2 Np rechnen kann. Dazu kommt dann noch eine Dämpfung der gewöhnlich als Kabel ausgeführten Zuleitung von etwa 0,25 Np/km für 300 kHz bei üblichen speziell als Zuleitung für die Ankopplung gefertigten symmetrischen Papierkabeln.

4.4 Scheinwiderstand einer Hochspannungsstation

Der Scheinwiderstand einer Hochspannungsstation interessiert dann, wenn man versuchen will, ohne Sperren auszukommen. Er ist in der Regel komplex und mehr oder weniger stark frequenzabhängig. Er setzt sich zusammen aus dem kapazitiven Widerstand der Sammelschienen und Schalter, dem meistens ebenfalls kapazitiven Widerstand der Meßwandler und dem Widerstand der Transformatoren, der auch kapazitiv sein kann, oft aber auch zwischen kapazitiv und induktiv mit der Frequenz wechselt. – Man kann unterscheiden zwischen

a) reinen Schaltstationen (ohne Leistungstransformatoren), die je nach Größe eine mehr oder weniger große Kapazität darstellen;

b) kleineren Stationen mit nur einem Transformator, deren Schaltzustand sich wenig ändert und deren Scheinwiderstand durch die Sammelschienen und den Transformator gebildet wird. Unter Umständen ist der Widerstand hoch und genügend unabhängig von der Frequenz, so daß man ohne Sperren auskommt;

c) größeren Stationen mit mehreren Transformatoren, deren Schaltzustand sich häufig ändert. Der Scheinwiderstand ist dann oft stark abhängig von der Frequenz und durchläuft große und kleine Werte. Diese ändern sich bei Schalthandlungen stark, so daß Sperren unbedingt erforderlich sind.

Die Sammelschienenkapazität kann man überschlägig aus den Abmessungen errechnen; falls die Station schon gebaut ist, ist es jedoch bequemer, zu messen. Der Wert liegt etwa zwischen 0,5 und 10 nF, je nach Größe der Station. Der Transformatorscheinwiderstand entspricht, wenn er kapazitiv ist, Werten von etwa 1 bis 5 nF, je nach Größe des Transformators. Es hat wenig Zweck, den Scheinwiderstand einer größeren Station aus einzelnen statistisch gesammelten oder gemessenen Werten zu errechnen oder auch ihn insgesamt zu messen. Das Rechenergebnis wäre zu unsicher und der gemessene Wert zu sehr vom Schaltzustand abhängig.

4.5 Dämpfung durch den Scheinwiderstand einer Hochspannungsstation

Durch Vorschalten von Sperren vor die Station soll erreicht werden, daß möglichst wenig Energie an den Enden einer Leitung in die Hochspannungsstation abfließt. Ihre Wirkung ist begrenzt, und man muß eine gewisse Nebenschlußdämpfung in Kauf nehmen, die außerdem vom Schaltzustand der Station abhängt. Man kann jedoch mit Richtwerten für diese Dämpfung rechnen (Anhang 9.2).

Bei der Planung ist es üblich, einen Mittelwert von 0,15 Np als Zusatzdämpfung durch eine Hochspannungsstation mit Sperren einzusetzen.

4.6 Durchgangsdämpfung einer Hochspannungsstation

Eine direkte Übertragung über eine im Leitungszug liegende Station hinweg wird nur in seltenen Fällen, bei kleinen Stationen, eine brauchbare Nachrichtenverbindung ergeben. Aus zwei Gründen ist im allgemeinen eine hohe Durchgangsdämpfung, also ein möglichst geringes Übersprechen von einer auf die anderen von einer Hochspannungsstation ausgehenden Leitungen erwünscht.

Zum einen ist wegen der über die Station hinweg auf andere Leitungen gelangenden Trägerfrequenzenergie eine Benutzung der gleichen Frequenz für andere Nachrichtenverbindungen erst in größerer räumlicher Entfernung von der ersten möglich. Das erschwert die Frequenzplanung merklich.

Zum anderen addiert sich bei Überbrückungsschaltungen die von der ankommenden Leitung über die Station auf die abgehende Leitung gelangende Trägerfrequenzenergie mit unbestimmter, frequenzabhängiger Phasenlage zu der, die auf dem vorgesehenen Wege über die Überbrükkungsschaltung kommt. Dies kann entsprechend dem Dämpfungsunterschied beider Wege mehr oder weniger verstärkend oder schwächend wirken. Wenn die Brücke einen Verstärker für die ankommenden Trägerfrequenzsignale enthält, kann eine zu geringe Durchgangsdämpfung der Station eine Frequenzumsetzung erforderlich machen, damit keine störenden Rückkopplungen auftreten.

Allgemein gültige Richtwerte für die Durchgangsdämpfung einer Station lassen sich deshalb nicht angeben, weil sie zu sehr von der Art und Größe der Station und davon abhängen, ob nur die angekoppelten oder auch die anderen Leiter mit Sperren ausgerüstet sind. Wichtig ist auch, ob die abgehenden Leitungen nebeneinander her oder auf gleichem Gestänge verlaufen oder ob sie von der Station nach verschiedenen Richtungen weggehen.

Man kann mit Werten zwischen 1,0 und 4,5 Np rechnen, muß aber im Einzelfall durch Messung bestimmen, wie hoch die Durchgangsdämpfung wirklich ist.

4.7 Wellenwiderstand und Dämpfung von Hochspannungskabeln

Für die Nachrichtenübertragung über ein Hochspannungskabel ist, wie bei den Freileitungen, die Kenntnis von Wellenwiderstand und Dämpfung des Kabels erforderlich. Beide weichen stark von denen bei Freileitungen ab. Ihre Werte sind je nach Kabel verschieden, so daß eine Messung in jedem Fall zweckmäßig erscheint.

Bei den Kabeln für höhere Spannungen sind die Leiter der einzelnen Phasen in der Regel von einer leitenden Hülle umgeben, die auf Erdpotential liegt, so daß eine direkte Übertragung zwischen einem Leiter und Erde möglich ist. Der Wellenwiderstand liegt etwa bei 25 bis 35 Ω für Einleiterkopplung und bei den doppelten Werten für Zweileiterkopplung. Die Dämpfung ist etwa 10mal so groß wie bei Freileitungen.

Gelegentlich sind die Hochspannungseinführungen in Stationen verkabelt. Der Übergang von der Leitung auf das Kabel führt zu einer starken Stoßdämpfung am Kabeleingang, so daß es zweckmäßig ist, die Leitungsausrüstung an der Übergangsstelle anzubringen, andernfalls ist eine spezielle Anpassungsschaltung zwischen Leitung und Kabel erforderlich. Letzteres gilt auch für Kabelstücke im Zuge von Hochspannungsleitungen. Die Durchgangsdämpfung von Stationen mit Kabeleinführungen ist wesentlich höher als die von Stationen mit direkt eingeführten Freileitungen [*26*].

4.8 Dämpfung eines vollständigen Übertragungsabschnittes

Die Hochspannungsleitungen sind im allgemeinen für den Nachrichtenbetrieb nicht als vollkommen homogen anzusehen. Schwächere Stoßstellen, die etwa durch das für den Starkstrombetrieb durchgeführte Auskreuzen der Leiter entstehen, wirken sich normalerweise noch nicht störend aus. Dagegen gibt es oft stärkere Stoßstellen, die sich in zu großen zusätzlichen Dämpfungen und Frequenzgängen infolge von Reflexionen bemerkbar machen, so daß besondere Maßnahmen für eine einwandfreie Nachrichtenübertragung notwendig werden. Solche Stoßstellen entstehen beispielsweise an den bereits erwähnten Übergängen auf Hochspannungskabel, an Leitungsverzweigungen oder Stichleitungen.

Allgemein gültige Richtwerte lassen sich für solche Fälle nicht angeben. Man muß sich im Einzelfall durch Rechnung oder Messung überzeugen, ob schädliche Wirkungen auftreten können, und muß dann entsprechende Maßnahmen treffen.

Die Dämpfung eines vollständigen Übertragungsabschnittes a setzt sich demnach aus verschiedenen Anteilen zusammen

$$a = \alpha_L l_L + (a_{EZ} + 2a_{Kp} + 2a_{St}) + \alpha_{Kb} l_{Kb}$$

Aus dem Vorangegangenen läßt sich zusammenstellen

α_L = Leitungsdämpfung je Längeneinheit (Abb. 29)
l_L = Leitungslänge
a_{EZ} = Einleiterzusatzdämpfung = 0,4 Np oder 0,25 Np
Einleiterzusatzdämpfung bei Zweileiterkopplung = 0 Np
a_{Kp} = Dämpfung der Ankopplungsschaltung = 0,2 Np
a_{St} = Dämpfung durch die Hochspannungsstation = 0,15 Np
α_{Kb} = Dämpfung des Trägerfrequenz-Zuleitungskabels je Längeneinheit, abhängig von Fabrikat und Frequenz, für 300 kHz zum Beispiel = 0,25 Np/km
l_{Kb} = Länge des Trägerfrequenz-Zuleitungskabels

Wird die Trägerfrequenz über mehrere in Reihe liegende Abschnitte der Hochspannungsleitung übertragen, so rechnet man nach der gleichen

Formel, um die Dämpfung zwischen den beiden Endpunkten festzustellen, hinzu kommt die Dämpfung der Überbrückungsschaltung jeder dazwischen liegenden Hochspannungsstation (s. auch Pegeldiagramm, Anhang 9.5).

Solange der Abstand der Trägerfrequenzen zweier in einer Hochspannungsstation nach verschiedenen Richtungen abgehenden Übertragungswege voneinander genügend groß ist, ist es ohne Belang, ob die beiden Trägerfrequenzanlagen an gleichnamige oder ungleichnamige Leiter angekoppelt werden; die in den Trägerfrequenzgeräten eingebauten Trennfilter halten unerwünschte Hochfrequenzströme anderer Frequenz auf jeden Fall fern. Damit man aber bei Bedarf die Trägerfrequenzen der beiden Nachrichtenanlagen auch nahe aneinanderrücken kann, werden die beiden Trägerfrequenzanlagen nach Möglichkeit an ungleichnamige Leiter angeschlossen; das Übersprechen zwischen den beiden Leitungen erfolgt dann nicht mehr galvanisch, sondern nur noch über die elektromagnetische Kopplung der Leiter untereinander und ist daher entsprechend geringer.

Man koppelt also an verschiedene Leiter an in dem Bestreben, zwischen Trägerfrequenzbezirken, die in einer Hochspannungsstation zusammenkommen, eine möglichst große Übersprechdämpfung zu haben. Auch bei einer Durchschaltung mit Hilfe von Überbrückungsschaltungen wird eine möglichst hohe Durchgangsdämpfung angestrebt, um Auslöschungen zu vermeiden. Liegt in der überbrückten Station ein Zwischenverstärker ohne Frequenzumsetzung, dann ist die hohe Durchgangsdämpfung erwünscht, um Rückkopplungen zu verhindern.

4.9 Störpegel

Durch den Hochspannungsbetrieb entstehen hohe Störspannungen auf den Hochspannungsleitungen. Sie rufen in den Trägerfrequenzkanälen Fremdspannungen hervor, die weit größer sind als die Fremdspannungen in postalischen Nachrichtenkanälen [*25*]. (Unter „Fremdspannung“ [Fremdpegel] wird hier nach den Festlegungen des CCITT die in einem Nachrichtenkanal auftretende störende Wechselspannung fremder Herkunft verstanden.)

Die Hochspannungsleitungen und Hochspannungsgeräte wurden früher weitgehend ohne besondere Rücksicht auf ihre Störwirkung im Trägerfrequenz- und Rundfunkbereich gebaut. Bei den modernen Höchstspannungsanlagen für 380 kV (und höher) mußten jedoch an den Geräten, den Leitungen und den Armaturen besondere Maßnahmen zur Verringerung der Störspannungen getroffen werden; dies geschah nicht nur aus Rücksicht auf den Rundfunkempfang und die werkseigenen

Trägerfrequenzanlagen, sondern auch um die Energieverluste der Hochspannungsanlage klein zu halten.

In umfangreichen Prüfanlagen der Herstellerfirmen und Versuchsanlagen in den einzelnen Ländern wird das Verhalten von neu entwickelten Geräten für Höchstspannungsanlagen untersucht, bevor man sie allgemein anwendet.

Der Erscheinungsform nach kann man zwei Arten von Störspannungen unterscheiden, die durch den Hochspannungsbetrieb hervorgerufen werden. Störspannungen der einen Art sind ständig vorhanden und entstehen durch Glimmentladungen an Isolatoren, Armaturen und Leitungen. Störspannungen der zweiten Art treten kurzzeitig, impulsartig auf; sie entstehen durch Schaltvorgänge und atmosphärische Entladungen.

Störspannungen der ersten Art verursachen bei niedrigeren Betriebsspannungen im allgemeinen unregelmäßige, prasselnde Geräusche. Mit höher werdender Spannung verursachen sie infolge Koronaentladungen ein mehr dem Rauschen ähnliches überlagertes Geräusch. Es ist bedingt durch die vielen, unabhängig voneinander auftretenden Einzelentladungen längs der Leitung, hauptsächlich in den negativen Spannungsmaxima. Dadurch entsteht eine periodische Schwankung des Koronarauschens mit der Netzfrequenz und deren Vielfachen, in erster Linie der dritten Oberwelle. Wenn in Schwachlastzeiten die Spannung ansteigt oder sich das Dielektrikum um den Leiter ändert (einsetzender Regen, Nebel, Rauhreif), nimmt die Störspannung zu. Das durch die Korona erzeugte Rauschspektrum hat im Trägerfrequenzbereich gleiche Amplituden bis etwa 1000 kHz, die dann langsam kleiner werden. Neben der selbständigen Fremdspannung durch Korona entsteht die „Koronamodulation":

Die übertragenen trägerfrequenten Schwingungen werden infolge periodischer Änderungen des Leitungszustandes durch die Korona im Rhythmus der Netzfrequenz moduliert. Zu jeder Nutzfrequenz entsteht ein Störspektrum. Die Koronamodulation kann bei Zweiseitenbandübertragung stören, deren Trägeramplitude größer ist als die Seitenbandamplituden und dementsprechend auch ein Störspektrum größerer Amplitude hat; dieses wirkt außerdem noch bei Sprachübertragung besonders störend, weil der Träger und damit die Störung auch in den Sprechpausen vorhanden ist.

In einem 2,5 kHz breiten Frequenzband muß man bei ungünstiger Witterung mit folgenden ungefähren Werten für den Störpegel rechnen:

– 4 Np bei 110-kV-Leitungen
– 2 Np bei 220-kV-Leitungen
– 1 Np bei 380-kV-Leitungen

Diese Richtwerte für die Planung sind als direkt an der Leitung vorhanden vorausgesetzt. Eine größere Dämpfung von Ankopplungsschaltung und Zuleitungskabel kann für das Abschätzen der Fremdpegel am Geräteeingang in Rechnung gesetzt werden.

Bei trockenem Wetter ist der Fremdpegel normalerweise niedriger, bei feuchtem Wetter und stark verschmutzten Leitungen in Industriegebieten kann er auch höher sein als die Richtwerte.

Der Störpegel von Höchstspannungsleitungen wächst im Vergleich zu dem für 220-kV-Leitungen relativ langsam, weil Leitungen für Betriebsspannungen über 220 kV mit Bündelleitern gebaut werden, um die Randfeldstärke an den Leitungsseilen und damit die Koronaverluste herabzusetzen. Diese für den Starkstrombetrieb nötige Maßnahme verbessert also gleichzeitig die Voraussetzungen zum Betrieb von Trägerfrequenzanlagen.

Störspannungen der zweiten Art, also impulsartige Störspannungen, die beim Betätigen von Hochspannungsschaltern entstehen, beim Einsetzen von Kurzschlußlichtbögen und durch atmosphärische Entladungen, haben ein breites Störspektrum im gesamten Frequenzband zur Folge [*17*, *19*]. Man hat diese Störspannungen in neuerer Zeit genauer untersucht [*25*, *14*], weil die mit sehr kurzen Übertragungszeiten arbeitenden Trägerfrequenzgeräte für den Netzschutz besonders dafür ausgebildet werden müssen, daß sie von derartigen impulsartigen Störspannungen nicht beeinflußt werden (s. S. 132).

Über die Höhe der zu erwartenden Fremdpegel, die von Rundfunk- und anderen Nachrichtensendern herrühren, lassen sich keine genauen Angaben machen [*20*]. Wenn man eine Anlage mit einer Frequenz in einem Bereich plant, in dem Störungen erwartet werden können, sollte man auf alle Fälle Messungen durchführen. Für Störungen durch Funksender sind bei Zweileiterkopplung niedrigere Pegel zu erwarten als bei Einleiterkopplung [*22*]. Auch Fremdspannungen aus Nachrichtenverbindungen, die mit gleicher Frequenz auf anderen Leitungsabschnitten arbeiten, sind bei Zweileiterkopplung kleiner als bei Einleiterkopplung.

5. Eigenschaften der Trägerfrequenzkanäle auf Hochspannungsleitungen

Die Grenzen des bereits öfters erwähnten Frequenzbereichs von 15 kHz bis 500 kHz, in dem die Trägerfrequenzanlagen auf Hochspannungsleitungen arbeiten, sind durch physikalische und wirtschaftliche Bedingungen bestimmt, teils aber auch durch Vorschriften der Postbehörden.

Die untere Frequenzgrenze ist technisch durch die Bemessung der Ankopplungen und Sperren gegeben. Legt man die übliche Koppelkapazität von 2200 bis 4400 pF zugrunde, so können Ankopplungsschaltungen mit dem für Mehrfachankopplung wünschenswerten Durchlaßbereich zwar noch aufgebaut werden, der Durchlaßbereich der Koppelfilter ist bei tiefen Frequenzen aber wesentlich schmaler als bei höheren Frequenzen. Der Sperrwert aller Sperren sinkt mit abnehmender Frequenz, man kann zu seiner Vergrößerung die Induktivität der Sperre nicht allzuweit erhöhen, ohne unwirtschaftlich zu werden. Zwar arbeitet man mit noch tieferen Frequenzen über Hochspannungsleitungen in der Tonfrequenz-Rundsteuertechnik [*24*], jedoch verwendet man eine wesentlich höhere Sendeleistung (bis zu einigen kW) und speist diese im Gegensatz zur Trägerfrequenztechnik in Reihe mit der Netzspannung ein. Sperren werden nicht angewandt.

Die obere Frequenzgrenze ist dadurch gegeben, daß die Dämpfung in einem Übertragungsabschnitt und besonders der Dämpfungszuwachs durch Rauhreif mit zunehmender Frequenz wächst. Deshalb ist man bestrebt, nach Möglichkeit tiefe Trägerfrequenzen für Nachrichtenanlagen auf Hochspannungsleitungen zu verwenden. Wenn man für 500 kHz die Reichweite nachrechnet, die sich bei den Sendepegeln normaler Geräte und den üblichen Störpegeln ergibt, stellt sich heraus, daß nur noch verhältnismäßig kurze Entfernungen überbrückt werden können, auch bei Anwendung der Zweileiterkopplung. Der Dämpfungszuwachs durch Rauhreif ist bei Trägerfrequenzen über 300 kHz groß gegenüber der Dämpfung bei normalem Wetter, so daß man mit Frequenzen zwischen 300 und 500 kHz keine rauhreifsicheren Verbindungen aufbauen kann. Bei der Planung muß dies besonders berücksichtigt werden.

Man arbeitet auch mit noch höheren Frequenzen über Hochspannungsfreileitungen, etwa mit 1000 kHz, jedoch nicht mehr für die Übertragung von Nachrichten[1], sondern zur Fehlortsbestimmung. Dabei werden nur wenige Mikrosekunden dauernde Hochfrequenzimpulse hoher Leistung ausgesandt, die an der Fehlerstelle reflektiert werden und an der Meßstelle die Feststellung der Entfernung des Fehlers aus der Signallaufzeit ermöglichen.

Der Bereich 15 kHz bis 150 kHz liegt mit seinem unteren Teil unterhalb des Langwellenrundfunks, aber noch im Gebiet der Trägerfrequenzübertragungen über Postfreileitungen. Innerhalb des Bereichs liegen auch Frequenzplätze, die für Funksender des Flug- und Seeverkehrs sowie des internationalen Nachrichtenverkehrs gebraucht werden. Mit der raschen Entwicklung des Verbundbetriebes sah man sich genötigt, die Trägerfrequenzen der werkseigenen Nachrichtenanlagen und die Frequenzbänder der zahlreichen Funkdienste innerhalb des gleichen Frequenz-

[1] Die Überlegungen, eine Hochspannungsleitung nach GOUBAU mit starken Bündeln von Nachrichtenkanälen bei Frequenzen um 300 MHz zu belegen, werden hier nicht dargestellt, weil sie wahrscheinlich in absehbarer Zeit keine praktische Bedeutung erlangen werden.

bereichs auf ihre gegenseitige Beeinflussung zu untersuchen [*20, 22*]. Es ergab sich, daß man zwar mitunter gewisse Vorkehrungen bei der Planung von Trägerfrequenzanlagen für Hochspannungsleitungen treffen muß, damit diese nicht gestört werden, daß aber kaum Störungen fremder Funkempfänger durch die Trägerfrequenzgeräte der Elektrizitätswerke zu befürchten sind. Die Störung einzelner Rundfunkempfänger in unmittelbarer Nähe der Hochspannungsleitungen ist im Hinblick auf die im öffentlichen Interesse arbeitenden Elektrizitätswerke nicht ausschlaggebend. Durch die Verwendung selektiverer Rundfunkempfänger und durch einen entsprechenden Aufbau der Trägerfrequenz-Nachrichtenanlagen kann die ohnehin geringe Gefahr der Störung des Rundfunkempfangs weiter herabgesetzt werden.

Die Postverwaltungen der verschiedenen Länder sind meistens auch gleichzeitig die Treuhänder für die Aufrechterhaltung der Ordnung in der Verteilung der Frequenzen auf die verschiedenen Nachrichtendienste. Der Frequenzbereich, den sie für den Betrieb der Trägerfrequenzanlagen in Hochspannungsnetzen zulassen, ist unterschiedlich, beispielsweise für

Australien	152···450 kHz	Norwegen	44···156 kHz
Deutschland	30···490 kHz	Schweden	40···500 kHz
Frankreich	40···300 kHz	Schweiz	40···300 kHz
Italien	50···392 kHz	Tschechoslowakei	40···500 kHz
Japan	10···450 kHz	USA	30···200 kHz

Bei einer zweckentsprechenden Zusammenarbeit zwischen den Energieversorgungsbetrieben und den Postbehörden in der Frequenzplanung besteht keine technisch bedingte Notwendigkeit, innerhalb des zugelassenen Bereichs auch noch Sperrbereiche festzulegen.

5.1 Übertragungssysteme

Seit Beginn der Entwicklung der Trägerfrequenz-Nachrichtenanlagen für Hochspannungsleitungen arbeitete man mit Amplitudenmodulation. Die häufigste Aufgabe war die Übertragung von Sprache. Man übertrug aus der natürlichen Frequenzlage das Band 300 Hz bis 2400 Hz. Durch die Modulation des Trägers mit diesem Frequenzband entstehen im Trägerfrequenzbereich zwei Seitenbänder, für deren Übertragung ein Frequenzplatz von 5 kHz ausreicht (Anhang 9.6). Der gesamte Bereich wurde in lückenlos nebeneinander liegende Plätze von 5 kHz Breite eingeteilt, in deren Mitte die jeweilige „Nennfrequenz“ der Verbindung liegt. Es entstand jedoch durch den rasch wachsenden Bedarf an Trägerfrequenzverbindungen bald ein Frequenzmangel. Diesem versuchte man dadurch zu begegnen, daß man die Einseitenbandübertragung (Anhang 9.6) einführte. Der Frequenzbandbedarf für die Übertragung der Sprache beträgt hierbei die Hälfte, nämlich 2,5 kHz; man kann also die doppelte

Anzahl von Sprechverbindungen innerhalb des ganzen Frequenzbereiches einrichten. Die Einseitenbandtechnik wurde in Deutschland, wo zahlreiche Anlagen mit Zweiseitenbandübertragung im 5-kHz-Schema arbeiteten, so durchgebildet, daß sie in dieses Frequenzschema paßt. In anderen Ländern wurde nach anderen Gesichtspunkten verfahren und Zweiseitenbandgeräte für ein 8-kHz-Schema sowie Einseitenbandgeräte für ein 4-kHz-Schema gebaut.

Die Frequenzmodulation (Anhang 9.6) ist als Mittel zur Verringerung des Frequenzbandbedarfs gegenüber der Amplitudenmodulation mit Zweiseitenbandübertragung nicht geeignet. Einem frequenzmodulierten Träger will man bei einer Übertragung über Hochspannungsleitungen mit Rücksicht auf den Frequenzmangel und die Frequenzplanung höchstens die gleiche Bandbreite einräumen wie einem amplitudenmodulierten Träger mit Zweiseitenbandübertragung. Das bedingt dann bei einer Übertragung eines Frequenzbandes bis 2,4 kHz einen zulässigen Frequenzhub von 2 kHz. Bei diesem Frequenzhub hat man noch einen annehmbaren Gewinn an Störpegelabstand gegenüber der Amplitudenmodulation mit Zweiseitenbandübertragung; ein größerer Frequenzhub würde zwar einen größeren Gewinn an Störpegelabstand bringen, er ist aber mit einer Verbreiterung des übertragenen Frequenzbandes verbunden, also mit Rücksicht auf den Frequenzmangel nicht gut anwendbar.

Für die trägerfrequente Übertragung von Nachrichten über Hochspannungsleitungen verwendet man somit drei verschiedene Übertragungsverfahren:

a) Amplitudenmodulation mit Zweiseitenbandübertragung,
b) Amplitudenmodulation mit Einseitenbandübertragung,
c) Frequenzmodulation.

Es ist auch untersucht worden, ob das Einseitenbandverfahren für frequenzmodulierte Schwingung mit Nutzen angewandt werden kann [*28*]. Bei einer solchen Übertragung kann man nicht wie bei Amplitudenmodulation und Einseitenbandübertragung den Träger im Sender unterdrücken und im Empfänger für die Demodulation zusetzen, weil sein Wert die Form der Schwingung beeinflußt. Man überträgt demnach bei frequenzmodulierten Schwingungen auch den Träger. Würde man ihn oder ein Seitenband für die Übertragung unterdrücken, so entstünden unzulässig große Verzerrungen und Klirrprodukte.

Bei Anwendung der Frequenzmodulation kann man Geräte mit demselben Frequenzbedarf bauen wie bei Zweiseitenbandübertragung, jedoch ist die bei gleicher Reichweite erforderliche Sendeleistung geringer, der Aufwand also kleiner (s. S. 126). Man könnte bei gleicher Sendeleistung eine größere Reichweite erzielen, erreicht dabei aber auch nicht mehr als mit Einseitenbandgeräten. Diese brauchen jedoch nur halb so breite Frequenzplätze. Man kann die drei Gerätearten annähernd durch Verhältniszahlen vergleichen (Abb. 30).

Geräteart	Einseitenband	Zweiseitenband	Frequenzmoduliert
Verhältniszahl für Aufwand	3	2	1
Verhältniszahl für Sendeleistung	4	4	1
Verhältniszahl für Reichweite	3	1	1
Verhältniszahl für Frequenzbedarf	1	2	2

Abb. 30. Vergleich von Aufwand, Sendeleistung, Reichweite und Frequenzbandbedarf für die drei üblichen Übertragungssysteme

5.2 Bandbreite und Frequenzraster

Nach der Begriffsbestimmung des CCITT gilt eine Frequenz als wirksam übertragen, wenn die Restdämpfung bei dieser Frequenz um höchstens 1 Np größer ist als die Restdämpfung bei 800 Hz [*34*]. Außerdem

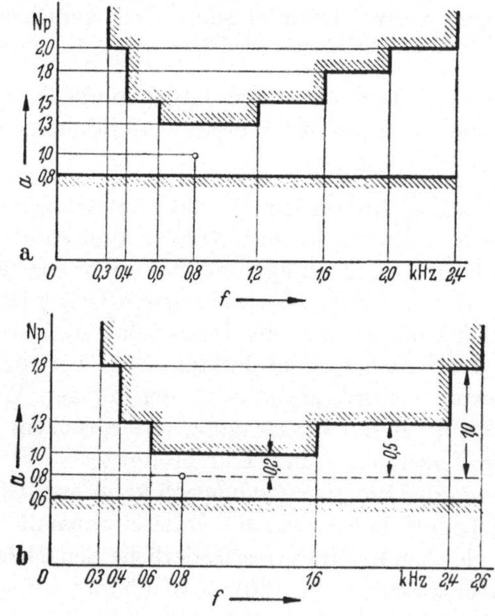

Abb. 31a u. b. Grenzen der Restdämpfung im Endverkehr (CCITT-Empfehlungen, Stand 1938). a) Zwischenstaatlicher Zweidrahtkreis; b) zwischenstaatlicher Vierdrahtkreis

wird ein Mindestwert der Restdämpfung angegeben, der bei keiner Frequenz unterschritten werden darf. Bei den Dämpfungsverhältnissen, die der ursprünglich für Fernsprechleitungen herausgegebenen CCITT-Empfehlung entsprechen (Abb. 31), unterscheidet man zwei Fälle, nämlich die Zweidrahtleitung für kurze Entfernungen und die höherwertige Vierdrahtleitung für den Weitverkehr. Die „Bandbreite" eines Fernsprechkreises ist danach durch die Differenz der Eckfrequenzen gegeben, die der erwähnten 1-Np-Bedingung genügen, also 2,1 oder 2,3 kHz.

In den Jahren um 1938 empfahlen die Studienkommissionen des CCITT, das Sprachband zu erweitern. Man wollte damit die Güte der Übertragung verbessern. Die neueren Empfehlungen sehen einen Bereich von 300…3400 Hz (Bandbreite 3,1 kHz) vor (Abb. 32).

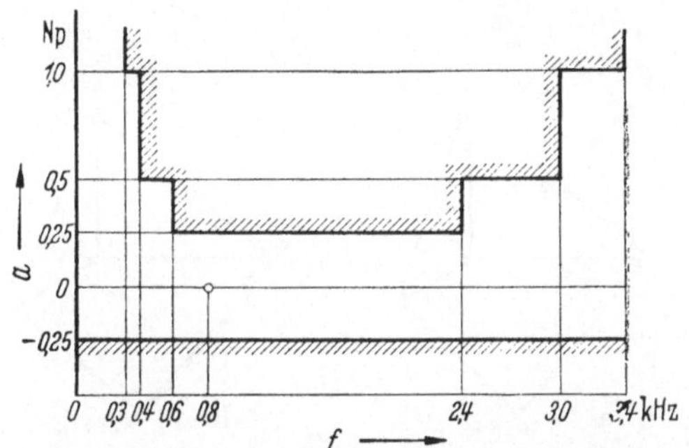

Abb. 32. Grenzen der Restdämpfung im Endverkehr (CCITT-Empfehlungen, Stand 1946)

Beim Trägerfrequenzfernsprechen auf Postleitungen kommt es darauf an, viele Nachrichtenkanäle zwischen den zwei Endpunkten der Leitung einzurichten. Zur besten Ausnutzung dieser Leitung werden die einzelnen nach dem Einseitenbandverfahren arbeitenden Sprachkanäle aneinandergereiht. Zwischen den einzelnen Kanälen müssen Lücken in der Größenordnung von 600…900 Hz gelassen werden, damit sie in den Empfängern mit vertretbarem Aufwand an Siebmitteln wieder getrennt werden können. Damit ergibt sich ein „Raster" von 4 kHz für Postanlagen.

Die Trägerfrequenz-Nachrichtenanlagen in Hochspannungsnetzen begann man zu einer Zeit aufzubauen, als es die CCITT-Empfehlungen noch nicht gab; die technische Aufgabe lag dabei ganz anders als für Nachrichtenübertragungen der Post. Man mußte in einem Maschennetz, dessen Leitungsabschnitte nicht voneinander entkoppelt werden konnten, lediglich einen Sprechkreis je Leitungsabschnitt schaffen. Für ein Bündel von Nachrichtenkanälen lag gar kein Bedarf vor. Geräte, die den Träger und die beiden durch die Modulation entstehenden Seitenbänder bis ± 2,4 kHz übertragen, waren die wirtschaftlichste und zweckentsprechendste Lösung.

In manchen Ländern, die früh mit dem Aufbau ausgedehnter Trägerfrequenzanlagen begonnen hatten, ist durch die Existenz von zahlreichen Geräten das 5-kHz-Schema gegeben. Man ist nun nachträglich geneigt, dies als lediglich historisch bedingt anzusehen, im übrigen aber im Vergleich mit dem 4-kHz-Schema des CCITT als veraltet zu betrachten. In Wirklichkeit handelt es sich um zwei verschiedene Dinge. Die Frequenzraster müssen unabhängig voneinander nach ihrer Eignung zur Lösung folgender beiden Aufgaben beurteilt werden:

a) In der Posttechnik sollen auf einer Leitung zwischen zwei Endpunkten möglichst viele Sprechkreise eingerichtet werden; auf allen Abschnitten des Postleitungsnetzes (Abb. 33a) kann man dieselbe Frequenzverteilung immer wiederholen, weil die einzelnen Leitungen vollständig voneinander isoliert sind.

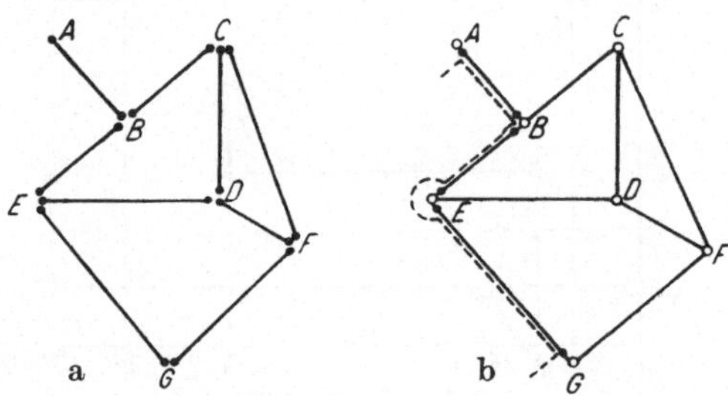

Abb. 33a u. b. Leitungsnetze für Trägerfrequenz-Nachrichtenübertragung. a) Fernmeldeleitungsnetz; b) Hochspannungsleitungsnetz

b) Das Hochspannungsnetz (Abb. 33b) stellt dagegen ein in den Knotenpunkten (Stationssammelschienen) galvanisch durchgeschaltetes Maschennetz dar; es kommt darauf an, nur einzelne Trägerfrequenzsprechkreise zwischen den Stationen zu bilden, nie dagegen so starke Bündel wie in der Posttechnik.

Die Elektrizitätswerke vertreten die Ansicht, daß die mit der Sprachbandverbreiterung auf 3400 Hz angestrebte Verbesserung der Sprachübertragung in ihrem Betrieb gar nicht in Erscheinung tritt, andererseits aber der Frequenzmangel durch die breiteren Frequenzbänder unnötig verschärft würde. Hinzu kommt, daß ein Empfänger für ein 4-kHz-Band auch eine größere Störleistung aufnimmt als ein Empfänger für ein 2,5-kHz-Band. Man begnügt sich deshalb damit, die CCITT-Empfehlung von 1938 für den Zweidrahtkreis (Abb. 31a) einzuhalten. Diese Mindestforderung sollte allerdings nicht unterschritten werden. Die Qualität der Sprachübertragung in einem Einzelabschnitt würde sonst so weit sinken, daß eine Reihenschaltung vieler Abschnitte zu einer qualitativ unbefriedigenden Weitsprechverbindung führt. Dies gilt auch für die Einseitenbandgeräte, die man nicht nur für das Fernsprechen, sondern auch für gleichzeitige Fernwirkübertragung baut. Diese „Mehrzweckgeräte“ entsprächen dann den neuen CCITT-Empfehlungen, wenn das Sprachband bis 3400 Hz übertragen würde, was aus den genannten Gründen nicht geschieht. Sie entsprechen den älteren CCITT-Bedingungen, wenn die Sprache bis 2400 Hz übertragen wird.

Bei der Übertragung von Fernschreib- und Fernwirksignalen kommt man mit wesentlich geringeren Bandbreiten aus als bei der Übertragung der Sprache. Die älteren Fernwirkmittel der Elektrizitätswerke, wie etwa das Fernmessen nach dem Impulsfrequenzverfahren oder die Wählerfernsteuerung, arbeiteten nach einem Telegrafierprinzip, bei dem die Telegrafiergeschwindigkeit kleiner war als beim normalen Fernschreiber; man konnte also dessen Telegrafiergeschwindigkeit von 50 Baud[1] als obere Grenze bei der Signalübertragung annehmen. Für die einwandfreie Übertragung der Telegrafierzeichen reichte eine Bandbreite aus, die zahlenmäßig dem 1,6fachen Wert der Telegrafiergeschwindigkeit entspricht, in diesem Fall also 1,6 · 50 Hz = 80 Hz.

Nach der Umstellung der Fernwirkgeräte von elektromechanischen auf elektronische Bauelemente werden jetzt immer häufiger Fernwirkverfahren mit größerer Telegrafiergeschwindigkeit angewendet, die breitere Übertragungskanäle brauchen; man nimmt dann für das Ordnungsschema gradzahlige Vielfache des vom CCITT für 80-Hz-Kanäle empfohlenen Abstandes 120 Hz, also 240 Hz oder 480 Hz. Diese aus der Wechselstromtelegrafie übernommenen Frequenzraster haben also noch immer wesentlich schmalere Frequenzplätze als ein Frequenzraster für die Verteilung von Sprachfrequenzbändern.

Man kann also in einem zur Übertragung der Sprachfrequenzen ausreichenden Band mehrere Telegrafiekanäle für Fernwirkzwecke unterbringen, in einem 2,5-kHz-Band z. B. 18 Kanäle des 120-Hz-Rasters oder 9 Kanäle des 240-Hz-Rasters oder auch 4 Kanäle des 480-Hz-Rasters. Für größere Telegrafiergeschwindigkeiten als 200 Baud, wie sie in der Datenübertragung die Regel sind, verwendet man Telegrafiekanäle für 600, 1200 oder 2400 Baud.

Für den Fall, daß die Datenübertragungskanäle nicht fest durchgeschaltet sein sollen, sondern anstelle der Sprache über Sprechverbindungen betrieben werden, die nach Bedarf durch Nummernwahl aufgebaut werden, hat man „Modem“ entwickelt (Mo/dulator – Dem/odulator). Diese Geräte sind Bindeglieder zwischen den Datenendeinrichtungen, die Gleichstromzeichen liefern, und dem Übertragungsweg, auf dem diese Zeichen als Tonfrequenzsignale übertragen werden.

Für hohe Telegrafiergeschwindigkeiten wird der Faktor 1,6, der zur überschlägigen Berechnung der Bandbreite dient, kleiner. Dennoch wer-

[1] Einheit der Telegrafiergeschwindigkeit [*8*].

den die Frequenzbänder nicht so schmal, daß man einen Sprachkanal noch mehrfach belegen könnte.

Bei Trägerfrequenzübertragungen über Hochspannungsfreileitungen spielt die Laufzeit eines Signals selbst keine Rolle im Vergleich zu den Verzögerungen, die durch die Filter in den Geräten infolge ihrer Einschwingzeiten und ihrer Laufzeiten bedingt sind. Die Einschwingzeit eines Filters hängt von der Bandbreite ab und ist näherungsweise der Bandbreite umgekehrt proportional. Für ein Filter von 100 Hz Breite beträgt sie etwa 10 ms. Die Laufzeit dagegen hängt außer von der Bandbreite auch noch von der Anzahl der Filterkreise ab und ist vielfach größer als die Einschwingzeit. Annähernd ist die Laufzeit gleich $0{,}7 \frac{n}{2} \frac{1}{\Delta f}$ s, wobei n die Anzahl der Filterkreise und Δf die Bandbreite darstellt. Bei den für ein 120-Hz-Raster gebauten Filtern der Fernschreibübertragungstechnik ist die Summe aus Einschwingzeit und Laufzeit in der Größenordnung von etwa 30 ms für eine schnellschaltende Netzschutzanlage zu lang. Man braucht in solchen Fällen einen Kanal im 480-Hz-Raster, wenn diese Summe den Wert von etwa 8···10 ms nicht überschreiten soll. Allerdings werden wegen der erforderlichen Sicherheit gegen Störbeeinflussung oft noch breitere Bänder verwendet (s. S. 133).

Für die Frequenzverteilung im Hochspannungsnetz ist nur das 5-kHz- oder das 8-kHz-Raster, wenn man Zweiseitenbandgeräte oder Geräte mit Frequenzmodulation verwenden will, von Interesse, beziehungsweise die daraus abgeleiteten Frequenzraster mit 2,5-kHz- oder 4-kHz-Intervallen, die bei entsprechenden Einseitenbandgeräten verwendet werden. In einem Hochspannungsnetz kommt es mangels genügender Entkopplung der einzelnen Abschnitte voneinander darauf an, die Frequenzbänder von Einfach-Sprechsystemen in einem Frequenzplan so zu verteilen, daß im weiten Umkreis eines Senders dieselbe Trägerfrequenz nicht wiederverwendet wird. Die Frequenzplanung für Hochspannungsnetze ist demnach eine Aufgabe, die stets neu gelöst werden muß, wenn eine Trägerfrequenzverbindung hinzukommt oder die Gestalt des Maschennetzes verändert wird.

Das 5-kHz-Raster ist für die Ordnung reiner Fernsprechkanäle entstanden (Einzweckgeräte). Nachträglich kann man auf einem Platz des Rasters bei Anwendung der Zweiseitenbandübertragung keine zusätzlichen Signalübertragungskanäle für Fernwirken über dem Sprachkanal unterbringen (Mehrzweckgeräte), weil hierzu das verfügbare Frequenzband nicht ausreicht. Begnügt man sich mit nur einem Signalkanal neben der Sprache, so könnte dieser als Unterlagerungskanal zwischen der Trägerfrequenz und der unteren Eckfrequenz des Sprachbandes untergebracht werden, ohne daß die 5-kHz-Bandbreite überschritten wird. Meist reicht jedoch dieser eine Kanal nicht aus. Man belegt deshalb lieber völlig unabhängig von der Sprachübertragung für jede Übertragungsrichtung einen 5 kHz breiten Platz mit einem Bündel von schmalen Signalübertragungskanälen. Dieses Vorgehen ergab sich zwanglos aus den Übertragungsaufgaben, weil man bei Beginn der Entwicklung nur fernsprechen wollte und Signalübertragungen erst später und in viel geringerem Umfang hinzukamen. Auch heute ist eine solche Bauweise mit „Einzweckgeräten“ für Einseitenbandübertragung in einem 2,5-kHz-Raster immer noch am besten, wenn Sprach- und Signalübertragung völlig getrennt voneinander bleiben sollen, und man dadurch für die Lösung der beiden Aufgaben eine größtmögliche Bewegungsfreiheit behalten will. Mitunter ist für die Verwendung von Einzweckgeräten auch der Wunsch der Elektrizitätswerke entscheidend, daß Fernsprech- und Signalübertragungsgeräte für die Wartung völlig voneinander getrennt sein sollen, damit man bei Störungen in einem Gerät wenigstens einen gewissen Überblick über die Betriebsverhältnisse mit Hilfe des anderen Gerätes behält. Andererseits ist eine solche Trennung bei einer kleinen Zahl von Signalübertragungskanälen öfters mit höheren Anschaffungskosten verbunden als bei Verwendung von Mehrzweckgeräten.

Mehrzweckgeräte mit Zweiseitenbandübertragung arbeiten in einem 8-kHz-Raster. In ein bestehendes 5-kHz-Schema lassen sie sich nicht gut einordnen. Man kann sie nur da anwenden, wo noch keine oder sehr wenige für ein anderes Raster gebaute Trägerfrequenzgeräte vorhanden sind (Abb. 34).

Die mitunter vertretene Ansicht, daß Mehrzweckgeräte vorteilhaft seien, weil die Signalkanäle zunächst weggelassen und je nach Bedarf zu einem späteren Zeitpunkt hinzugefügt werden können, trifft zwar zu. Man muß sich jedoch darüber im klaren sein, daß man dann ein Frequenz-

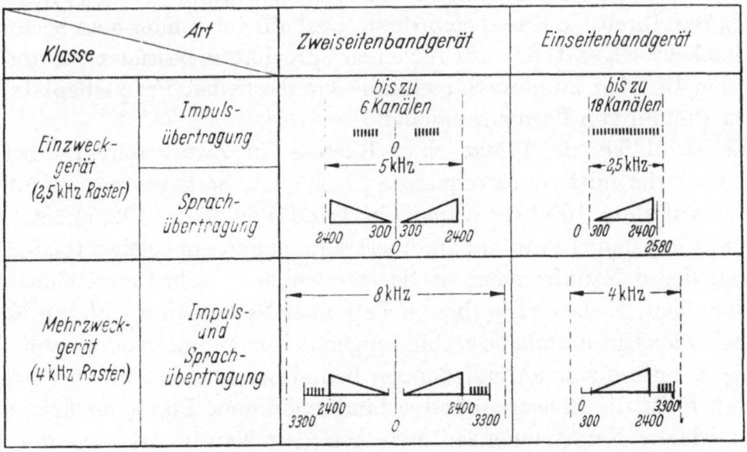

Klasse / Art		Zweiseitenbandgerät	Einseitenbandgerät
Einzweckgerät (2,5 kHz Raster)	Impulsübertragung	bis zu 6 Kanälen; 0; 5 kHz	bis zu 18 Kanälen; 2,5 kHz
	Sprachübertragung	2400 300 300 2400; 0	0 300 2400 2580
Mehrzweckgerät (4 kHz Raster)	Impuls- und Sprachübertragung	8 kHz; 3300 2400 0 2400 3300	4 kHz; 0 300 2400 3300

Abb. 34. Zusammenhang zwischen Geräteklasse, Geräteart und Frequenzraster

raster mit größeren Frequenzintervallen braucht und sich damit von vornherein auf weniger Sprachkanäle festlegt, als bei Einzweckgeräten möglich wären. Nur wenn später der Bedarf an Signalkanälen hinsichtlich Anzahl, Übertragungsrichtung und Lage im Netz wirklich mit den durch die Mehrzweckgeräte gegebenen Überlagerungskanälen übereinstimmt, bekommt man eine gute Frequenzbandausnutzung. Dieser Bedarf läßt sich aber meistens nicht auf lange Sicht vorausbestimmen; zu spät stellt sich dann heraus, daß die Vorteile, die der schrittweise Ausbau der Signalkanäle bietet, mit einer Verschwendung von Frequenzbändern erkauft wurden.

Eine starre Kopplung zwischen Fernmeß- und Fernsprechkanälen durch die Verwendung von Mehrzweckgeräten ist vom Standpunkt der Frequenzersparnis aus also wenig befriedigend. Fernmeßkanäle werden meist nur in einer Richtung betrieben; in der Gegenrichtung wird jeweils das schmale Frequenzband für einen Signalkanal nutzlos freigehalten. Dagegen ist eine Zusammenfassung von Sprach- und Fernschreibkanälen oder auch von Sprach- und Netzschutz-Signalkanälen sinnvoll, weil diese Kanäle immer in beiden Richtungen belegt werden.

Einseitenbandgeräte hat man für ein 5-kHz- und auch für ein 4-kHz-Raster entwickelt, um eine echte Einsparung von Frequenzbändern zu erreichen. Beim 5-kHz-Schema war der Gedanke naheliegend, auf einem Platz des gegebenen Schemas nach Wahl entweder ein Sprachband mit mehreren Überlagerungskanälen oder auch zwei Sprachbänder in gleicher Richtung unmittelbar nebeneinander („Zweifachsprechgerät") einzurichten. Im 4-kHz-Schema läßt sich nur ein einziges Sprachband mit einigen Überlagerungskanälen unterbringen, für zwei Sprachkanäle ist das Intervall zu schmal. Ein Einseitenbandgerät für ein 4-kHz-Raster als Mehrzweckgerät kann man in einem 5-kHz-Raster nur mit einem Verlust von 1 kHz Bandbreite je Kanal einordnen. Deshalb verwendet man besser ein Zweifachsprechgerät, das nur für einen Sprechkreis bestückt ist, und belegt den für den zweiten Sprechkreis vorgesehenen Frequenzplatz mit einem Bündel von Fernwirkkanälen.

Es ist üblich, die Plätze eines Rasters für Zweiseitenbandübertragung nach der mittleren Frequenz zu benennen. So kann man im 5-kHz-Raster auf dem 100-kHz-Kanal ein Band von 97,5···102,5 kHz übertragen. Fügt man Einseitenbandübertragungen in ein solches Raster ein, so liegt deren Nennfrequenz an der Stoßstelle zwischen zwei Einseitenbandkanälen. Es bedarf in diesem Fall einer Verabredung, ob die Nennfrequenz der Einseitenbandverbindungen den nach unten oder nach oben an die Nennfrequenz anschließenden Kanal bezeichnen soll. Gleichzeitig entstehen für die Einseitenbandverbindungen neue Plätze im Frequenzraster, deren Nennfrequenzen zwischen den Nennfrequenzen des bisherigen Rasters für Zweiseitenbandübertragung liegen, im 5-kHz-Schema also die Plätze 97,5 kHz, 102,5 kHz usw. Um bequem merkbare Zahlen zu haben, behält man auch oft einfach die Nennfrequenzen des 5-kHz-Rasters bei und fügt als Index die Zeichen + oder − an, um zu kennzeichnen, ob der nach oben oder unten anschließende Frequenzplatz gemeint ist, also 100 kHz −, 100 kHz + ···

Zur Kennzeichnung der Plätze in einem 8-kHz- oder 4-kHz-Raster kann man nicht gut die Mitte der Plätze als Nennfrequenzen verwenden. Man nimmt besser die unteren oder die oberen Eckfrequenzen der Plätze; oft werden die Plätze auch einfach numeriert.

Falls die Einseitenbandgeräte so ausgeführt sind, daß zwischen den Kanälen für beide Übertragungsrichtungen ein beliebig wählbarer Abstand liegt, kann man die Sende- und Empfängerfrequenzen an einem Ort so in ein Raster für Zweiseitenbandübertragung einordnen, daß das Übersprechen auf die Nachbarkanäle in den zulässigen Grenzen bleibt. Der frei bleibende halbe Platz des ursprünglichen Rasters wird durch Überlagerungskanäle im gleichen Gerät belegt, wenn man Mehrzweckgeräte verwendet, oder auch durch Geräte an einem anderen Ort. Beim Zweifachsprechgerät werden zwei 5-kHz-Plätze belegt, von denen der eine zwei nebeneinanderliegende 2,5-kHz-Plätze für den abgehenden, der andere zwei ebensolche für den ankommenden Verkehr umfaßt.

Wenn der Abstand zwischen den beiden Kanälen einer Sprechverbindung starr ist, können sich zusätzliche Schwierigkeiten bei der Frequenzplanung ergeben. Besonders interessiert der Fall, daß der Abstand starr gleich Null ist, die beiden Kanäle also unmittelbar aneinander anschließen. Man ist zunächst geneigt, anzunehmen, daß auf einem 5 kHz oder 8 kHz breiten Platz, auf dem bisher beim Zweiseitenbandbetrieb nur der eine Kanal für eine Übertragungsrichtung untergebracht ist, nunmehr beim Einseitenbandbetrieb die zwei Kanäle für die beiden Übertragungsrichtungen nebeneinander untergebracht werden können. Es arbeitet dann auf einem Frequenzplatz, der bisher nur einem Empfänger zugeordnet war, am gleichen Ort ein Sender und ein Empfänger jeweils auf der Hälfte dieses Platzes. Es muß überprüft werden, ob dieser Sender nicht andere Geräte stört, die auf benachbarten Frequenzplätzen arbeiten. Einseitenbandgeräte für Band-an-Band-Betrieb stellen demnach nur dort eine allgemein anwendbare und für die Frequenzplanung bequeme Lösung dar, wo keine älteren Geräte vorhanden sind oder man die Kosten für deren Auswechslung gegen neue Geräte nicht scheut.

5.3 Sendeleistung und Reichweite

Die Sendeleistung eines Trägerfrequenz-Nachrichtengerätes, das über Hochspannungsleitungen arbeitet, ist für den Starkstromtechniker häufig ein Gütemaßstab, man sagt sich mit Recht, daß die Sendeleistung möglichst groß sein soll, damit man an den Empfängern einen großen Abstand des Nutzpegels vom Störpegel erhält. Da der Störpegel bei Hochspannungsleitungen wesentlich höher ist als bei Postleitungen, muß auch die Sendeleistung der an sie angeschlossenen Trägerfrequenzgeräte wesentlich größer sein als bei den Trägerfrequenzgeräten der Post.

Die Leistung eines Trägerfrequenzsenders für die Nachrichtenübertragung über Hochspannungsleitungen ist in vielen Ländern durch Behördenvorschriften begrenzt, die mit dem Ziel erlassen wurden, eine Beeinflussung von Rundfunkempfängern und anderen Funkempfängern zu vermeiden.

Ein weiterer Grund für eine Begrenzung der Sendeleistung ist dadurch gegeben, daß der wirtschaftliche Aufwand für einen Sender in einem vernünftigen Verhältnis zum erzielten Nutzeffekt bleiben soll. Dabei ist zu beachten, daß die erzielte Wirkung bei weitem nicht so rasch ansteigt wie der Aufwand für den Sender. Bezieht man die Leistung P_s eines Senders auf die international vereinbarte Normalleistung $P_0 = 1$ mW, so ergibt sich der Sendepegel p_s aus der Beziehung

$$p_s = \frac{1}{2} \ln \frac{P_s}{P_0}.$$

Aus dem Zusammenhang zwischen Leistungen und Pegeln (Abb. 35) ist ersichtlich, daß etwaige Abweichungen der Nennleistung vom Sollwert in gewissen Grenzen ohne wesentlichen Einfluß auf den Sendepegel sind; beispielsweise entspricht einer Nennleistung von 10 W ein Sendepegel von 4,6 Np, einer Nennleistung von 8 W ein Sendepegel von 4,5 Np.

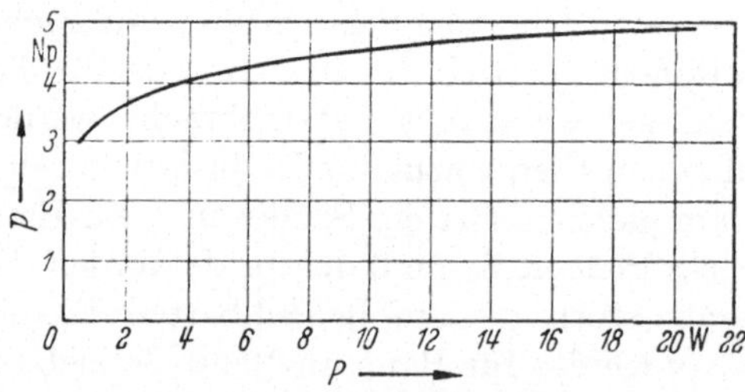

Abb. 35. Zusammenhang zwischen Sendepegel und Sendeleistung

Allgemein hat sich ein Wert von 10 W als Normalwert eingebürgert, der an den Ausgangsklemmen des Gerätes gemessen wird, ohne Rücksicht darauf, ob eine Bandbreite von 8 kHz, 5 kHz, 4 kHz oder 2,5 kHz belegt wird. In Ausnahmefällen werden in Überseeländern Sendeleistungen bis zu 300 W verwendet. Die hierzu notwendigen großen Leistungsverstärker gehören nicht zur Grundausrüstung eines Trägerfrequenzgerätes; sie werden bei Bedarf als Zusatzverstärker zu einem Normalgerät geliefert.

Die Gründe dafür, daß man die Sendeleistung möglichst weit steigern will, solange Behördenvorschriften und wirtschaftliche Überlegungen dies nur irgendwie zulassen, sind im einzelnen:

a) Der Störpegel einer Hochspannungsleitung hängt von deren Aufbau und Wartung ab. Eine für den Hochspannungsbetrieb noch hinreichende Leitung kann insbesondere bei schlechtem Wetter für die Hochfrequenzübertragung schon mangelhaft sein. Sie soll trotzdem möglichst weitgehend für Nachrichtenübertragung brauchbar sein, ohne daß man allzuviel an den Hochspannungsleitungen verbessert. Ein Isolatorteller, eine Wandlerdurchführung oder eine Erdleitung, die zwar nicht ganz fehlerfrei sind, aber den Anforderungen des Starkstrombetriebes noch entsprechen, heben den Hochfrequenzstörpegel bereits wesentlich über das übliche Maß. Dies gilt auch für ein Leitungsseil, dessen Durchmesser anfangs für eine niedrigere Betriebsspannung gewählt war, das aber jetzt mit höherer Spannung betrieben wird. In all diesen und ähnlichen Fällen möchte man Reserven im Störpegelabstand haben, damit nicht jede Verschlechterung der Übertragungsbedingungen die Güte der Nachrichtenanlage beeinträchtigt. Wenn man deshalb den Sendepegel auch so hoch wie möglich legt, so ist doch auf jeden Fall die Beseitigung der Störungsquellen wirksamer.

b) Der Fremdpegel, der auf einem beliebigen Platz des Frequenzrasters auftreten kann und von Funksendern großer Leistung herrührt, deren Strahlung durch die als Antenne wirkende Hochspannungsleitung noch in großer Entfernung vom Sender aufgefangen werden kann, ist mitunter so groß, daß er nicht im allgemeinen Störpegel für den Kanal untergeht. Er stellt gleichsam einen Zusatzwert zum allgemeinen Störpegel dar, und die Summe beider ist maßgebend für den Störpegelabstand der Trägerfrequenzverbindung. Auch aus diesem Grunde ist ein hoher Nutzpegel und damit ein entsprechend hoher Sendepegel erwünscht.

c) Eine hohe Sendeleistung ist auch erforderlich, wenn es sich darum handelt, mehrere Übertragungskanäle über einen gemeinsamen Sendeverstärker zu betreiben. Dies ist der Fall bei einem Bündel von Impulsübertragungskanälen, beispielsweise einer 18fach-Fernmeßübertragung, oder auch beim Betrieb eines Mehrzweckgerätes, bei dem neben dem Sprachfrequenzband noch einige überlagerte Übertragungskanäle für Fernwirken oder Fernschreiben arbeiten. Durch die Aufteilung der Sendeleistung darf der Pegel des einzelnen Kanals nicht zu niedrig und infolgedessen der Störpegelabstand am Empfänger nicht zu gering werden.

Es kommt nicht allein auf die Höhe der abgegebenen Leistung an, sondern auch auf die Übertragungsverfahren (Einseitenbandübertragung, Zweiseitenbandübertragung je nach Modulationsgrad, Frequenzmodulation je nach Frequenzhub). Von ihnen hängt die Güte der Übertragung wesentlich stärker ab als von der Sendeleistung. Amplitudenmodulation mit Zwei- oder Einseitenbandübertragung wird in Nachrichtenanlagen, die über Hochspannungsleitungen arbeiten, vorwiegend angewandt.

Jede Übertragungsanlage hat im Frequenzraster ihren „Platz", einen festen Frequenzbereich, der die Abstimmung der Trennfilter in den Eingangskreisen der Sende- und Empfangsgeräte bestimmt. Bei der Nachrichtenübertragung mit Zweiseitenbandgeräten wird ein Platz durch ein unteres Seitenband, die Trägerfrequenz, und ein oberes Seitenband belegt; unteres und oberes Seitenband enthalten die gleiche Nachricht. Die verfügbare Leistung des Senders teilt sich auf diese drei Teilfrequenzen auf. Bei Einseitenbandgeräten, in denen der Träger unterdrückt wird, wird dagegen nur eines der beiden Seitenbänder übertragen. Die Sendeleistung wird hier wesentlich besser ausgenutzt. Diesem Vorteil steht allerdings der erhöhte Aufwand gegenüber. Bei Geräten mit Frequenzmodulation wird ein Platz durch den Träger und das erste Paar der Seitenbänder belegt, also wie beim Zweiseitenbandverfahren (Anhang 9.6).

Überträgt man mehrere Nachrichten mit einem gemeinsamen Gerät, wie es bei Mehrfachübertragungsgeräten für Fernwirken oder Fernsprechen oder auch bei Mehrzweckgeräten, die der gleichzeitigen Sprach- und Fernwirkübertragung dienen, der Fall ist, so werden höhere Anforderungen an die Sendeverstärker gestellt als bei Einfachübertragungsgeräten. Während bei diesen die verfügbare Sendeleistung für eine einzige Nachricht verwendet werden kann, und es auch nicht so sehr darauf ankommt, ob der Verstärker gelegentlich übersteuert wird, ist es bei Mehrfachübertragungsgeräten wesentlich, daß seine Leistung zweckmäßig auf die verschiedenen Nachrichtenkanäle verteilt und seine Aussteuerungsgrenze nie erreicht wird. Eine Übersteuerung muß vermieden werden, weil sonst Summen- und Differenzfrequenzen entstehen, die als Störspannungen in den einzelnen Kanälen auftreten.

Die Sendeleistung P_s ist demnach zunächst begrenzt durch die maximale Leistung $P_{\max}$, die der Sendeverstärker überhaupt abgeben kann. Es kommt jedoch auf das Übertragungsverfahren an, wieviel Leistung man dem Sendeverstärker entnehmen kann, ohne ihn zu übersteuern, und wie sich die Sendeleistung auf die Teilkanäle innerhalb des zu übertragenden Frequenzbandes aufteilt.

Die Reichweite A eines Übertragungssystems ist durch den Sendepegel p_s und den Störpegel p_{st} bestimmt, außerdem durch den Abstand $\varDelta_{st}$, den der Nutzpegel am Empfängereingang vom Störpegel mindestens noch haben muß, damit die Verbindung sicher arbeitet:

$$A = p_s - (p_{st} + \varDelta_{st}) .$$

Der Störpegel, der von einem Empfänger aufgenommen wird, hängt ab von der Bandbreite. Da für die Einseitenbandübertragung ein nur halb so breites Frequenzband benutzt wird wie bei der Zweiseitenbandübertragung, ist der Störpegel an einem Einseitenbandempfänger um den Betrag $^1/_2 \ln 2 = 0{,}35$ Np kleiner als an einem Zweiseitenbandempfänger.

Durch eine genauere Betrachtung (Anhang 9.7) kann man feststellen, welchen Einfluß die Sendeleistung, deren Aufteilung auf Teilkanäle und welchen Einfluß die verschiedenen Übertragungsverfahren auf die Reichweite haben. Dabei gilt als Mindestwert für den Störpegelabstand in einem Impulsübertragungskanal und in einem Sprachübertragungskanal gleichermaßen 3 Np.

5.4 Abstrahlung

Bei der Übertragung elektrischer Energie über Leitungen bildet sich um jeden Leiter ein kreisförmiges magnetisches und zwischen den beiden Leitern ein elektrisches Feld aus. Senkrecht zu beiden Feldern pflanzt sich die Energie im Dielektrikum zwischen Hin- und Rückleitung fort [*6*]. Bei einer verlustlosen, homogenen und unendlich langen Leitung gibt es keine wesentliche Energieabstrahlung seitlich zur Leitung. Sie bleibt auf das Leitungsfeld beschränkt, das in seitlichem Abstand um so rascher schwindet, je näher Hin- und Rückleitung aneinanderliegen. Der Theorie entsprechend nimmt die Feldstärke mit dem Quadrat der Entfernung ab.

Hochspannungsleitungen sind aber nicht so gebaut wie die der Theorie zugrunde liegende Leitung. Infolge des Durchganges zwischen den Masten und wegen der Verdrillungsmaste muß man mit vertikalen Komponenten rechnen. Insbesondere jedoch stellt die Einleiterankopplung einer Trägerfrequenzanlage an einem Leitungsende, die keinen korrespondierenden Rückleiter hat, einen Hertzschen Dipol dar, der Energie abstrahlt. Auch eine Zweileiterkopplung ist nicht völlig erdsymmetrisch. Alle vertikalen Zuleitungen wirken als Rundstrahler.

So kommt es, daß das „Nahfeld“ zwar mit dem Quadrat der Entfernung abnimmt, einige Leiterelemente an bestimmten Stellen jedoch ein weiterreichendes „Strahlungsfeld“ verursachen, das nur linear mit der Entfernung abnimmt; allerdings wird dieses mit abnehmender Frequenz immer geringer.

Die Hochspannungsanlagen selbst können also Funkempfänger, insbesondere Rundfunkempfangsgeräte stören. Dies geschieht infolge aller durch den Hochspannungsbetrieb ausgelösten Störspannungen in hoher Frequenzlage, wie sie etwa bei Glimmentladungen oder Schalthandlungen auftreten. Unabhängig davon kann eine auf der Leitung verlaufende Trägerfrequenz-Nachrichtenverbindung Funkempfänger stören, die in der Nähe der Hochspannungsleitung liegen. Umgekehrt ist es möglich, daß die als Antenne wirkende Hochspannungsleitung Energie aus dem hochfrequenten Feld fremder Sender aufnimmt, die die Trägerfrequenz-Nachrichtenverbindungen des betriebseigenen Nachrichtennetzes stören.

Handelt es sich darum, zu vermeiden, daß Funkempfänger gestört werden, die im Dienst der Fluß- und Küstenschiffahrt arbeiten oder im Dienst der Flugsicherung, so sorgen die Postverwaltungen für eine zweckmäßige Verteilung der Frequenzplätze der Funkanlagen und der Trägerfrequenzanlagen der Energieversorgung. Bei Rundfunkempfängern dagegen, die ihr Gerät auf viele Frequenzbänder einstellen können und deren Lage zur Hochspannungsleitung unbestimmt ist, interessiert die Frage, bis zu welcher Entfernung von der Hochspannungsleitung die Abstrahlung wirksam ist und mit welchen einfachen Mitteln die Störung beseitigt werden kann. Allzu nahe an den Hochspannungsleitungen kann ein Rundfunkgerät nicht betrieben werden wegen der Störungen durch den Hochspannungsbetrieb, und in einiger Entfernung ist auch eine Störwirkung durch Trägerfrequenzanlagen nicht mehr vorhanden; man muß sich nur klar werden, wie groß der Bereich zwischen diesen beiden Grenzen ist.

Die Abstrahlung ist nicht nennenswert, weshalb man auch die Trägerfrequenzanlagen – nach technischen Gesichtspunkten – nicht zu den Funkanlagen zählen kann. Dies ist darauf zurückzuführen, daß der Abstand zwischen Hin- und Rückleitung des Trägerstromübertragungsweges, also der Abstand zwischen den Leitern auf dem Hochspannungsgestänge, klein ist im Verhältnis zu den benutzen Wellenlängen. Entscheidend für die Größe der von der Hochspannungsleitung abgestrahlten Hochfrequenzleistung ist zunächst die vom Sender abgegebene Trägerleistung (die 10 W nicht überschreitet), dann in der Nähe der Koppelstellen die Kopplungsart. In einiger Entfernung von den Koppelstellen haben diejenigen Leiter des Hochspannungssystems, an die die Nachrichtenanlage nicht angeschlossen ist, die Rückleitung übernommen, so daß die Abstrahlung quer zur Leitung von da an für Anlagen mit Einleiterkopplung und Anlagen mit Zweileiterkopplung etwa gleich groß ist. Infolge der Dämpfung der Sendeleistung auf dem durchlaufenen Teil der Übertragungsstrecke wird mit zunehmender Entfernung vom Sender diese Abstrahlung senkrecht zur Hochspannungsleitung immer geringer.

Es wurden viele Arbeiten in verschiedenen Ländern unternommen, um das durch die Abstrahlung entstehende Feld genauer zu bestimmen. Empfangsversuche mit einer abgestimmten Rahmenantenne in 2 bis 3 m Höhe über dem Erdboden sowie auch auf Hausdächern in 15 bis 20 m Höhe über Erde [*31, 32*] haben gezeigt, daß in 100 m bis 500 m Entfernung von der Hochspannungsleitung die magnetischen Feldlinien annähernd parallel zur Erde verlaufen. Eine Untersuchung des Feldes senkrecht zur Hochspannungsleitung mit einer in einem Kraftwagen eingebauten Feldstärkemeßeinrichtung (wie sie hauptsächlich für den Rundfunkbereich von 150 kHz an verwendet wird) ergab bei allen untersuchten Anlagen das nach der Rechnung zu erwartende Resultat, daß die Feldstärke mit der Entfernung x von der Hochspannungsleitung im großen und ganzen entsprechend $1/x^2$ abfällt (Abb. 36).

Die größten Werte der Feldstärke in nur 10 m bis 20 m Entfernung von der Leitung lagen bei diesen Messungen zwischen 10 mV/m und 100 mV/m, als Spitzenwerte wurden Feldstärken von rund 300 mV/m gefunden. Man kann aus den Meßresultaten mit einem Abfall $1/x^2$ den Verlauf der Feldstärke errechnen:

Abstand x in m	100	200	500	1000	2000	3000
Feldstärke in µ/Vm	1000···3000	250···750	40···120	10···30	2,8···7,5	1···5

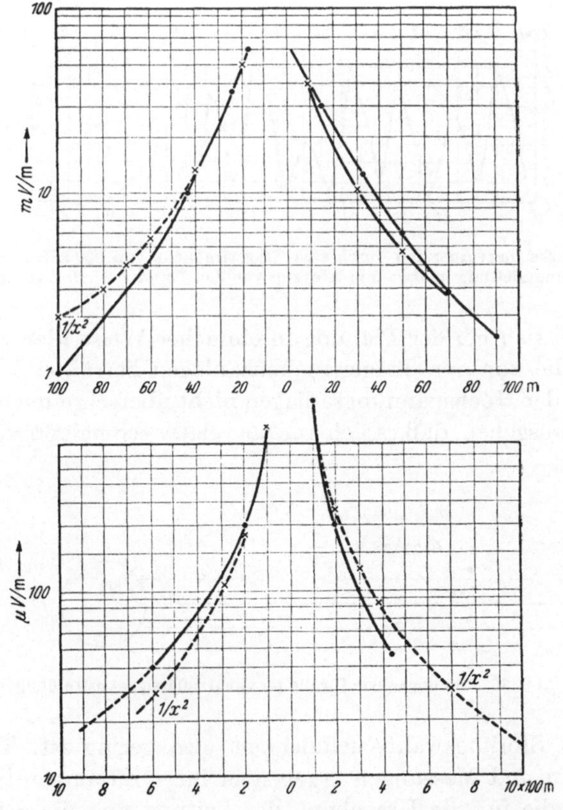

Abb. 36. Feldstärke, hervorgerufen durch eine Trägerfrequenz von 230 kHz, abhängig vom Abstand von der Hochspannungsleitung (in Sendernähe, Sendeleistung 10 Watt)

Empfangsfeldstärken unter 100 μV/m kann man im Frequenzbereich der Langwellensender mit Rücksicht auf den atmosphärischen Störpegel und das Eigenrauschen beim Zweiseitenbandbetrieb (der Rundfunkübertragung) nur selten ausnutzen. Man setzt für den Rundfunkempfang eine Versorgungsfeldstärke von 1 mV/m und ein Verhältnis zwischen Stör- und Nutzfeldstärke von 1 : 100 an; somit wird eine Störfeldstärke von 10 μV/m nicht mehr als störend betrachtet. Von praktischer Bedeutung ist die Störgefahr nur bis zu Entfernungen von 1 km, gemessen senkrecht zur Leitung; die bisher beobachteten Störfälle liegen fast alle bei Entfernungen unter 600 m.

Die geerdeten Eisenmaste einer Hochspannungsleitung bewirken eine Verringerung des von der Trägerfrequenzverbindung hervorgerufenen Feldes, auch liegt die Leitung gewöhnlich an diesen Punkten mehrere Meter höher als an den Punkten tiefsten Durchhanges. Die Feldstärke zeigt dadurch an den Masten jedesmal eine Absenkung (Abb. 37).

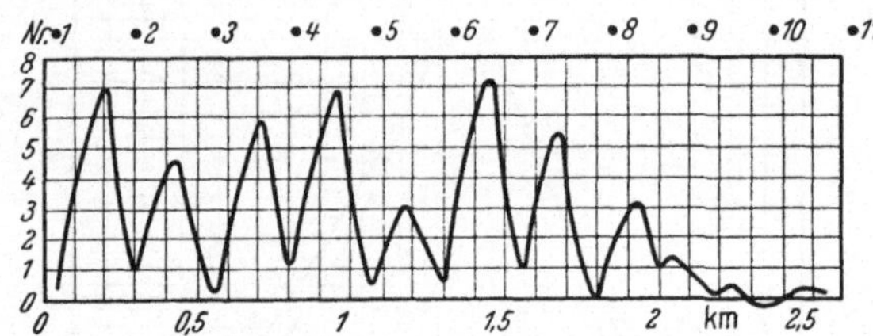

Abb. 37. Feldstärke, hervorgerufen durch eine Trägerfrequenz von 230 kHz, Verlauf längs der Hochspannungsleitung in etwa 5 m Abstand von den Leitern, Sendeleistung 10 Watt

Will man sich bei der Planung in einfacher Weise klar werden, welche Werte die von den Trägerfrequenzanlagen herrührende Feldstärke in der Nähe der Hochspannungsanlagen nicht überschreiten soll, so kann man davon ausgehen, daß es sich nur um relativ schmale Frequenzbänder

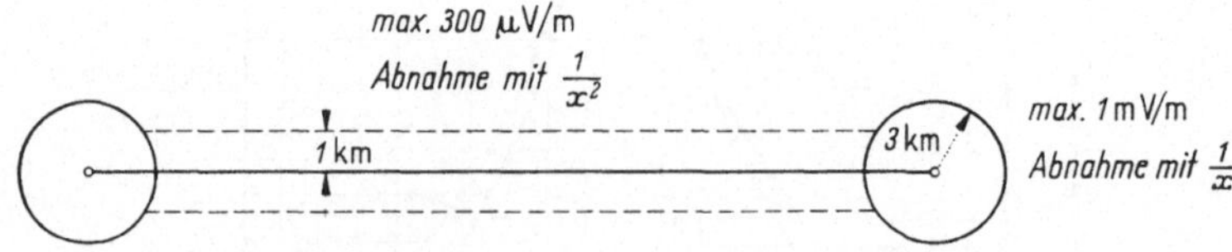

Abb. 38. Planungswerte für die maximal zulässige Abstrahlung

handelt, die Störungswahrscheinlichkeit also gering ist. Theoretische Überlegungen und Messungen ergeben in ihrer Zusammenfassung Planungswerte, die für die Umgebung der Leitung und die der Stationen unterschiedlich sind (Abb. 38).

Die Abstrahlung von Trägerfrequenzanlagen wird noch am ehesten in Überlandnetzen niedriger Betriebsspannung als störend für Rundfunkempfänger empfunden, da diese Leitungen oft in dichter besiedelte ländliche Gebiete hineinführen. Besonders dauernd laufende Übertragungen, zum Beispiel für Fernmessung, können den Rundfunkempfang beeinträchtigen. Auch ein unbeabsichtigtes Mithören von Betriebsgesprächen wird als unerwünschte Störung aufgefaßt. Für die Elektrizitätswerke ist jedoch außerdem ein beabsichtigtes Mithören unerwünscht. Dies ist allerdings nur bei Trägerfrequenzen von etwa 150 kHz an aufwärts ohne Änderung der Rundfunkgeräte möglich, da deren Arbeitsbereich erst etwa bei dieser Frequenz beginnt.

Ein Mittel gegen das Abhören von Nachrichtenverbindungen, die mit Übertragung des Trägers und beider Seitenbänder arbeiten, ist mit den „Sprachwenden" gegeben, die vor dem Modulationsvorgang das Sprachfrequenzband in die Kehrlage bringen. Am Empfangsort wird nach der Demodulation eine entsprechende Umkehrung des Sprachfrequenzbandes vorgenommen, so daß die Teilnehmer zwar wie über eine normale Sprechverbindung miteinander verkehren können; auf dem Trägerfrequenzabschnitt ist jedoch ein Abhören nicht ohne weiteres möglich. Man könnte in einem Abhörgerät einen Träger zusetzen, das Abhören ist jedoch durch einen verhältnismäßig lauten Interferenzton gestört, den der im Abhörgerät erzeugte Träger mit dem übertragenen Träger bildet.

Es gibt auch noch besondere „Sprachverschlüsselungseinrichtungen", bei denen die Kenntnis einer nach Verabredung veränderbaren Verschlüsselungshilfsfrequenz nötig wäre, wenn ein unbefugter Dritter ein Gespräch abhören will. Diese Hilfsmittel sind jedoch verhältnismäßig kostspielig und werden kaum angewendet; einfacher ist es, wenn häufig vertrauliche Betriebsnachrichten übertragen werden sollen, über die Trägerfrequenzkanäle eine Fernschreibverbindung zu betreiben.

Bei der Einseitenbandübertragung mit unterdrücktem Träger ergibt sich eine Erschwerung des Abhörens von selbst. Eine Sendung mit vollständig unterdrücktem Träger kann nur durch Zusetzen des Trägers wieder verständlich gemacht werden. Hierzu sind Rundfunkempfänger nötig, die bei der unterdrückten Trägerfrequenz zum Schwingen gebracht werden können. Grundsätzlich ist dies nur bei Rückkopplungsempfängern der Fall, die von der Rundfunkindustrie im allgemeinen nicht mehr gebaut werden.

Das Abhören einer Einseitenbandsprechverbindung mit unterdrücktem Träger durch Rückkopplungsempfänger ist keineswegs bequem durchführbar, da die Frequenz der schwingenden Empfänger nicht genügend konstant ist. Orientierende Versuche haben gezeigt, daß ein dauerndes Nachregeln nötig ist, um zusammenhängenden Text verstehen zu können.

Handelt es sich nicht um ein beabsichtigtes Mithören, sondern nur um eine unerwünschte Störung des Rundfunkempfangs, die beseitigt werden soll, so kann meistens mit einer zweckmäßigen Verlegung der Antenne, Austausch des Empfangsgerätes oder ähnlichem Abhilfe geschaffen werden.

6. Trägerfrequenznetze

Unter einem „Trägerfrequenznetz" versteht man die Gesamtheit aller Nachrichtenkanäle einer ausgedehnten Trägerfrequenz-Nachrichtenanlage. Je nach der Verkehrsaufgabe spricht man von einem „Fernsprechnetz", das sich aus „Sprechbezirken" zusammensetzt, von einem „Fernwirknetz" oder einem „Fernschreibnetz". Ein „Trägerfrequenzbezirk" enthält die Sender und Empfänger, die auf die gleiche Trägerfrequenz abgestimmt sind.

Als übergeordnete Aufgabe für den Bau eines Trägerfrequenznetzes erweist sich die Frequenzplanung, die den großen oder zumindest rasch wachsenden Bedarf an Nachrichtenkanälen mit dem verhältnismäßig schmalen zur Verfügung stehenden Frequenzbereich in Einklang bringen soll. Angesichts der unzureichenden Entkopplung der einzelnen Abschnitte des Hochspannungsmaschennetzes und der erforderlichen Rücksichtnahme auf Funkbetriebe stellt sie einen sehr schwierigen Teil der Planungsarbeit dar, besonders in dicht besiedelten industrialisierten Ländern.

Fernsprechnetze und Fernwirknetze sollen unterschiedliche Übertragungsaufgaben lösen. Solange sie mit Einzweckgeräten aufgebaut werden, ist eine getrennte Betrachtung möglich, jedoch verwischen sich die Grenzen bei der Verwendung von Mehrzweckgeräten. Die Zubringerstrecken zum Trägerfrequenznetz müssen zweckentsprechend ausgebildet sein, damit Sicherheit und Güte der gesamten Nachrichtenanlage nicht durch unzureichende Ein- und Ausgangskreise beeinträchtigt werden.

6.1 Frequenzplan

Der Frequenzmangel entsteht in ausgedehnten Netzen vorwiegend dadurch, daß eine auf einer Hochspannungsleitung verwendete Trägerfrequenz auch an weit entfernten Stellen immer noch mit einem Pegel auftritt, der genügend hoch ist, um Empfänger anderer Nachrichtenanlagen ansprechen zu lassen, wenn sie auf die gleiche Trägerfrequenz abgestimmt sind. Man kann also eine einmal benutzte Trägerfrequenz in einem größeren Umkreis nicht mehr wiederverwenden, sondern erst in einer so großen Entfernung, daß der Pegel dieser störenden Reste im allgemeinen Störpegel untergegangen ist. Die Trägerfrequenz breitet sich unerwünscht außerhalb des ihr zugeordneten Nachrichtenweges zum Teil durch galvanische Leitung über die Sperren hinweg aus, die den Nachrichtenweg eigentlich eingrenzen sollen, zum Teil auch über die induktive und kapazitive Kopplung zu den dem Koppelleiter parallel verlaufenden Leitern, an die die Trägerfrequenz-Nachrichtenanlage gar nicht angeschlossen ist. Eine hinreichende Voraussetzung für die Wiederverwendung der gleichen Trägerfrequenz in nahe beieinanderliegenden Abschnitten des Hochspannungsnetzes wäre lediglich eine Übersprechsperre, diese wird aber aus wirtschaftlichen Gründen nur selten angewandt.

Eine weitere Ursache für die unerwünschte Ausbreitung von Trägerfrequenzen im Hochspannungsnetz, nämlich unzweckmäßig ausgeführte Überbrückungsschaltungen, kann in einfacher Weise beseitigt werden (s. S. 43). Es kann auch durchaus der Fall eintreten, daß eine neue Querverbindung in einem Hochspannungsnetz, die als Lastausgleichleitung zwischen zwei Netzpunkten gebaut und für deren Betrieb gar keine zusätzliche Trägerfrequenzanlage gebraucht wird, Schwierigkeiten für die Verteilung der Frequenzen im vorhandenen Nachrichtennetz bringt.

Die Verteilung der freien Plätze in einem gegebenen Frequenzplan geschieht nach Gesichtspunkten, die manchmal den (mehr oder weniger) berechtigten Interessen der verschiedenen Stromversorgungsbetriebe nicht in dem Maß gerecht werden, wie es der einzelne wünscht. Das technische Risiko dafür, daß neu zu liefernde Anlagen auch tatsächlich ohne Störung der vorhandenen Anlagen eingebaut werden können, liegt in den Händen der Betriebe, die die neuen Anlagen erstellen. Man muß zur Frequenzplanung alle technischen Daten der vorhandenen Trägerfrequenzgeräte und Leitungsausrüstungen verschiedener Herkunft und aus verschiedenen Baujahren kennen, soweit sie für den Frequenzplan von Bedeutung sind, im wesentlichen also bei den Geräten Sendepegel, Empfängerempfindlichkeit und Selektivität, bei den Leitungsausrüstungen Sperrwiderstände und Bandbreite der Sperren sowie die Durchlaßdämpfung und Selektivität der Ankopplungsschaltungen.

Wenn der Frequenzplan bereits dicht besetzt ist, übernehmen meistens das Herstellerwerk und der Energieversorgungsbetrieb beim Bau einer neuen Anlage die Auswahl der zu benutzenden Trägerfrequenzen gemeinsam. Damit werden auch die Umstimmungen berücksichtigt, die an vorhandenen Anlagen anläßlich von Netzumbauten durchgeführt worden waren. Man erfaßt also zuerst in gemeinsamer Arbeit den neuesten Stand des Frequenzplanes, wenn man die Trägerfrequenzen für zusätzliche Anlagen bestimmen will. Fehlgriffe in der Auswahl der Trägerfrequenzen können unter Umständen umfangreiche Umstimmungsarbeiten auslösen, die gegebenenfalls hohe Kosten verursachen. Andererseits müssen mit zunehmender Besetzung der Frequenzpläne immer höhere Risiken eingegangen werden, wenn man den Frequenzbereich wirklich optimal ausnutzen will. Man unterstellt bei der Frequenzplanung, daß der Sender einer Nachrichtenverbindung grundsätzlich die maximal mögliche Leistung abgibt und der zugeordnete Empfänger bei kurzen Verbindungen durch eine vorgeschaltete feste „Vordämpfung“ unempfindlich gemacht wird; die andere Möglichkeit, die Sendeleistung bei kurzen Verbindungen

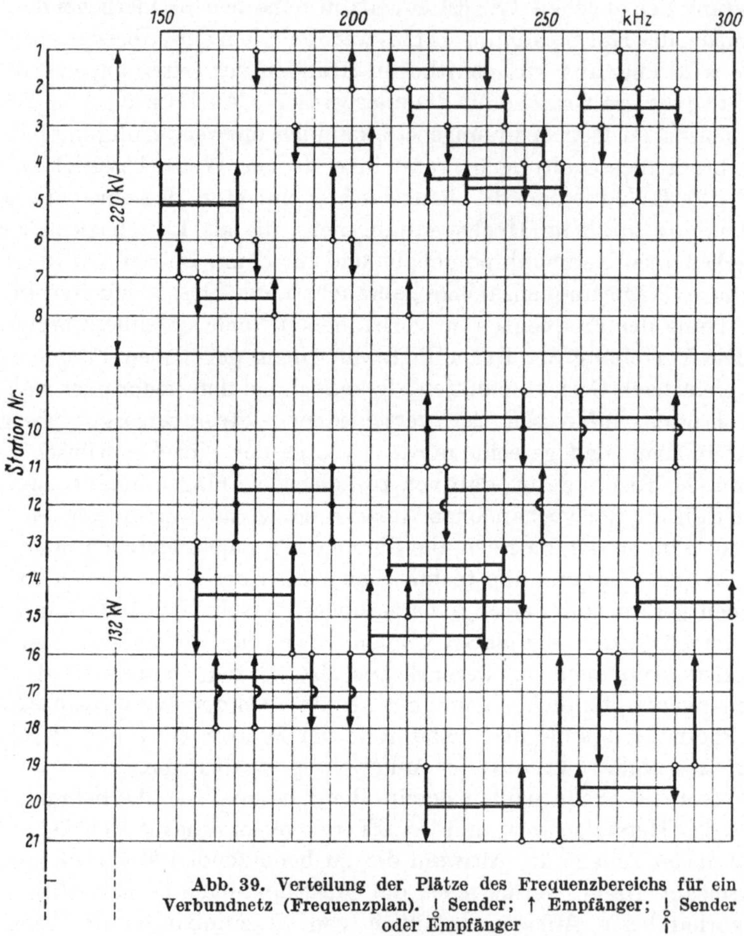

Abb. 39. Verteilung der Plätze des Frequenzbereichs für ein Verbundnetz (Frequenzplan). ⫯ Sender; ↑ Empfänger; ⫯↑ Sender oder Empfänger

herabzusetzen und die volle Empfängerempfindlichkeit auszunutzen, wäre unpraktisch, weil der Störpegelabstand der Verbindung dann unnötig verkleinert würde. Wenn benachbarte Plätze oder der gleiche Platz doppelt im Frequenzplan belegt werden sollen, muß man ein Pegeldiagramm (Anhang 9.5) aufstellen, um festzustellen, ob der Pegel eines Trägers bei der unerwünschten Verschleppung im Hochspannungsnetz so weit abgesunken ist, daß der benachbarte oder der gleiche Platz im Frequenzplan wieder belegt werden kann.

Die Frequenzpläne werden meist in einer anschaulichen Art (Abb. 39) in Verbindung mit einem schematisierten Plan der Trägerfrequenzwege dargestellt. Anstelle des Frequenzplanes kann auch eine Kartei mit besonders geformten Karten treten. Wenn Netze verschiedener Betriebsspannung durch längeren Parallelverlauf von Leitungen miteinander gekoppelt sind, muß durch Eintragungen oder Karten verschiedener Farbe eine zusammenhängende Frequenzplanung durchgeführt werden. Neuere Versuche, die Frequenzplanung mit elektronischen Rechnern durchzuführen, haben bis jetzt noch nicht ein allgemein anwendbares Verfahren gebracht.

6.2 Fernsprechnetze

Solange man überwiegend Zweiseitenbandgeräte mit Amplitudenmodulation verwendete, versuchte man dem drohenden Frequenzmangel zunächst dadurch zu begegnen, daß man möglichst viel Hochfrequenzstationen in einem Bezirk zusammenfaßte. Diesem Bestreben sind jedoch zwei Grenzen gesetzt. Die eine Grenze ist dadurch gegeben, daß für jeden Nachrichtenkanal die durch Sendepegel und Empfängerempfindlichkeit bestimmte Reichweite nicht überschritten werden darf. Die zweite Grenze ist dadurch gegeben, daß in einem Nachrichtenkanal die mit der Anzahl der Sendestellen wachsende Verkehrsdichte nicht so groß werden darf, daß also der Kanal zu häufig besetzt ist.

Beim Fernsprechen liegt immer die Aufgabe des „Gegensprechverkehrs“ vor, das heißt, jeder Fernsprechteilnehmer muß hören und sprechen können. Eine Sprechverbindung wird also immer in beiden Verkehrsrichtungen gebraucht; bei einem vollwertigen Gegensprechen kann man in beiden Richtungen gleichzeitig sprechen. Man benutzt für Sprachübertragung Geräte, die zwei Übertragungskanäle im Frequenzplan belegen, einen für die abgehende, einen für die ankommende Richtung jedes Gesprächs. Die Sende- und Empfangseinrichtungen eines Gerätes sind somit auf zwei verschiedene Trägerfrequenzen abgestimmt. In einem Sprechbezirk verwendet man also immer ein Trägerfrequenzpaar. Zur gleichen Zeit kann immer nur ein Gespräch stattfinden.

Man hat auch „Wechselsprechgeräte“ gebaut, die nur einen Platz im Frequenzplan belegen. Sender und Empfänger eines solchen Gerätes sind auf die gleiche Frequenz abgestimmt und die beiden Übertragungsrichtungen für Sprechen und Hören werden durch Umschalten von Senden auf Empfang hergestellt. Diese Umschaltung braucht nicht von Hand ausgeführt zu werden, sie kann abhängig von der Sprache geschehen. Die Wechselsprechgeräte haben jedoch wegen der Erschwerungen, die sie für den Aufbau der Vermittlungseinrichtungen eines Sprechnetzes mit Selbstwählverkehr bringen, keine größere Verbreitung gefunden und werden deshalb hier auch nicht weiter berücksichtigt.

Sprechgeräte können in verschiedener Weise zu einem Sprechbezirk zusammengeschaltet werden. Dementsprechend ergeben sich unterschiedliche Verkehrsarten (Abb. 40). In einem Sprechbezirk für „Endverkehr" zwischen zwei Sprechstellen arbeitet jeder Sender mit fest zugeordneter Trägerfrequenz auf den entsprechend abgestimmten Empfänger der Gegenstation. Will man Trägerfrequenzpaare (oder auch Sprechgeräte) sparen, so wird nicht jede Hochspannungsleitung mit einem solchen Sprechbezirk für Endverkehr ausgerüstet, sondern es werden mehr als

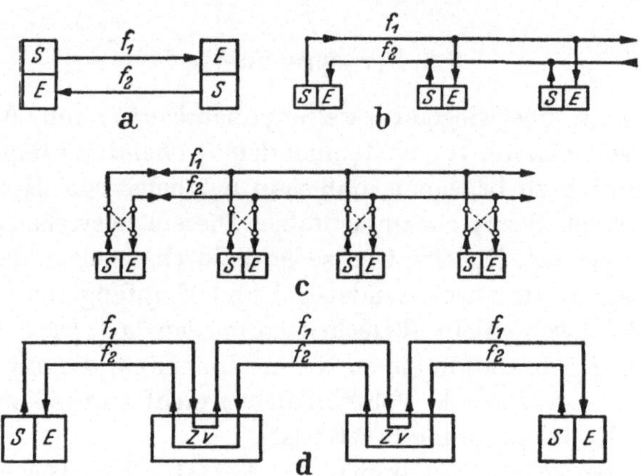

Abb. 40a–d. Verkehrsarten in Trägerfrequenz-Sprechbezirken.
a) Endverkehr zwischen zwei Sprechstellen; b) Strahlenverkehr zwischen mehreren Sprechstellen; c) Wellenwechselverkehr zwischen mehreren Sprechstellen; d) Linienverkehr zwischen mehreren Sprechstellen; *S* Sender; *E* Empfänger; *ZV* Zwischenverstärker

zwei Sprechstellen zu einem Sprechbezirk zusammengefaßt, und zwar so viel, wie unter Einhaltung der beiden erwähnten Grenzen (Reichweite, Sprechdichte) zulässig ist. Beim „Strahlenverkehr" können mehr als zwei Stationen in der Weise miteinander verkehren, daß von einer Zentralstation aus auf einem Träger nach einer oder mehreren Unterstationen gesprochen wird, während auf dem zweiten Träger die Unterstationen nur mit der Zentrale, aber nicht untereinander sprechen können.

Der „Wellenwechselverkehr" wird dort angewendet, wo in einem Sprechbezirk mit mehr als zwei Sprechstellen jeweils ein Gespräch zwischen zwei beliebigen Teilnehmern herstellbar sein soll. Im Ruhezustand sind dabei sämtliche Stationen des Bezirks mit ihrem Empfänger auf dieselbe Trägerfrequenz abgestimmt und empfangsbereit. Wenn von einer der Sprechstellen aus ein Gespräch beginnen soll, so muß ihr Sender auf diese Trägerfrequenz umgeschaltet werden. Der Anrufende schaltet also mit dem Abheben des Fernhörers in seinem Trägerfrequenzgerät den Sender mit der Trägerfrequenz ein, auf die bisher der Empfänger abgestimmt war, während die Abstimmung des Empfängers auf die Trägerfrequenz umgeschaltet wird, die den entfernten Sendern zugeordnet ist.

Der „Linienverkehr“ ist mit dem Ziel durchgebildet worden, die durch die Reichweite der Trägerfrequenzgeräte gegebene Grenze in der Zahl der Sprechstellen eines Bezirks weiter hinauszuschieben. Die Geräte an beiden Enden des Bezirks senden den jeweiligen Träger dauernd aus, ohne daß ein Wellenwechsel stattfindet; die Stationen unterwegs erhalten einen Trägerfrequenz-Zwischenverstärker für beide Verkehrsrichtungen. In den Zwischenverstärkern werden die Sprechströme des örtlichen Teilnehmers zugesetzt und abgenommen. Je nachdem, in welchem der beiden vom Verstärker abgehenden Nachrichtenwege der gerufene beziehungsweise der rufende Teilnehmer liegt, wird der Weg für die abgehende und ankommende Sprache abhängig von der Nummernwahl an den entsprechenden Trägerfrequenzkanal geschaltet.

Die Sprechmöglichkeiten, die sich bei den verschiedenen Verkehrsarten innerhalb eines Sprechbezirks ergeben, sind unterschiedlich (Abb. 41). Strahlensprechbezirke werden selten verwendet, weil die Beschränkung der Sprechmöglichkeiten den normalen Verkehrsaufgaben nicht gerecht wird.

Beim Linienverkehr kann man die angestrebte Frequenzeinsparung durch Zusammenfassen möglichst vieler Sprechstellen in einem Trägerfrequenzbezirk am weitesten treiben, da eine der beiden Grenzen für die Zusammenfassung (Reichweite) infolge der Zwischenverstärkung hinausgeschoben werden kann. Allerdings nähert man sich dabei immer mehr der zweiten Grenze (zu große Sprechdichte). Wellenwechselbezirke werden auf drei, höchstens vier Sprechstellen ausgedehnt, weil dann meistens die Grenze der Reichweite der normalen Geräte erreicht ist.

Während der Endverkehr, der Strahlenverkehr und der Linienverkehr mit Hochfrequenzsendern und -empfängern arbeiten, deren Trägerfrequenz beim Sprechbetrieb nicht geändert wird, kann jede Sprechstelle beim Wellenwechselverkehr entweder Sender oder Empfänger für jede der beiden Trägerfrequenzen des Bezirks sein. Die Frequenz eines Senders ist also nicht mehr einem bestimmten Ort fest zugeordnet. Dies bringt für die Frequenzplanung zusätzliche Anforderungen; Vereinfachungen sind ohne Einschränkung der Sprechmöglichkeiten in einem Bezirk dadurch gegeben, daß in einer der Sprechstellen die Umschalteinrichtung zwischen Sender- und Empfängerabstimmung abgeschaltet wird. Dieser „stillgelegte Wellenwechsel“ hat zur Folge, daß in den ande-

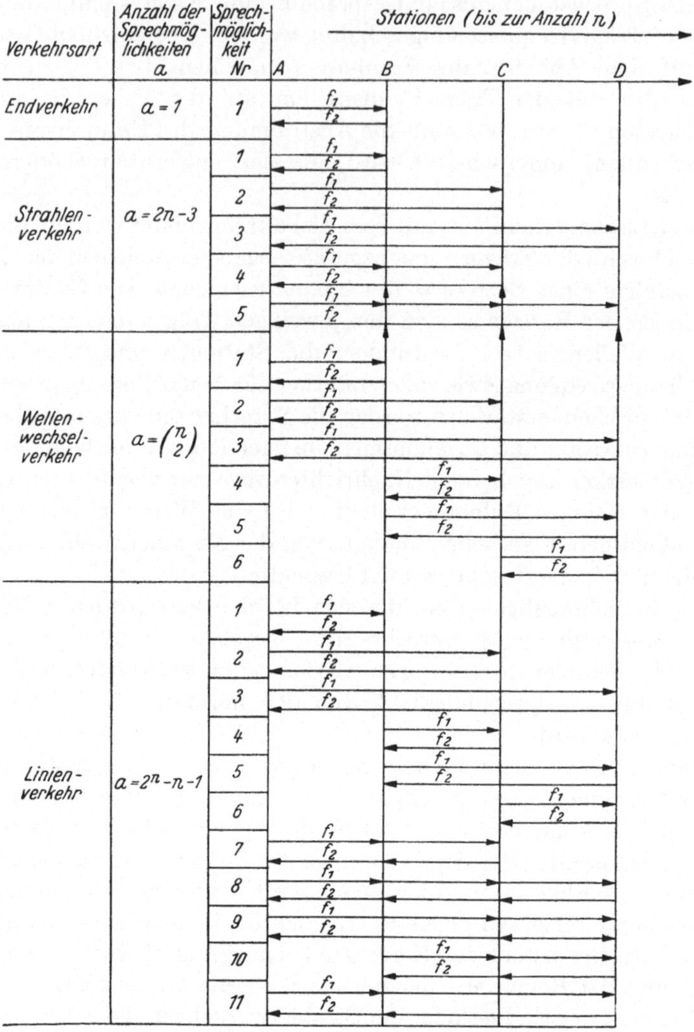

Abb. 41. Sprechmöglichkeiten bei den verschiedenen Verkehrsarten

ren Sprechstellen des Bezirks entweder ein „rufnummernabhängiger Wellenwechsel“ oder ein „frequenzabhängiger Wellenwechsel“ eingeführt werden muß, wenn alle Sprechmöglichkeiten im Bezirk erhalten bleiben sollen. Ein Wellenwechsel abhängig von der Rufnummer wird durch eine Vorziffer oder einen Rufnummernspeicher herbeigeführt. Ein Wellenwechsel abhängig von der Frequenz geschieht dadurch, daß vor den Empfängern der Stationen im Ruhezustand die Filter für beide Trägerfrequenzen parallel liegen. Eines der Filter wird abhängig von der eintreffenden Frequenz vom Empfänger abgeschaltet und vor den Sender gelegt.

Der Wellenwechsel wird also in einer Station stillgelegt, um nebeneinander liegende Plätze des Frequenzplans nur mit Sende- oder nur mit Empfangsfrequenzen zu belegen und damit ein Übersprechen zu vermeiden. Wenn allerdings in mehr als einer Sprechstelle innerhalb eines Bezirks der Wellenwechsel stillgelegt wird, so ist dies zwangsläufig mit einer Verringerung der Sprechmöglichkeiten verbunden.

Alle diese Verkehrsarten sind bis auf den Endverkehr auf die viele Jahre vorherrschende Aufgabenstellung im Nachrichtenwesen der Energieversorgungsbetriebe zugeschnitten, daß man nämlich nur einen Sprechkreis längs einer Hochspannungsleitung braucht und dieser auch nur selten benutzt wird. Diese Aufgabe kommt dem Bestreben entgegen, Frequenzplätze und Geräte zu sparen; die Verkehrsarten entwickelten sich zu einer Besonderheit des Trägerfrequenzfernsprechens über Hochspannungsleitungen und fanden weitgehende Verbreitung; in anderen Nachrichtendiensten, etwa denen der Post- oder Bahnverwaltungen, wurden sie nicht angewandt. Bestenfalls kann man den Wahlanrufbetrieb für viele an einer Doppelader parallel liegende Teilnehmer mit dem Linienverkehr oder dem Wellenwechselverkehr vergleichen.

Solange die Voraussetzung weiter besteht, daß man nur einen Sprechkreis braucht und die Sprechdichte genügend klein bleibt, stellt der Linienverkehr die Lösung dar, bei der die Frequenzbandeinsparung am weitesten getrieben werden kann, weil mehr Geräte zu einem Sprechbezirk zusammengefaßt werden können als beim Wellenwechselverkehr. Je mehr Verstärkerfeldabschnitte allerdings bei gleichem Frequenzpaar aneinandergereiht werden, um so schwieriger wird es, zwei Frequenzplätze zu finden, die über so große Längen hinweg nicht von anderen Kanälen beeinflußt werden. Man muß dann dem Frequenzplan zuliebe mitunter doch die Trägerfrequenz in einem Verstärker umsetzen, also mehr Frequenzplätze belegen.

Seit einer Reihe von Jahren geht die Entwicklung in vielen Ländern jedoch andere Wege. Mit dem zunehmenden Selbstwählverkehr in einem immer größer und dichter werdenden Maschennetz, in dem auch die Sprechdichte immer größer wird, entsteht zwangsläufig die Aufgabe, das Trägerfrequenzsprechnetz in der gleichen Weise zu betreiben wie ein postalisches Fernsprechnetz. Man will also alle Teilnehmer eines Netzes zu einer „Netzgruppe" zusammenfassen, innerhalb der man jeden Teilnehmer durch Selbstwahl erreichen kann; dabei soll man beim Wählen möglichst wenig auf einen besetzten Abschnitt stoßen. Die Trägerfrequenzabschnitte zwischen den Knotenpunkten des Fernsprechnetzes werden wie Vierdrahtverbindungen in Postnetzen betrieben, also nur im Endverkehr. Zwischen den Knotenpunkten genügt oft nicht mehr ein einziger Sprechkreis, man braucht vielmehr schwache Bündel von Sprechkanälen, etwa 3 bis 6 Kanäle.

Anstelle der Sprechgeräte für nur einen Sprechkreis, von denen man auf einem Leitungsabschnitt natürlich auch 3 oder 6 Geräte parallel betreiben kann, tritt aus wirtschaftlichen Gründen das Mehrfachsprechgerät. Die Kosten je Sprechkreis werden um so niedriger, auf je mehr Sprechkreise sich der Grundaufwand für Gestelle, Schränke, Netzanschlußgerät, Meßfeld sowie Trägerfrequenzsender und Empfänger verteilt. Es ist naheliegend, hierfür Trägerfrequenzgeräte aus der Posttechnik zu übernehmen.

Dies ist in manchen Ländern seit vielen Jahren geschehen, wenn auch vorwiegend aus anderen Gründen. Man wollte ursprünglich nicht schwache Bündel von Trägerfrequenzkanälen zum Aufbau von Maschennetzen bereitstellen, sondern wollte hauptsächlich den geringen Gerätebedarf für das kleine Sachgebiet der Trägerfrequenzübertragung über Hochspannungsleitungen befriedigen aus einer größeren Fertigung, mit anderen Worten, man wollte mit möglichst wenig Sonderentwicklungen auskommen. Im Laufe der Jahre stellte sich aber dann doch heraus, daß sich weitgehende Anpassungsarbeiten an die Besonderheiten des Nachrichtendienstes für die Elektrizitätswerke nicht vermeiden lassen. Diese ergeben sich aus folgenden Überlegungen:

a) Die Postsysteme sind für eine Übertragung eines Sprachbandes von 300···3400 Hz gebaut, also für ein 4-kHz-Raster. Für jeden Sprachkanal wird anstelle eines 2,5-kHz-Platzes ein 4-kHz-Platz im Frequenzplan belegt, ohne daß damit ein Nutzen verbunden ist; der Frequenzmangel wird also unnötig verschärft, wenn zahlreiche Sprachkanäle dieser Bandbreite eingerichtet werden.

b) Die Postsysteme sind für ein starres 4-kHz-Schema gebaut, eine Veränderbarkeit der Frequenzplätze ist nicht vorgesehen. Nur in Ländern, in denen auch für die Trägerfrequenzanlagen der Hochspannungsnetze ein 4-kHz-Raster festgelegt ist, und zwar dann mit gleichen Frequenzplätzen, lassen sich solche Systeme gut in den Frequenzplan einfügen. Nur dann kann man für alle Frequenzplätze bis an die Grenzen des zugelassenen Bereichs die Kanalbaugruppen aus der Posttechnik entnehmen.

c) In abgehender und ankommender Richtung liegen die Kanäle jeweils lückenlos nebeneinander, es werden also zwei freie Frequenzbänder benötigt, die um so breiter sind, je mehr Sprachkanäle gebraucht werden, bei einer 6fach-Sprechverbindung zwei Bänder von je 6mal 4 kHz = 24 kHz. Solche breiten Frequenzplätze lassen sich in einem bestehenden Trägerfrequenznetz nur mit großen Mühen und Kosten freimachen; nur bei ganz neu zu bauenden Trägerfrequenzanlagen oder in Hochspannungsnetzen mit wenigen Trägerfrequenzverbindungen kann man sie bequem in den Frequenzplan einfügen.

d) Die Leitungsausrüstung, also die Ankopplungsschaltungen und Sperren bringen für so breitbandige Systeme zusätzliche Schwierigkeiten. Je breiter das zu übertragende Frequenzband wird, um so unwahrscheinlicher ist es, daß man den Frequenzgang der Restdämpfung eines Übertragungsabschnittes hinreichend entzerren kann, um alle Kanäle gleich gut übertragen zu können. Deswegen verwendet man zwei oder drei Pilotkanäle, so daß die Entzerrung auf mehrere Teile des Frequenzbandes aufgeteilt werden kann. Systeme mit zwei oder drei Sprechkreisen werden häufig angewandt, ein 6fach-Sprechsystem dagegen stellt schon die Grenze der gebräuchlichen Mehrfachsprechsysteme dar. Allerdings stimmen diese Kanalzahlen bis jetzt auch gut mit den Grenzen des Bedarfs überein; zudem sind solche Frequenzbänder auch leichter im Frequenzplan unterzubringen.

e) Oft handelt es sich nicht um den Endverkehr zwischen den Knotenpunkten eines Maschennetzes, sondern um einen gemeinsamen Endpunkt für alle Sprechkreise beim Lastverteiler und je Sprechkreis eine andere Gegenstation. Durch diese Abweichung von der Aufgabe der Posttechnik entstehen zusätzliche Aufwendungen.

f) Die Leistung des Sendeverstärkers reicht zum Betrieb der Postsysteme über Hochspannungsleitungen meist nicht aus, wenn man einen genügenden Störpegelabstand bei der Überbrückung der gegebenen Entfernungen erreichen will. Man muß also meistens besondere Leistungsverstärker von den Ausgang des Senders schalten, da man nicht, wie bei Postleitungen, unterwegs an geeigneter Stelle einen Zwischenverstärker einbauen kann.

Vielleicht findet man für Übertragungen über Bündelleiter Wege (s. S. 46), die die mit der Frequenzplanung zusammenhängenden Schwierigkeiten a) bis c) beseitigen. Man kann dann Postsysteme benutzen und wird in Höchstspannungsnetzen auch Bündel bis etwa 24 Kanäle brauchen. In den normalen Hochspannungsnetzen jedoch muß man weiterhin mit den geschilderten Einschränkungen beim Betrieb von Mehrfachsprechsystemen und Schwierigkeiten bei der Verwendung von Postsystemen rechnen, es sei denn, man entschließt sich zur Verwendung von Vierpolsperren (Anhang 9.4), die einen Leitungszug vom übrigen Netz hinreichend entkoppeln können. Es werden immer wieder Versuche mit Mehrfachsprechgeräten unternommen, insbesondere prüft man immer wieder die Frage, ob Hochspannungsleitungen auch als Übertragungsweg für den öffentlichen Nachrichtendienst brauchbar sind, für den stärkere Sprachkanalbündel gebraucht werden. Die Aufgabe wurde in der Sowjetunion bereits im Jahre 1932 gestellt, und heute ist sie für manche Überseeländer aktuell. Funkbrücken sind dort mitunter wegen der topografischen Verhältnisse nicht leicht aufzubauen, und ihr Betrieb, also Stromversorgung und Wartung, kann schwierig sein. Man versucht dann beim Bau neuer großer Hochspannungsnetze, auch für die Postverwaltungen Bündel von Trägerfrequenzsprachkanälen miteinzurichten.

Beim Aufbau größerer Trägerfrequenz-Fernsprechnetze werden besondere Anforderungen an den einzelnen Sprechbezirk, die Durchschaltung zwischen den Sprechbezirken und den Übergang auf Niederfrequenz-Fernsprechanlagen gestellt. Sie betreffen die Güte der Übertragung; der Frequenzplan, die Reichweite innerhalb eines Trägerfrequenzbezirks und die anderen bisher behandelten Fragen der Trägerfrequenzübertragung stehen mit ihnen nicht in unmittelbarem Zusammenhang.

Mit dem Fernsprechen sollte ursprünglich nur eine Nachrichtenverbindung zwischen zwei Stationen des Hochspannungsnetzes hergestellt werden. Auch wenn man später mehrere Stationen, die nahe genug beieinander lagen, zu einem Sprechbezirk zusammenfaßte, wurde die Sprache immer über nur einen Kanal je Sprechrichtung übertragen. Je größer die Hochspannungsnetze wurden, desto häufiger entstand die Aufgabe, auch mehrere Trägerfrequenzbezirke hintereinanderzuschalten, also über einige in Reihe liegende Übertragungskanäle zu sprechen. Es sollten also auch Hochspannungsstationen miteinander verkehren können, deren Entfernung voneinander größer als die Reichweite der Geräte war. Diese Entwicklung ging in benachbarten Ländern gleichzeitig vor sich, und als bei Aufnahme des Verbundbetriebes die ursprünglich für den „Bezirkssprechverkehr“ gebauten Verbindungen in der Übergabestation durchgeschaltet werden sollten, stand man vor der Aufgabe des „Weitsprechverkehrs“.

Man kann nicht die einzelnen, in sich einwandfreien, Sprechverbindungen einfach aneinanderschalten und erwarten, daß über die Gesamtverbindung ein Gespräch geführt werden könnte. Gerade diesem Vorgehen ist es zuzuschreiben, wenn Sprechverbindungen über mehrere Trägerfrequenzbezirke hinweg, oder bei der Zusammenschaltung von Niederfrequenz- und Trägerfrequenz-Übertragungsabschnitten, qualitativ unbefriedigend sind.

In einer Fernsprechverbindung werden bereits bei der Übertragung in der natürlichen Frequenzlage über eine Nachrichtenleitung die Frequenzen des Sprachbandes 300 Hz bis 2400 Hz verschieden gedämpft; beispielsweise ist die Dämpfung für die hohen Frequenzen bei einer nicht pupinisierten Kabelleitung größer als für die tiefen Frequenzen. Die Abhängigkeit der Dämpfung von der Frequenz, der „Frequenzgang der Restdämpfung“ einer Sprechverbindung (Abb. 42), wird durch „Entzerrer“ so ausgeglichen, daß die Dämpfung möglichst für alle Frequenzen des Sprachbandes gleich groß ist. Auf diese Weise können aber nur die von der Frequenz abhängigen „Dämpfungsverzerrungen“ (lineare Verzerrungen) verringert werden, nicht dagegen die von der Amplitude abhängigen „nichtlinearen Verzerrungen“. Letztere kann man nachträglich nicht mehr ausgleichen.

Entscheidend für die Güte der Sprachübertragung sind demnach die Dämpfung (die meist bezogen auf die mittlere Sprachfrequenz 800 Hz angegeben wird), die lineare und die nichtlineare Verzerrung sowie der Störpegel, alles gemessen in der Tonfrequenzlage. Diese vier Größen

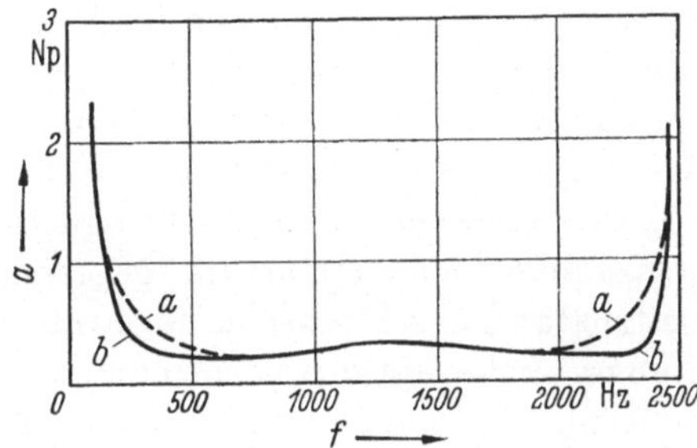

Abb. 42. Frequenzgang der Dämpfung innerhalb des Sprachfrequenzbandes (lineare Verzerrung) für eine Sprechrichtung.
a ohne Entzerrer; *b* mit Entzerrer

können innerhalb gewisser Grenzen schwanken, bevor dies von den beiden Teilnehmern an den Enden der Verbindung als störend empfunden wird. In einer Nahsprechverbindung, die über einen einzigen Sprechbezirk hergestellt wird, dürfen ihre Werte ungünstiger sein, als es für die Einzelabschnitte einer Weitsprechverbindung zulässig ist, die aus vielen hintereinandergeschalteten Sprechbezirken aufgebaut ist. Damit auch die Summe der Dämpfungen, Verzerrungen und Störpegel der Einzelabschnitte einer Weitsprechverbindung insgesamt nicht das zulässige Maß überschreitet, müssen also deren Werte in den einzelnen Bezirken kleiner sein als in einem Sprechbezirk, der nur dem Nahsprechverkehr dient.

Ist ein Sprachkanal auf einem Abschnitt des Übertragungsweges aus der natürlichen Lage in die Hochfrequenzlage verschoben, so muß man bei den Dämpfungs- und Verzerrungsangaben unterscheiden zwischen den Werten für den Hochfrequenzabschnitt und denen für den Tonfrequenzkanal einschließlich des Hochfrequenzabschnittes. Zur Beurteilung der Sprachgüte sind die Werte für den Tonfrequenzkanal allein ausschlaggebend.

Geht man bei der Betrachtung des Pegelverlaufs in einem Trägerfrequenzsprechgerät von dem Mikrofon des Sprechenden aus, so ist der Sendepegel in der Tonfrequenzlage, gemessen am Eingang in das Trägerfrequenzsprechgerät, eine Größe, auf die die verschiedenen Einrichtungen innerhalb des Gerätes bis zur Modulationsstufe fest eingestellt sind, und zwar so, daß ein optimaler Modulationsgrad für den Hochfrequenzträger erreicht wird. Gewisse Veränderungen des Tonfrequenzeingangspegels, wie sie zum Beispiel dadurch auftreten, daß über eine vorgeschaltete Selbstwählzentrale verschieden weit entfernte Niederfrequenzteilnehmer die Trägerfrequenzverbindung anwählen können, sind zulässig, obwohl sie mit Veränderungen des Modulationsgrades verbunden sind. Ähnliches gilt auf der Empfangsseite für den Hörenden. Die Amplitudenwerte der Sprechströme, die aus der Umsetzerstufe entnommen werden, sind vom Modulationsgrad auf der Sendeseite abhängig. Der Pegel an den Ausgangsklemmen des Gerätes wird durch den Niederfrequenzverstärker im Empfangsteil so weit gehoben, daß er hinreicht, um über verschiedene Leitungsdämpfungen, wie sie beim Sprechen über eine Selbstwählzentrale am Empfangsort vorliegen, mit einem genügenden Nutzpegel den jeweiligen Gesprächspartner zu erreichen.

Der Sendepegel in der Hochfrequenzlage ist durch die Leistung des Hochfrequenzsendeverstärkers gegeben. Die vom Wetter und dem Schaltzustand der Hochspannungsanlage abhängige Dämpfung auf der Leitungsstrecke läßt den hochfrequenten Nutzpegel am Empfänger mehr oder weniger absinken. Im äußersten Fall soll der Abstand vom hochfrequenten Störpegel, der ebenfalls abhängig vom Wetter anwachsen kann, nicht kleiner als 3 Np werden (s. S. 77). Die Pegelregelung vor dem Eingang in den Hochfrequenzempfänger sorgt dafür, daß der hochfrequente Eingangspegel für die Umsetzerstufe konstant gehalten wird.

Die Zusammenschaltung von Trägerfrequenz-Sprechbezirken wird zweckmäßig anders ansgeführt als in Niederfrequenz-Fernsprechanlagen, bei denen ein Adernpaar zwischen Teilnehmer und Vermittlungszentrale zur Verfügung steht. Die Niederfrequenz-Vermittlungszentrale verbindet die zwei vom rufenden Teilnehmer ankommenden Drähte der Nachrichtenleitung mit den zwei zum gerufenen Teilnehmer führenden Drähten. Es handelt sich also um eine „Zweidrahtvermittlung“, und zwar entweder um eine „Zweidrahthanddurchschaltung“ oder eine „Zweidrahtdurchwahl“, je nachdem, ob die Vermittlungszentrale für Handvermittlung oder für Selbstwählverkehr gebaut ist. Auf dem so durchgeschalteten Leitungsweg werden zwischen den beiden Fernsprechteilnehmern die Sprechströme in beiden Verkehrsrichtungen in der gleichen, natürlichen Frequenzlage übertragen.

Beim Trägerfrequenzfernsprechen sind entsprechend den zwei Sprechrichtungen zwei verschiedene Übertragungskanäle vorhanden. Man kann eine solche Sprechverbindung so ansehen, als ob für eine Sprechrichtung ein Adernpaar, für die entgegengesetzte Sprechrichtung eine zweites Adernpaar zur Verfügung stünde. Es handelt sich also um „Vierdrahtverkehr“. Der Übergang von Zweidraht- auf Vierdrahtverkehr erfolgt innerhalb der Trägerfrequenzgeräte mittels der Gabelschaltung (s. S. 119) In dieser tritt notwendig eine Dämpfung für die Sprachströme ein, da über den Differentialtransformator die Leistung jeweils zur Hälfte auf den Nachrichtenweg und die Leitungsnachbildung aufgeteilt wird. Jede Gabelschaltung am Ende eines Sprechbezirks bringt dadurch eine Dämpfung von $^1/_2 \ln 2 = 0{,}35$ Np.

Die Gabel sorgt beim Übergang von Vierdraht- auf Zweidrahtbetrieb dafür, daß der vom Empfänger direkt auf den Sender gelangende Anteil der Sprachenergie nicht ausreicht, um ein Selbstschwingen der Verbindung („Pfeifen") hervorzurufen. Man sollte nicht zwei aneinanderstoßende Sprechbezirke über eine Zweidrahtvermittlung durchschalten, weil hierbei die Pfeifsicherheit durch einzuschaltende Dämpfungen herbeigeführt werden muß. Diese Dämpfungen werden dadurch vermieden, daß man eine „Vierdrahtvermittlung" anwendet, also jeweils in der Tonfrequenzlage die aus dem Empfänger kommenden Ströme auf den Sender des weitergehenden Kanals schaltet. Der Übergang von Vierdraht- auf Zweidrahtverkehr, der für örtliche Teilnehmer in der Vermittlungsstation nötig ist, wird somit bei Vermittlungsvorgängen zwischen den Trägerfrequenzbezirken vermieden, und zwar durch „Vierdrahthanddurchschaltung" oder „Vierdrahtdurchwahl", je nachdem, ob die Vermittlungszentrale für Handvermittlung oder Selbstwählverkehr gebaut ist.

In einem Knotenpunkt des Nachrichtennetzes kommen selten mehr als zehn Trägerfrequenzgeräte, die beliebig miteinander vermittelt werden sollen, zusammen. Die Zahl der Anschlüsse von Vierdrahtvermittlungseinrichtungen bleibt also immer klein. Im allgemeinen Fall sind alle an eine Vierdrahtvermittlungseinrichtung angeschlossenen Trägerfrequenzgeräte in der Teilnehmerwahl gleichberechtigt.

Bei Handvermittlung hat die Vermittlungsperson die Möglichkeit, Gespräche ihrer Betriebswichtigkeit nach zu ordnen oder auch bestehende Verbindungen zugunsten dringender Gespräche zu trennen. Bei Selbstwählverkehr werden alle gleichberechtigten Teilnehmer über eine Selbstwählzentrale an das Trägerfrequenzgerät angeschlossen. Einem bevorzugten Teilnehmer gibt man einen unmittelbaren Anschluß an das Gerät, der innerhalb des Sprechbezirks mit einer eigenen Anrufnummer zu erreichen ist. Über diesen Anschluß kann man durch Betätigen einer Aufschaltetaste eine „Aufschaltung" ausführen und damit entweder in ein Gespräch eintreten, das mit einem anderen Anschluß des gleichen Trägerfrequenzgerätes oder als Vierdrahtdurchgangsgespräch geführt wird („Ortsaufschaltung"), oder bei einem Wellenwechsel in ein Gespräch, das im eigenen Bezirk zwischen zwei anderen Trägerfrequenzgeräten besteht („Bezirksaufschaltung"). Soll in einer Vierdrahtdurchwahlstation auf eine zwischen zwei Bezirken bestehende Sprechverbindung von einem entfernten Teilnehmer eines dritten Bezirks aus aufgewählt werden, so kann dies durch eine besondere Aufwahlnummer erreicht werden. Diese „Aufwahl" kann also auch über den Sprechbezirk hinaus wirksam werden, zu dem der Aufschaltende gehört.

Es hat sich als zweckmäßig erwiesen, für die Vierdrahtvermittlung sowohl eine Einrichtung zur Durchwahl als auch eine Einrichtung zur Handdurchschaltung einzubauen. Die im Vermittlungsdienst auftretenden Aufgaben hinsichtlich der Handhabung der Aufschalterechte, der „Nachtschaltung" für die Zeit, in der eine Station unbesetzt ist, und sonstige Sonderaufgaben lassen sich am besten lösen, wenn beide Vermittlungsmöglichkeiten parallel gegeben sind. Zu diesen Sonderaufgaben gehört auch eine Überwachung des Sprechverkehrs, die verhindern soll, daß netzfremde Teilnehmer über Durchwahlpunkte in das angrenzende Netz freie Sprechwege zu den Sprechstellen ihres eigenen Netzes suchen, sowie die Vermittlung von Weitverkehrsgesprächen für übergeordnete Interessen.

Bisher waren nur die Gesichtspunkte für die Hintereinanderschaltung vieler Abschnitte zu einer Weitsprechverbindung erwähnt worden, soweit sie für eine gute Übertragung der Sprache ausschlaggebend sind. Es müssen noch zusätzliche Bedingungen erfüllt sein, damit auch die Wahlimpulse einwandfrei übermittelt werden.

Die Ablaufzeit des Nummernschalters eines Teilnehmerapparates ist für die Ziffer mit der größten Impulszeit mit $(1 \pm 0{,}1)$ s genormt. Auch das Verhältnis zwischen der Länge der Impulse und der Pausen ist auf 0,40 : 0,60 festgelegt. Auf diese Normwerte sind die Relais und Wähler in den Selbstwählzentralen eingestellt. Wenn man von Verzerrungen der Wahlimpulse spricht, meint man wie in der Telegrafie Verlängerungen oder Verkürzungen der Zeitdauer der Impulse oder der Pausen, die bei der Übertragung entstehen [*8*]. Durch „Impulskorrekturen" versucht man die Verzerrung der Wahlimpulse am Ende jedes Übertragungsabschnittes wieder so weit herabzusetzen, daß sie innerhalb der vorgeschriebenen Toleranzen liegen, bevor sie an den anschließenden Abschnitt weitergeleitet werden.

Die Trägerfrequenzgeräte sind entweder mit einem eingebauten Relaisteil versehen – insbesondere, wenn sie für Wellenwechsel geeignet sind –, sie können aber auch ohne dieses arbeiten, wenn die für den Betrieb nötigen Schaltvorgänge von einer außenliegenden Vermittlungseinrichtung übernommen werden. Für die abgehende Wahl ist im Gerät ein Wahlimpulssenderrelais eingebaut, während die ankommende Wahl von einem Wahlimpulsempfangsrelais aufgenommen wird. Soweit ein Relaisteil im Trägerfrequenzgerät enthalten ist, benötigt man als Anschlußleitung zu einem Teilnehmerapparat in der Regel eine Gleichstromschleife. Der Teilnehmer gibt in gleicher Weise wie beim Anschluß an eine Selbstwählzentrale seine Wahlimpulse dadurch an das Gerät, daß er mit seinem Wählscheibenkontakt eine vom Gerät aus gespeiste Gleichstromschleife unterbricht. Die von der Gegenstation im Gerät ankommenden Wahlimpulse dienen der Auswahl des Teilnehmers. Er wird durch

Wechselstromimpulse gerufen, die aus einem Polwechsler über dieselbe Leitungsschleife gegeben werden.

Mitunter handelt es sich jedoch um den Übergang von Trägerfrequenzverbindungen auf Niederfrequenz-Fernsprechleitungen, die durch Übertrager abgeschlossen sind. Dies ist der Fall bei Leitungen, die hochspannungsgefährdet sind und deshalb durch hochspannungssichere Übertrager, also durch Schutztransformatoren, abgeriegelt werden; auch bei Anpassungen der Wellenwiderstände pupinisierter Kabel werden Übertrager (Anpassungsübertrager) gebraucht. In solchen Fällen sind zusätzliche Einrichtungen für die Wahl nötig, damit diese auch ohne durchgeschaltete Gleichstromschleife übertragen wird.

Im Fernverkehr über Postkabel verwendet man unter gleichartigen Umständen für die Wahl Ströme mit einer Frequenz aus dem Sprachband, damit man für Wahl und Sprache denselben Übertragungskanal benutzen kann. Derartige Aufwendungen sind für die kurzen Zubringerleitungen von Trägerfrequenz-Fernsprechgeräten in Elektrizitätswerken zu groß; es genügt hier, eine einfache netzunabhängige Wechselstromquelle zu verwenden, die keine größeren Hilfsstromquellen erfordert. Meistens wird als einfachste Art einer Wahlimpulsübertragung über eine durch Übertrager abgeriegelte Leitung die „Induktivwahl“ benutzt, bei der die Wahlimpulse aus der ohnehin für die örtlichen Relaisstromkreise nötigen Gleichstromquelle entnommen und auf einen besonders ausgebildeten Transformator („Impulsübertrager“) gegeben werden. Der Impulsübertrager gibt dann als Wahlimpuls zwei zusammengehörige Stromstöße entgegengesetzter Polarität ab. Man kann zwar mit Induktivwahl nur über wenige hintereinanderliegende Übertrager rufen, jedoch reicht dies für die vorliegenden Verhältnisse meistens aus.

Verstärker in einer Niederfrequenz-Zubringerleitung müssen durch Umgehungsschaltungen für die Wahlströme überbrückt werden, wenn ihre Frequenz außerhalb des Sprachfrequenzbandes liegt, für das der Verstärker durchlässig ist.

Die Stellenzahl der Rufnummern wird im Durchwahlverkehr oft hoch, besonders wenn eine Nachwahl in Niederfrequenz-Selbstwählzentralen stattfindet. Man hat hier mit Hilfe von Speichern in der Automatik weitgehende Abkürzungen durchführen können. Da man erst nach der Wahl einer Anzahl von Ziffern der Rufnummer feststellen kann, ob der Weg zu den angewählten fernen Sprechbezirken besetzt ist, benutzt man die Speicherschaltungen auch, um die Weiterwahl selbsttätig auszuführen, sobald der besetzte Abschnitt frei wird, der rufende Teilnehmer braucht dann den Anfang der Wahl nicht zu wiederholen. Mitunter wird auch durch die von einem Knotenamt abgehenden Trägerfrequenz-Sprechbezirke mit Hilfe einer eigenen „Besetztmeldeanlage“ zu einem anderen Knotenamt gemeldet, welche Bezirke besetzt sind, damit der Aufbau einer Fernverbindung erst dann begonnen wird, wenn die Sprechwege zum gewünschten Teilnehmer wirklich frei sind. Diese Besetztmeldeanlagen arbeiten ähnlich den Schalterstellungsmeldeanlagen über eigene Meldekanäle und verhindern unnötige Belegungen der Sprechbezirke durch vergebliche Wahlversuche.

Die Rufnummern aller unmittelbaren Teilnehmeranschlüsse eines Trägerfrequenzsprechnetzes mit Selbstwählverkehr werden in einem „Rufnummernplan" festgelegt. Die Anwahlwege zu einem gewünschten Teilnehmer über verschiedene Sprechbezirke werden durch verschiedene Rufnummern gekennzeichnet. Die Regeln, nach denen ein Rufnummernplan ausgearbeitet wird, hängen naturgemäß ganz vom Aufbau der Rufautomatik ab. Der Rufnummernplan enthält nur die unmittelbaren Anschlüsse an das Trägerfrequenznetz, zum Beispiel zwei Nummern je Trägerfrequenzsprechgerät, wenn dieses für den Anschluß zweier elektrisch gegeneinander verriegelter Teilnehmer gebaut ist. Er ist nicht etwa gleichzusetzen einem Verzeichnis der Teilnehmeranschlüsse für das ganze Sprechnetz; dieses kommt erst durch Hinzufügen der Nachwahlnummern für die Teilnehmer der angeschlossenen Selbstwählzentralen zustande.

6.3 Fernwirknetze für Fernmessen und Fernsteuern

Fernwirkanlagen können nicht zum Austausch verschiedenartiger Nachrichten verwendet werden wie die Fernsprechanlagen. Ihr Wirkungsbereich ist deshalb meist auf das Hochspannungsnetz eines Stromversorgungsbetriebes begrenzt. Übertragungsaufgaben nach Art des Weitsprechverkehrs über viele hintereinandergeschaltete Übertragungsabschnitte kommen selten vor. Mitunter werden Meßwerte für Netzregelanlagen zwischen weit auseinander liegenden Stationen über Weitverkehrsverbindungen mit Fernwirkkanälen übertragen, jedoch wird für die anderen Arten der Fernwirktechnik ein Weitverkehr kaum in Betracht kommen.

Die Anforderungen an die Übertragungssicherheit der Fernwirkkanäle müssen höher sein als beim Fernsprechen [*36*]. Eine ungenügende Wahlimpulsübertragung hat nur eine Falschwahl zur Folge, oder ein Teilnehmer kann überhaupt nicht erreicht werden. Eine ungenügende Sprachübertragung wird weitgehend durch die Anpassungsfähigkeit der beiden Partner ausgeglichen. Unsichere Impulsübertragungen in Fernwirkanlagen verhindern dagegen entweder die Funktion der Anlage überhaupt, oder sie führen zu Fehlbeurteilungen der Betriebszustände im Netz. Fernmelde- und Fernsteueranlagen sind zwar so aufgebaut, daß zusätzliche oder fehlende Impulse weder eine falsche Meldung noch einen falschen Steuervorgang auslösen können, bei der Fernmessung nach einem Analogverfahren jedoch können die Registrierempfänger durch Fehler in der Impulsübertragung beispielsweise Belastungsspitzen oder Lastabsenkungen vortäuschen, die in Wirklichkeit nicht bestanden haben.

Man kann also bei der Beurteilung der Sicherheit der Übertragungskanäle nicht alle Arten des Fernwirkens als gleichrangig ansehen. Es unterlaufen mitunter Fehlschlüsse, beispielsweise wenn man vorhandene Übertragungsgeräte für Fernmessung, die zur Verringerung des Aufwandes mit geringerer Übertragungssicherheit gebaut und eingesetzt waren, bei Netzumbauten zur Übertragung von Regelwerten oder Netzschutzsignalen benutzt. In solchen Fällen muß das Übertragungsgerät auf höhere Sicherheit umgebaut oder durch ein neues Gerät mit größerer Übertragungssicherheit ersetzt werden.

Beim Fernwirken liegt die Aufgabe des Gegenverkehrs nicht in jedem Fall vor (Abb. 1). Für die Fernübertragung von Meßwerten auf registrierende Empfänger oder für die Fernzählung hat man immer nur einen Nachrichtenkanal in einer Übertragungsrichtung nötig; man verwendet also hier Trägerfrequenzgeräte, die nur aus einem Sender oder einem Empfänger bestehen, keine kombinierten Sender – Empfänger wie beim Fernsprechen. Wenn in Ausnahmefällen ein Kanal in beiden Verkehrsrichtungen für die Übertragung kurzzeitiger Signale zeitlich nacheinander gebraucht wird, wie bei der Fernmeldung und Fernsteuerung, kann man dieselbe Art von Übertragungsgeräten wie bei der Fernmessung verwenden; das Umschalten zwischen Sender und Empfänger gleicher Trägerfrequenz wird durch die Fernsteuereinrichtungen veranlaßt.

Während Mehrfachübertragungsgeräte für Fernsprechen über Hochspannungsleitungen nur mit wenigen Sprechkreisen betrieben werden können, weil der stärkeren Bündelung von Sprechkanälen technische und wirtschaftliche Schwierigkeiten entgegenstehen, haben Mehrfachübertragungsgeräte für Fernwirken weitgehend Eingang in die Praxis gefunden. Da man bei Telegrafiergeschwindigkeiten bis 50 Baud mit 80 Hz breiten Fernwirkkanälen auskommt (s. S. 69), kann man beispielsweise 18 derartige Kanäle auf einem 2,5 kHz breiten Platz unterbringen, der sonst von einem Sprachband belegt wird. Angesichts des Frequenzmangels soll jeder Kanal nur für Dauerübertragungen – wie etwa Fernmessung – benutzt werden, möglichst nicht dagegen mit einem selten vorkommenden, kurzzeitigen Fernwirksignal untergeordneter Bedeutung. Für derartige Signale genügt ein gemeinsamer Kanal, der sie zeitlich nacheinander geordnet überträgt, falls erforderlich, mit Aufschalteberechtigungen, die nach ihrem betrieblichen Wert gestaffelt werden können.

Für dauernd zu übertragende Größen, wie etwa Meßwerte, muß nicht notwendigerweise ein Kanal je Meßgröße verwendet werden, wie dies bei einem „Frequenzmultiplexsystem" der Fall ist. Man kann auch alle

Größen zeitlich rasch nacheinander abtasten und über einen gemeinsamen Kanal übertragen. Ein solches „Zeitmultiplexsystem", bei dem zum Beispiel innerhalb einer Sekunde 20 Meßwerte zyklisch immer wiederkehrend erfaßt werden, arbeitet mit je einem Verteiler am Sende- und Empfangsort, die synchron umlaufen; es wird mit elektronischen Bauelementen ausgeführt, so daß keine beweglichen Teile eingebaut sind, die abgenutzt werden können.

In einem zeitmultiplex ausgenutzten Kanal ist die Telegrafiergeschwindigkeit höher als in einem nur einfach ausgenutzten Kanal. Er muß daher für ein breites Frequenzband bemessen sein. Eine gleich große Zahl von Fernwirkwerten, die nach dem Frequenzmultiplexsystem übertragen werden, benötigen ein noch breiteres Frequenzband. Während beispielsweise die Übertragung von 20 Meßwerten ein Frequenzband von 20 × 120 Hz = 2400 Hz erfordern würde, kommt man beim Zeitmultiplexsystem mit 360 Hz Bandbreite aus, wenn man sich mit einer Wiederkehr jedes Meßwertes nach jeweil einer Sekunde begnügt. Steigert man die Abtastgeschwindigkeit, so braucht man einen breiteren Kanal. In den Pausen zwischen den Abtastzeitpunkten wird der Meßwert durch Speicherschaltungen festgehalten.

Voraussetzung für die Anwendung des Zeitmultiplexverfahrens ist ein richtiges Verhältnis der Umlaufgeschwindigkeit des elektronischen Verteilers zur Änderungsgeschwindigkeit der zu übertragenden Signale. Es kommt darauf an, daß ein Schritt im Umlauf lang genug ist, um ein einwandfreies Auswerten des die Meßgröße oder eine Meldung charakterisierenden Pulscodetelegramms zu ermöglichen.

Ein Zeitmultiplex-Übertragungsverfahren kann mit kleiner Umlaufgeschwindigkeit arbeiten; ein Zeitabschnitt muß dann so lang sein, daß er ausreicht, um einen Analogwert oder einen Digitalwert einwandfrei zu übertragen. Werden dagegen keine elektronischen Codierer verwendet, sondern langsam arbeitende elektromechanische, wie etwa bei der Wählerfernsteuerung [*4, 9*], oder auch Impulsreihen unbegrenzter Zeitdauer und langer Zeichenzeit (Impulsfrequenzfernmessung, Fernzählung), so müßte man mit Zeitmultiplexsystemen hoher Umlaufgeschwindigkeit arbeiten, damit jedes zu übertragende Zeichenelement so oft abgetastet wird, daß die Zeichenverzerrung nicht unzulässig groß wird.

Zeitmultiplexsysteme werden als Mittel zur Einsparung von Frequenzbändern in Trägerfrequenznetzen der Energieversorgungsbetriebe nur angewendet, wenn es sich darum handelt, auf einem schmalen Frequenzband mehr Nachrichten zu übertragen, als man es mit einem Frequenzmultiplexsystem könnte. Deshalb kommen nur relativ langsam laufende Zeitmultiplexsysteme in Betracht, für deren Betrieb schmale Kanäle genügen. Die Zeitmultiplexsysteme mit hoher Umlaufgeschwindigkeit erfordern eine zu große Bandbreite und auch einen zu hohen Aufwand, als daß sie zur Zeit für den Aufbau dieser Trägerfrequenznetze Bedeutung gewinnen könnten.

Während sowohl Zeitmultiplex- als auch Frequenzmultiplexsysteme als Übertragungsverfahren anzusprechen sind, ist die sonstige zeitliche Hintereinanderordnung von Übertragungsvorgängen, die zu einem Wechselzweckbetrieb für die Trägerfrequenzgeräte führt, mehr Aufgabe der örtlichen Automatikschaltungen. So wird mitunter in Sprechbezirken in den Pausen zwischen den Gesprächen ein Meßwert übertragen, häufiger wird eine Anordnung gebaut, bei der Sprechverbindungen auf Bruchteile von Sekunden unterbrochen werden können, um Netzschutzsignale zu übertragen, und ähnliches. Jeder Wechselzweckbetrieb hat zum Ziel, den Aufwand an Trägerfrequenzgeräten klein zu halten und möglichst wenig Frequenzplätze zu belegen. Man kann jedoch die Übertragung von Fernwirksignalen mit Unterbrechung der Sprache nur bei sehr kurzer Signalzeit und solche längerer Dauer nur bei geringer Sprechdichte im Sprechbezirk durchführen. Damit die zeitliche Staffelung von Übertragungsvorgängen unterschiedlicher Dringlichkeit nicht zu unübersichtlichen Schaltungen führt, beschränkt man die Anwendung des Wechselzweckprinzips auf wenige übersichtliche Kombinationen.

Die Mehrzweckgeräte dagegen, die für die Übertragung von Sprach- und Fernwirkfrequenzbändern nebeneinander über ein gemeinsames Trägerfrequenzband gebaut sind, werden häufig benutzt – in manchen Ländern im Zusammenhang mit dem Frequenzraster sogar als Standardgeräte erklärt –, obwohl sie mitunter keine ideale Anpassung an die Übertragungsaufgabe für das Trägerfrequenznetz, insbesondere bei Erweiterungen zulassen und auch die Forderungen nach größtmöglicher Betriebssicherheit und Frequenzbandersparnis nicht immer zu erfüllen vermögen (s. S. 72). Letzteres ist insbesondere dadurch bedingt, daß keine Wellenwechselbezirke gebildet werden können. Das bei Einzweckgeräten für Fernsprechen anwendbare Wellenwechselprinzip ist grundsätzlich nicht vereinbar mit der Dauerübertragung von einem Sender zu einem Empfänger, wie sie für die wichtigsten Gebiete des Fernwirkens gebraucht wird. Man muß deshalb oft mit Mehrzweckgeräten notgedrungen mehr Trägerfrequenz-Sprechbezirke bilden, als bei Einzweckgeräten mit Wellenwechsel nötig wäre, und verbraucht somit mehr Frequenzplätze.

Bei der Planung großer Fernsprech- und Fernwirknetze hat man eine größere Bewegungsfreiheit, wenn beide Trägerfrequenznetze völlig unabhängig voneinander den Verkehrsaufgaben entsprechend aufgebaut werden können. Dazu braucht man für beide Aufgaben verschiedene Geräte, also Einzweckgeräte für Fernsprechen und solche für Fernwirken, die konstruktiv und schaltungstechnisch nicht miteinander zusammenhängen. Ob zwei derartige getrennte Netze den geringsten Aufwand an Trägerfrequenzen und die wirtschaftlichere Lösung ergeben oder ob die

Verwendung von Mehrzweckgeräten besser zum Ziel führt, hängt im Einzelfall von der jeweiligen Aufgabenstellung ab.

Je nachdem, ob ein Trägerfrequenznetz mit Einzweck- oder mit Mehrzweckgeräten aufgebaut wird, verfährt man also in der Frequenzplanung nach unterschiedlichen Grundsätzen. Bei Einzweckgeräten verwendet man die Frequenzplätze entweder für Fernsprech- oder Bündel von Fernwirkkanälen und behält bis zuletzt freie Hand, womit ein Frequenzplatz belegt wird. Bei Mehrzweckgeräten legt man sich von Anfang an darauf fest, daß die Endpunkte der Fernwirkkanäle mit denen der Sprechabschnitte übereinstimmen. Im 4-kHz-Raster können mit einem Mehrzweckgerät nur wenige Fernwirkkanäle geschaffen werden. Zwischen der oberen Eckfrequenz der Sprache (2400 Hz) und der Eckfrequenz des Platzes (4000 Hz) können zwar bis zu etwa 10 Kanäle von 80 Hz Bandbreite untergebracht werden, jedoch sind davon nur etwa 6 brauchbar, weil es oberhalb von 3300 Hz keine genormten Wechselstromtelegrafiekanäle für das 120-kHz-Raster gibt und auch, weil diese höheren Frequenzen nicht mehr über pupinisierte Zubringerleitungen übertragen werden können. Zwar genügen die wenigen Fernwirkkanäle im 4-kHz-Raster auch für den praktischen Bedarf, wenn sie etwas breiter ausgelegt und zeitmultiplex ausgenutzt werden, jedoch muß dann die Zahl der Fernmeßwerte oder sonstiger Informationen schon ziemlich groß sein, um den Grundaufwand für das Zeitmultiplexsystem im Vergleich zu dem des Frequenzmultiplexsystems wirtschaftlich erscheinen zu lassen.

In Fernwirkanlagen werden breitere Übertragungskanäle für hohe Telegrafiergeschwindigkeiten fest durchgeschaltet, wie beim Einbau eines Prozeßrechners in eine Lastverteileranlage oder bei einer Zeitmultiplexübertragung mit hoher Umlaufgeschwindigkeit. Bei der allgemeinen Datenfernverarbeitung dagegen verwendet man häufig Modem, die über Fernsprechwählnetze arbeiten (s. S. 69). Es werden dann nur entweder Sprache oder Daten übertragen; das Übertragungsfrequenzband eines Modem ist breit und seine Lage kann infolge einer Standardisierung der Ausführungsformen nicht verschoben werden. Eine Verbindung wird durch Nummernwahl aufgebaut und dann nach telefonischer Vereinbarung an beiden Enden von Hand auf Datenübertragung umgeschaltet. Möglich ist auch eine Fernumschaltung in der angerufenen Station vom rufenden Teilnehmer aus durch die Nummernwahl. Da vor dem eigentlichen Datenübertragungsvorgang in jedem solchen Fall mehrere Sekunden zum Aufbau der Verbindung benötigt werden, ist diese Betriebsweise für die Übertragung von Fernwirksignalen nicht angängig.

Zur Überbrückung größerer Entfernungen muß man mehrere Trägerfrequenzbezirke in Reihe schalten. Die Koronastörspannung und die Laufzeitverzerrungen in den Einzelabschnitten bewirken, daß bei 2,1 kHz Bandbreite (2,5-kHz-Raster) nur Kanäle für 600 Baud und bei 3,1 kHz

Bandbreite (4-kHz-Raster) für 1200 Baud verwendet werden können. Ohne besondere Maßnahmen lassen sich etwa 2 bis 4 Abschnitte hintereinanderschalten. Durch besonders sorgfältige Laufzeitentzerrungen und besondere Modulationsverfahren kann man auch Geschwindigkeiten von 2400 Baud in den Frequenzbändern des 4-kHz-Rasters erreichen.

Natürlich hat es wenig Sinn, mit hohen Geschwindigkeiten auf einem zu stark gestörten Trägerfrequenzkanal zu übertragen. Bei jedem Fehler muß die ganze Zeichenfolge wiederholt werden, und man kann unter Umständen dadurch soviel Übertragungszeit verlieren, daß man dasselbe auch mit einem langsamer arbeitenden und deshalb störungsunempfindlicheren Gerät erreicht, das weniger wirtschaftlichen Aufwand erfordert.

6.4 Übergang auf Zubringerstrecken

Die Hochspannungsleitungen enden bei größeren Städten meistens am Stadtrand in einem Umformerwerk, in dem die Trägerfrequenz-Sprechgeräte aufgestellt werden. Die Verwaltungsgebäude der Elektrizitätsversorgungsbetriebe befinden sich in einigen Kilometer Entfernung im Stadtzentrum, so daß Fernsprechkabel oder Funkwege als längere Zubringerleitungen verwendet werden. Wenn der Ortssprechverkehr zwischen den Teilnehmern im Verwaltungsgebäude und den Teilnehmern im Umspannwerk über diese Zubringerstrecken einwandfrei ist und der vom Umspannwerk abgehende Trägerfrequenz-Fernverkehr ebenfalls, so ergibt eine Zusammenschaltung der Teilnehmer im Verwaltungsgebäude über die Zubringerstrecke und die Vermittlungszentrale des Umspannwerkes mit den fernen Teilnehmern des Trägerfrequenznetzes nur dann eine qualitativ einwandfreie Weitsprechverbindung, wenn die erwähnten Voraussetzungen hinsichtlich Dämpfung, Verzerrungen und Störpegel in den Einzelabschnitten erfüllt sind.

Bei der Bemessung der Trägerfrequenz-Sprechgeräte für Elektrizitätswerke werden dieselben Pegelwerte an den Enden der Kanäle in der Tonfrequenzlage zugrunde gelegt, wie sie sich für die Trägerfrequenz-Sprechgeräte der Post als zweckmäßig erwiesen haben. Wenn man am Hochfrequenz-Sendereingang, also am Modulator, mit einem Pegel von -2 Np an 600 Ω arbeitet, dann steht am Hochfrequenz-Empfängerausgang, also hinter dem Demudolator, ein Pegel von $+1$ Np zur Verfügung. Setzt man sich zum Ziel, daß der entfernt liegende Niederfrequenzteilnehmer mit den Pegelwerten arbeitet, wie sie für gute Postgespräche festgelegt sind, so gibt er seine Sprache[1] mit einem Sendepegel 0 Np an die

[1] Da die Sprachleistung selbst zu stark schwankt, gilt dies für einen Meßton von 800 Hz.

Leitung ab und empfängt mit −0,7 Np. Die lineare Verzerrung für die Zubringerleitung kann bei Sprechverbindungen, an die nur geringere Anforderungen gestellt werden, 0,5 Np betragen; wenn es sich jedoch um einen Abschnitt einer Weitsprechverbindung handelt, darf sie höchstens 0,2 Np betragen. Diese beiden Werte geben die höchste zulässige Abweichung der Dämpfung für die beiden Grenzfrequenzen des Sprachbandes (300 Hz und 2400 Hz) gegenüber dem 800-Hz-Wert an. Sind die Dämpfungswerte bei den Grenzfrequenzen beide größer oder beide kleiner als der Wert bei 800 Hz, so soll die jeweils größere Abweichung 0,5 Np bzw. 0,2 Np nicht überschreiten. Haben die Abweichungen für die beiden Grenzfrequenzen verschiedene Vorzeichen, so soll die Differenz beider Abweichungsbeträge die genannten Werte nicht überschreiten. Hierbei werden also die Grenzen festgelegt, innerhalb deren die lineare Verzerrung der Niederfrequenzzubringerleitung liegen muß; sie kann mit einem Pegelschreiber gemessen werden (Abb. 43).

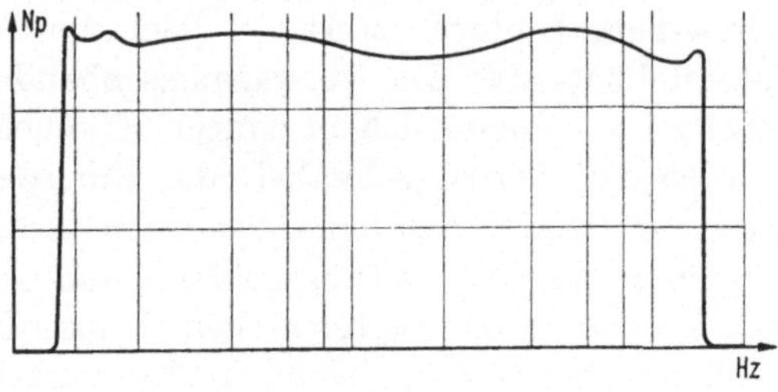

Abb. 43. Pegelkurve

Betriebsfernsprechanlagen, die über hochspannungsbeeinflußte Fernmeldefreileitungen am Hochspannungsgestänge arbeiten und an Trägerfrequenz-Sprechnetze angeschlossen werden sollen, verursachen öfter Schwierigkeiten als nicht hochspannungsbeeinflußte Fernsprechanlagen. Wegen der größeren Entfernungen der Teilnehmer von der Vermittlungsstelle, der höheren Dämpfungen durch die eingebauten Hochspannungsschutzeinrichtungen und der höheren Fremdspannungen müßte man oft erst im ganzen Niederfrequenz-Fernsprechnetz die Voraussetzungen für die Durchschaltung der Gespräche in das Trägerfrequenznetz schaffen.

Bei einem ausgedehnteren Niederfrequenznetz mit vielen Teilnehmern und Vermittlungsmöglichkeiten ist es meist technisch einfacher und auch wirtschaftlicher, dem Niederfrequenzgespräch auf der hochspannungsbeeinflußten Freileitung einfach eine Trägerfrequenz-Fernsprechverbindung zu überlagern. Hierdurch wird man auch von allen Vermittlungsstellen des Niederfrequenz-Sprechnetzes unabhängig. Die Ankopplung an hochspannungsbeeinflußte Fernsprechfreileitungen ist wesentlich einfacher als die Ankopplung an Hochspannungsleitungen, da weder die

Betriebsspannung noch der Betriebsstrom der Hochspannungsanlage zu berücksichtigen sind. Es genügen hier einfach aufgebaute Spulenleitungen vor dem Eingang in die Niederfrequenz-Fernsprechanlage als Sperren für das Trägerfrequenzgespräch und Kondensatorleitungen vor dem Eingang in die Trägerfrequenzanlage als Sperre für das Niederfrequenz-Sprechband. Die Bauelemente der Spulen- und Kondensatorleitungen werden entsprechend der Isolation der Fernmeldeleitung bemessen, also etwa für 10 kV.

Die Vermittlungsämter der Niederfrequenz-Fernsprechanlage werden durch Überbrückungsschaltungen umgangen, die aus zwei Tiefpässen (Spulenleitungen) und einem Hochpaß (Kondensatorleitung) bestehen. Unterwegs an der Leitung parallel liegende Niederfrequenzfernsprecher braucht man im allgemeinen nicht mit Tiefpässen zur Vermeidung von Trägerfrequenzverlusten auszurüsten, weil hierfür die Streuinduktivität der Schutztransformatoren meist ausreicht.

Bei der Frequenzplanung ist nichts Besonderes zu berücksichtigen, weil die hochspannungsbeeinflußten Fernsprechfreileitungen auf den Gestängen eines Mittelspannungsnetzes liegen und an die Hochspannungsleiter selbst keine Trägerfrequenz-Nachrichtengeräte angekoppelt sind (sonst könnte man einen Teilnehmer des Niederfrequenz-Sprechnetzes mit einem Trägerfrequenzgerät auch unmittelbar an die Trägerfrequenzanlage anschließen). Wenn in einem Ausnahmefall die Hochspannungsleitung und die Fernsprechleitung am gleichen Gestänge mit Trägerfrequenzverbindungen belegt sind, muß man nach einem gemeinsamen Frequenzplan verfahren.

Für Zubringerstrecken auf Fernsprechfreileitungen werden die gleichen Typen von Trägerfrequenzgeräten verwendet wie für die Übertragung über Hochspannungsleitungen. Dies geschieht entweder der Einheitlichkeit halber, solange es wirtschftlich vertretbar ist, oder auch, wenn zu einem späteren Zeitpunkt die Zubringerstrecke auf eine höhere Betriebsspannung umgestellt und dann die gleichen Trägerfrequenzgeräte für den Betrieb über die neue Hochspannungsleitung weiter verwendet werden sollen.

Es wurden auch Überbrückungsschaltungen zum unmittelbaren Übergang von Hochspannungsnetzen auf hochspannungsbeeinflußte Fernsprechfreileitungen gebaut, so daß der Teilnehmer im Mittelspannungsnetz direkt an einen Trägerfrequenz-Sprechbezirk des Hochspannungsnetzes angeschlossen ist und keine Vermittlung in einer Übergangsstelle vom Mittelspannungsnetz zum Hochspannungsnetz in Anspruch zu nehmen braucht.

Wenn über Zubringerstrecken zu Trägerfrequenz-Fernwirknetzen für Fernmessung und Fernsteuern nur ein Fernwirkkanal eingerichtet werden soll, liegen leicht übersehbare Verhältnisse vor. Meist handelt es sich jedoch darum, ein Bündel von Tonfrequenzkanälen über eine längere Zubringerleitung zu übertragen. Das Fernwirkübertragungsgerät wird dann aufgeteilt in einen Hochfrequenzteil, der im Umspannwerk am Stadtrand aufgestellt wird, und einen Tonfrequenzteil für das Verwaltungsgebäude im Stadtzentrum. Für den Tonfrequenz-Übertragungsabschnitt gelten durchaus ähnliche Überlegungen wie für die Übertragung der Sprache hinsichtlich Dämpfung, Verzerrung und Störpegel [8].

6.5 Fernwirknetze für Leitungsschutz

Netzschutzanlagen werden für jede Hochspannungsleitung gebraucht, um gestörte Leitungsstrecken in Bruchteilen von Sekunden selbsttätig abzuschalten und so größeren Schäden vorzubeugen. Der Schutzrelaissatz an jedem Leitungsende überwacht die Anlage auf Überstrom, Erdstrom und Energierichtung. In einfachen Fällen genügt es, die Hochspannungsschalter gegebenenfalls durch diese nur örtlich erfaßten Größen auszulösen [7], wie beim „Überstromzeitschutz" (Auslösezeiten gestaffelt abhängig vom Überstrom) oder beim „Distanzschutz" (Auslösezeiten gestaffelt abhängig von der Entfernung). Nur die „Vergleichsschutz"-Systeme benötigen einen Nachrichtenkanal zwischen beiden Enden der Hochspannungsleitungen, um Meßergebnisse miteinander zu vergleichen, bevor an beiden Enden die Leistungsschalter gleichzeitig ausgelöst werden. Solche Netzschutzanlagen mit Nachrichtenkanälen zählen zu den Fernwirkanlagen; sie werden überwiegend bei größeren Entfernungen, also besonders in Hochspannungsnetzen mit 220 kV und höheren Betriebsspannungen angewendet.

Die Vermaschung der Hochspannungsnetze wird immer dichter und die zu transportierende Leistung größer; auch die Kurzschlußenergie, die man im Falle eines Leitungsfehlers beherrschen muß, wird damit immer größer. Die Entwicklung der Hochspannungsleistungsschalter ist deshalb auf größere Abschaltleistungen und immer kürzere Schaltzeiten ausgerichtet; die Schutzsysteme sollen immer schneller die örtliche Lage und den Charakter eines Fehlers der Hochspannungsleitung bestimmen und ihn abschalten. Dabei kommt es nicht nur darauf an, in dem Maschennetz selektiv den fehlerbehafteten Leitungsabschnitt außer Betrieb zu setzen, sondern ihn, wenn der Fehler vorübergehender Natur war, so schnell wie möglich wieder einzuschalten, also nur mit „Kurzunterbrechung" (Wiedereinschaltung) zu arbeiten.

Als Selektivschutzsystem, das diesen Aufgaben beim Betrieb der Hochspannungsnetze besonders angepaßt ist, hat sich der Distanzschutz mit Kurzunterbrechung erwiesen [*38*]. Hierbei wird sowohl zur Abkürzung der Abschaltzeiten des normalen Distanzschutzes als auch zur Sicherung des Parallelarbeitens der Leistungsschalter an beiden Leitungsenden eine Verbindung zur Übertragung der Netzschutzsignale zwischen den beiden Stationen gebraucht, in denen ein Leitungsabschnitt endet. Es ist naheliegend, hierfür Trägerfrequenzkanäle zu verwenden, die über die zu schützende Hochspannungsleitung arbeiten, also eine „Trägerfrequenzkupplung für den Schnelldistanzschutz". Das dem Fehlerort näher liegende Distanzrelais gibt den Auslösebefehl schneller an den zugehörigen Leistungsschalter als das entfernter liegende. Die Trägerfrequenzkupplung soll dafür sorgen, daß auch am entfernten Ende der schnellere Auslösevorgang wirksam wird, so daß man auch von einer „Mitnahmeschaltung" spricht, die das Auslösen des Schalters in der Gegenstation freigibt („transfer tripping") im Gegensatz zur Arbeitsweise anderer Streckenschutzsysteme, die nach einem „Sperrsystem" („transfer blocking") aufgebaut sind.

Man kann die Vergleichsschutzsysteme, also alle Selektivschutzsysteme, die Signalkanäle benutzen und somit Fernwirkanlagen sind, in etwa folgende Übersicht einordnen:

a) Stromvergleichsschutz (Differentialschutz),
b) Phasenvergleichsschutz,
c) Streckenschutz, nach dem
  c 1) Freigabesystem,
  c 2) Sperrsystem,
d) Mitnahmeschaltung, abhängig von einer
  d 1) Meßbereichumschaltung,
  d 2) Anregung,
  d 3) Kommandoübertragung allein.

Die Mitnahmeschaltung, die nur von einer Kommandoübertragung abhängig ist (d3), ist nicht nur für den Leitungsschutz von Bedeutung, sondern auch für den Generatorschutz, wenn nämlich Generator und zugehörender Leistungsschalter nicht am gleichen Ort stehen. Dabei werden Schnellschaltgeräte gebraucht, die ähnlich einem Trägerfrequenz-Netzschutzgerät aufgebaut sind und den Abschaltbefehl zwischen Generatorschutzrelais und Leistungsschalter über eine dazwischenliegende Hochspannungsleitung übertragen.

Die Trägerfrequenzgeräte müssen hier gerade in dem Augenblick einwandfrei arbeiten, in dem der Übertragungsweg, nämlich die Hochspannungsleitung, durch Kurzschluß oder Erdschluß in seinen Dämpfungsverhältnissen gestört ist und zudem besonders große Hochfrequenzstörungen durch Lichtbogen auftreten, also dem normalen Störpegel impulsartige Störungen hoher Amplitude, größerer Frequenzbandbreite und unterschiedlicher Impulsfolge überlagert sein können. Es sind also die Eigenschaften der Hochspannungsleitungen unter diesen besonderen

Betriebsumständen von Interesse, die von den normalen (Abschn. 4) erheblich abweichen und dazu geführt haben, daß die Übertragungsgeräte für Schutzsignale besonders ausgebildet werden.

Ein Kurzschluß im Hochspannungsnetz kann einphasig oder mehrphasig gegen Erde auftreten und kann für eine Untersuchung annähernd nachgebildet werden durch eine metallische Verbindung. Erfahrungsgemäß sind die mehrphasigen Kurz- und Erdschlüsse viel seltener, wenngleich sie auch durch die Selektivschutzanlage unbedingt erfaßt werden müssen. Der Verlauf der entstehenden Zusatzdämpfung kann für Ein- und Zweileiterkopplung abhängig vom Abstand zwischen Fehlerort und den Leitungsenden dargestellt werden. Der Lichtbogen hat nicht wie eine metallische Verbindung eine Impedanz von 0 Ω, sondern immer noch von 5 bis 20 Ω, somit ist in Wirklichkeit die Zusatzdämpfung kleiner, sie steigt auf jeden Fall aber nach den Leitungsenden zu stark an; insgesamt ist sie bei Zweileiterkopplung wesentlich geringer als bei Einleiterkopplung, einer der Gründe, warum man bei der Ankopplung von Trägerfrequenzgeräten für Netzschutz die Einleiterkopplung vermeidet. Gerade für Leitungsfehler nahe an den Leitungsenden, in denen die Hochfrequenzkopplung für den Distanzschutz eine Verkürzung der Abschaltzeit herbeiführen soll, würde die Einleiterkopplung einen hohen Dämpfungszuwachs bringen, also die Sicherheit der Trägerfrequenzübertragung herabsetzen. Man hat unter anderem bei Zweileiterkopplung Richtwerte für die Zusatzdämpfung bei einem Kurzschluß ermittelt (Abb. 44).

Erdschluß	Zusatzdämpfung etwa
einphasig, nicht angekoppelte Phase	0,2 Np
einphasig, in einer der angekoppelten Phasen	0,5 Np
zweiphasig, dabei betroffen eine der angekoppelten Phasen	0,4 Np
zweiphasig, dabei betroffen beide angekoppelten Phasen	1,5 Np

Abb. 44. Zusatzdämpfung bei 3500 A Kurzschlußstrom in 800 m Entfernung von einem Leitungsende

Für einen zweiphasigen Erdschluß bei Einleiterkopplung, der den gekoppelten Leiter mit erfaßt, hat man eine Zusatzdämpfung von etwa 2,5 Np und noch größere Werte gemessen.

Durch einen Fehler auf der unter Spannung stehenden Leitung wird nicht nur die Dämpfung erhöht, sondern auch der Störpegel. Den normalen durch die Korona verursachten gleichförmigen Störungen werden starke Impulsstörungen überlagert, die sich untereinander durch die Impulsdichte und Stördauer unterscheiden [*39*].

Blitzschläge sind oft die Ursache für Erd- und Kurzschlüsse auf der Hochspannungsleitung; sie induzieren bei jeder Teilentladung einen

Störimpuls. Als Durchschnitt wurden zwei, in einem seltenen Fall 40 Teilentladungen festgestellt. Sie folgen einander unregelmäßig in 8···400 ms Abstand.

Überschläge haben oft Kurzschlußlichtbögen zur Folge [*19*]. Beim Einsetzen des Lichtbogens tritt ein größerer, bei Abschalten ein kleinerer Störimpuls auf. Ein Kurzschluß wird durch eine Netzschutzanlage ohne Trägerfrequenzkupplung in höchstens 1 s, meistens jedoch wesentlich rascher abgeschaltet.

Schaltvorgänge im Netz können ebenfalls Störimpulse verursachen. Werden dreipolige Trennschalter betätigt, die verhältnismäßig langsam ein kurzes Leitungsstück zuschalten, so liegt die mittlere Impulsdichte bei 600 Imp/s. Die Störung dauert je nach Konstruktion des Trennschalters bis zu 2 s. Leistungsschalter schalten wesentlich schneller auch Leitungen unter Last; die Impulsdichte ist zum Teil noch größer, aber die Störung dauert meist nur etwa 25 ms.

Die Amplituden der Störimpulse erreichen auf der Leitung die Größe der Betriebsspannung; sie werden in der Ankopplungsschaltung der Trägerfrequenzanlage begrenzt [*17*]. Man verwendet besondere Übertragungsverfahren, um einer Störwirkung der verbleibenden großen Impulsspannungen auf die Trägerfrequenzempfänger zu begegnen (s. S. 133).

Es wurden in sehr vielen Netzschutzanlagen systematische Untersuchungen über die Zuverlässigkeit der Trägerfrequenz-Signalübertragung bei Netzstörungen angestellt und auch statistische Erfahrungen über das Verhalten der Anlagen über längere Zeiträume gesammelt [*10*]. Gemäß einer Empfehlung des CCITT vom September 1958 wird verlangt, daß die durch Störungen in einem 220-kV-Netz mit starrer Nullpunktserdung entstehenden Gefährdungsspannungen in Nachrichtenanlagen der Post und Bahn nach spätestens 0,2 s abgeschaltet werden [*41*]. Die Ergebnisse sind so gut, daß diese Art der Trägerfrequenz-Fernwirkübertragung sehr weitgehend Eingang in die Praxis gefunden hat.

Die Trägerfrequenzgeräte werden zweckmäßigerweise nicht nur für den häufigsten Betriebsfall eingerichtet, daß der Leitungsabschnitt zwei Endpunkte hat, sondern auch drei, seltener noch mehr Leitungsendpunkte. Bei solchen Hochspannungsleitungen wird zur Lösung der Schutzaufgabe im allgemeinen je Drehstromsystem an jedem Leitungsende ein Trägerfrequenzsender und dazu an jedem anderen Leitungsende je ein Empfänger gebraucht (Abb. 45). Bei einer Leitung mit zwei Stichleitungen braucht man je Leitungsende einen Sender und drei Empfänger, bei zwei Drehstromsystemen zwei Sender und sechs Empfänger. Dieser Aufwand wird kleiner, wenn von einem Endpunkt aus wegen einer Vereinfachung der Schutzaufgabe kein Signal übertragen werden muß, wie beispielsweise dann, wenn an einem Endpunkt nur ein Abnehmer hängt und keine Einspeisung stattfinden kann. Bedenkt man, daß es

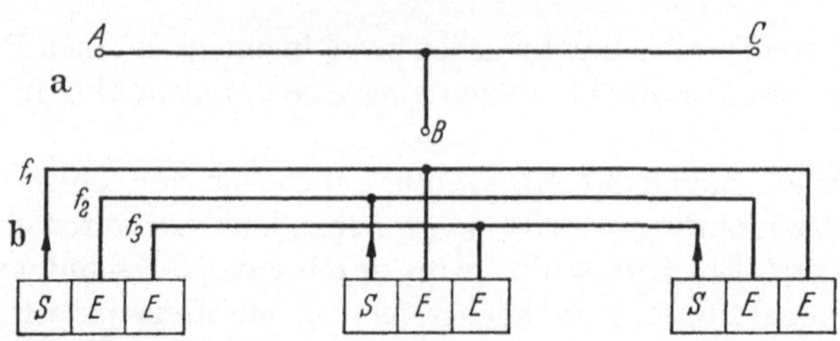

Abb. 45a u. b. Streckenschutzkanäle für einen Leitungsabschnitt mit 3 Endpunkten. a) Lage der Stationen A, B, C; b) Anordnung der Trägerfrequenzkanäle f_1 bis f_3

Hochspannungsstationen gibt, an denen das eine Drehstromsystem vorbeigeführt wird, das zweite dagegen eingeschleift oder mit einer Stichleitung angeschlossen, in der nächsten Station das bisher durchgeführte System eingeschleift oder durch eine Stichleitung angeschlossen ist, dafür aber das zweite System vorbeigeführt (Abb. 46), so kann man sich

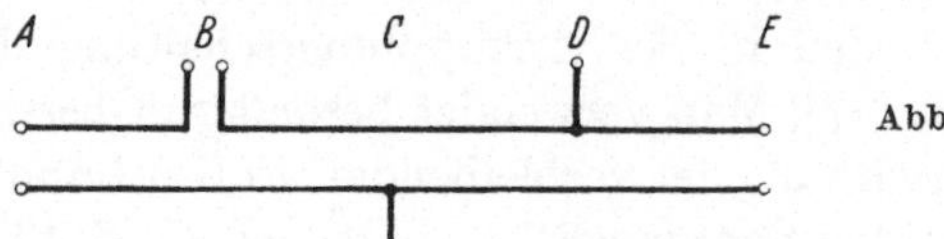

Abb. 46. Hochspannungsnetzteile mit mehr als zwei Endpunkten

vorstellen, daß sehr viele Kombinationen zwischen Sendern und Empfängern in einem Trägerfrequenzgerät möglich sind; solche flexiblen Trägerfrequenzbezirke für Netzschutz, die zudem für Netzumbauten auch noch leicht änderbar sein müssen, kann man nur mit Einzweckgeräten aufbauen.

Bei nur zwei Enden je Leitungsabschnitt werden mit Nutzen auch Mehrzweck- oder Wechselzweckgeräte verwendet. Mehrzweckgeräte übertragen die Netzschutzsignale in einem dem Sprachband überlagerten Kanal, der der Schutzaufgabe angepaßt, also anders ausgeführt ist als ein Fernmeß- oder Fernsteuerkanal; für den Schutz zweier Drehstromsysteme werden zwei Kanäle überlagert. Bei geeignet ausgebildeten Modulationsschaltungen genügt der Anteil der Sendeleistung, der bei einem Mehrzweckgerät auf einen überlagerten Schutzkanal entfällt, um in den üblichen Leitungsabschnitten mit nur zwei Enden die Signale sicher zu übertragen. Außderdem kann man die Sendeleistung „hochtasten“, also für die kurze Zeit der Signalimpulsübertragung den Sprachkanal unterbrechen und die volle Sendeleistung nur für den Schutzkanal in Anspruch nehmen. Da es sich nur um Bruchteile von Sekunden handelt, wird die Sprachübertragung praktisch nicht beeinträchtigt.

Wechselzweckgeräte übertragen die Netzschutzsignale immer mit der vollen Sendeleistung, die entweder den Sprach- oder den Schutzkanälen zugeordnet ist. Der Umschaltvorgang kostet, wie auch das Hochtasten bei Mehrzweckgeräten, etwas Zeit im Vergleich zur Übertragungszeit in dauernd durchgeschalteten Schutzkanälen, wie sie durch Einzweckgeräte oder Mehrzweckgeräte ohne Hochtastung hergestellt werden.

Bei der Kurzunterbrechung (auch „Kurztrennung" oder „Kurzschlußfortschaltung") wird in starr geerdeten Netzen mitunter einpolig geschaltet, so daß man auch je Phase einen Trägerfrequenzkanal, für ein Drehstromsystem also 3, bei einer Doppelleitung somit 6 Kanäle je Übertragungsrichtung haben möchte. Dies führt jedoch zu einem sehr hohen Aufwand an Geräten und einem sehr großen Verbrauch an Frequenzplätzen. Durch eine Polauswahl in den Schutzrelaissätzen kann man meistens mit nur einem Trägerfrequenzkanal je Drehstromsystem und Übertragungsrichtung auskommen.

6.6. Transportable Trägerfrequenz-Sprechgeräte im Nachrichtennetz

Als man in früheren Jahren sich ausschließlich mit Trägerfrequenz-Fernsprechnetzen für die Betriebsführung begnügte, hat man auch transportable Trägerfrequenz-Sprechgeräte verwendet, um mit Bautrupps an der Leitungsstrecke verkehren zu können. Es kam dabei darauf an, die nächste mit Personal besetzte Hochspannungsstation zu erreichen, die ein ortsfestes Trägerfrequenz-Sprechgerät hatte. Zunächst wollte man über dieses Gerät nur mit den Personen in diesen Stationen sprechen, später sollte man auch über dieses Gerät in das ganze Trägerfrequenz-Sprechnetz durchwählen können.

In den dichter besiedelten Industrieländern standen von Anfang an noch andere Nachrichtenwege für die Bautrupps zur Verfügung, so daß dort transportable Trägerfrequenzgeräte kaum angewendet wurden. Heute werden Entfernungen bis etwa 40 km durch Verkehrsfunkgeräte überbrückt, nur in wenig besiedelten Ländern großer Ausdehnung ist noch die alte Aufgabenstellung gegeben, über große Entfernungen eine Sprechverbindung zu einer Baustelle längs der Hochspannungsleitung zu schaffen, weil diese den einzigen überhaupt vorhandenen Nachrichtenweg darstellt.

Es gibt Sonderfälle, in denen man transportable Geräte zum Sprechen von nur vorübergehend besetzten Stationen aus verwendet, wenn man nämlich, um Geräte zu sparen, keine ortsfesten Trägerfrequenzgeräte einbauen will. Jeder, der die Station besucht und von dort aus sprechen will, muß sein Trägerfrequenzgerät und die zugehörige Stromversorgung mitbringen, meistens also ein auf mehrere Frequenzpaare umschaltbares Gerät, das in einem Auto untergebracht ist. In solchen Fällen ist die Ankopplungsschaltung normal und fest in die Station eingebaut, der Trägerfrequenzanschluß auf der Niederspannungsseite des Koppelfilters wird auf eine Steckdose geführt. Mitunter wird der Koppelkondensator auch als kapazitiver Spannungsteiler so ausgeführt, daß die Hilfsspannung zum Betrieb des transportablen Gerätes aus ihm entnommen werden kann.

Der allgemeinere Fall ist der, daß transportable Trägerfrequenz-Sprechgeräte im freien Gelände an eine zu Reparaturzwecken abgeschaltete und geerdete Hochspannungsleitung angekoppelt werden sollen. In die Erdleitungen müssen transportable Sperren (Abb. 24) eingeschaltet werden, damit eine Trägerfrequenzübertragung über die geerdete Hochspannungsleitung überhaupt möglich ist. Da man zur Baustelle bis zum Abschluß der Arbeiten, also auch noch nach dem Aufheben der Erdverbindung und Wiedereinschalten der Leitung, sprechen will, kann man für die Ankopplung nicht einen transportablen Koppelkondensator verwenden, weil dieser für die volle Betriebsspannung bemessen, also unhandlich für den Transport und gefahrvoll durch seine Anschlußleitungen am Aufstellungsort ausgeführt sein müßte. Man schaltet auch ungern eine Hochspannungsleitung zu einem vorher telefonisch verabredeten Zeitpunkt ein, wenn man weiß, daß zwischen dem letzten Ferngespräch und der Einschaltung noch die Fernsprechanlage von der Hochspannungsleitung abgetrennt werden muß. Somit bleibt hier nur eine Antennenkopplung als zweckmäßige Lösung, soviel Mängel sie auch hat. Allerdings sind diese Mängel für die Trägerfrequenzübertragung bei transportablen Geräten nicht so schwerwiegend wie für die Ankopplung ortsfester Geräte, von denen man wesentlich größere Reichweiten, einwandfreie Übertragungseigenschaften für den Weitverkehr und größere Sicherheit bei außergewöhnlichen Witterungsverhältnissen verlangt.

Ein transportables Trägerfrequenz-Sprechgerät soll in einem größeren Teil des Netzes, also in der Abstimmung, auf mehrere Sprechbezirke passen. Sender und Empfänger werden deshalb durchstimmbar ausgeführt. Außerdem muß man die Sende- und Empfangsfrequenz des abgestimmten Gerätes vertauschen können, damit man in Sprechbezirken mit fest zugeordneten Trägerfrequenzen, also mit Einzweckgeräten für Endverkehr oder Strahlenverkehr, von der Baustelle aus nach beiden Richtungen sprechen kann. In Sprechbezirken mit dauernd eingeschalteten Trägern, insbesondere also bei Endverkehr mit Mehrzweckgeräten oder bei Linienverkehr, sind transportable Sprechgeräte nicht verwendbar, weil Interferenzerscheinungen und Störungen durch überlagerte Fernwirkkanäle nicht vermieden werden können; ähnliches gilt für Trägerfrequenzbezirke, die mit Wechselzweckgeräten aufgebaut sind. Alle diese Einschränkungen haben dazu geführt, daß transportable Trägerfrequenzsprechgeräte bereits in der einfachsten Ausführung mit Zweiseitenbandübertragung nur sehr selten verwendet wurden.

Ein Ausweg aus diesen Schwierigkeiten, der dann auch transportable Geräte aller Modulationsarten zu verwenden gestattet, ist dadurch gegeben, daß man den Wunsch aufgibt, nur ein Gerät zu verwenden, das mit einem ortsfesten Gerät zusammenarbeiten soll. Alles wird vereinfacht durch die Verwendung eines Gerätepaares, das fest auf zwei Dienstfrequenzen abgestimmt ist. Ein Gerät wird an die jeweilige Baustelle, das andere an die gewünschte Gegenstation gebracht. Am einen Ende schließt man das Gerät an eine ortsfest eingebaute Ankopplungsschaltung an, am anderen Ende wird über eine Antenne angekoppelt. Der Sprechbezirk für den Bautrupp ist somit völlig unabhängig vom Wirkungsprinzip und der Betriebsweise der ortsfesten Trägerfrequenzgeräte. Allerdings muß man bei einer solchen Lösung die Plätze für die Dienstfrequenzen im Frequenzplan freihalten und, was unter Umständen erheblichen zusätzlichen Aufwand verursacht, Breitbandsperren im ganzen Trägerfrequenznetz einbauen, auch da, wo für den Betrieb der ortsfesten Geräte allein Resonanzsperren ausreichen würden.

7. Trägerfrequenzgeräte

Die Entwicklung der Trägerfrequenz-Nachrichtenübertragung über Hochspannungsleitungen war lange Jahre dadurch bestimmt, daß nur eine einzige Sprechverbindung zwischen den Endpunkten einer Hochspannungsleitung gebraucht wurde. Auch als man später zwei oder drei Sprechkreise haben wollte, begnügte man sich mit Einfachsprechgeräten, die am Eingang zu den Ankopplungsschaltungen parallel angeschlossen wurden. Man verwendete Geräte, die nur zum Fernsprechen gebaut waren. Als später die Fernwirkaufgaben hinzukamen, wurden zunächst auch hierfür nur Einzweckgeräte gebaut, deren Übertragungsfrequenzband in das Raster der Fernsprechfrequenzen paßte.

Mehrzweckgeräte, die Sprache und Fernwirksignale gleichzeitig übertragen, wurden anschließend entwickelt, um den Grundaufwand für den Trägerfrequenzkanal zur Lösung beider Aufgaben nur einmal zu haben, also aus wirtschaftlichen Gründen. Man glaubte auch technische Gründe für diese Richtung der Entwicklung anführen zu können: daß der Bedarf an Fernwirkkanälen klein sei, Frequenzplätze eingespart würden und ähnliches. Sowohl die wirtschaftlichen als auch die technischen Gründe treffen nur bedingt zu; Ein- und Mehrzweckgeräte verkörpern zwei gleichberechtigte Prinzipien, und es kommt auf die Aufgabenstellung an, ob das eine oder das andere Vorteile bringt (s. S. 70ff.); es kann auch sein, daß beide Prinzipien für dieselbe Aufgabe zu gleich günstigen Lösungen führen.

Wechselzweckgeräte übertragen in der Regel Gespräche, im Bedarfsfall werden Fernwirksignalströme anstelle der Sprachströme auf den Trägerfrequenzkanal geschaltet. Für länger dauernde Fernwirkübertragungsvorgänge ergeben sich keine Besonderheiten im Trägerfrequenzteil der Anlagen, sondern nur in den anschließenden Automatikschaltungen. Am häufigsten wird der Wechselzweckbetrieb angewendet, wenn der Fernwirkübertragungsvorgang nur sehr kurze Zeit dauert, insbesondere also bei der Lösung von Netzschutzaufgaben.

Die Versuche, Einfachsprechsysteme in einer einheitlichen Ausführung zum Betrieb über Nachrichtenfreileitungen und zum Betrieb über Hochspannungsleitungen zu verwenden, führten nicht zum Ziel wegen der allzu unterschiedlichen Eigenschaften der Übertragungswege. Hinzu kamen die besonderen Fernwirkübertragungsaufgaben, so daß mit den genannten drei Geräteklassen Ausführungen entstanden, die von den für die Post entwickelten bis auf gemeinsam benutzte Bauelemente völlig abweichen; dies wird besonders deutlich bei den Einzweckgeräten für die Mehrfachübertragung von Fernwirksignalen.

Gliedert man die Geräte nach ihrem Verwendungszweck und danach, ob eine Einfach- oder Mehrfachübertragung durchgeführt wird, so ergibt sich eine Übersicht (Abb. 47), die heute nicht mehr Einzweckgeräte für eine Einfachübertragung von Fernwirksignalen enthält, weil sie zuviel Platz im Frequenzplan unnötig belegen, wohl dagegen Mehrfachübertragungsgeräte für Fernsprechen, wie sie früher kaum angewendet wurden. Hier versucht man erneut, mit Mehrfachübertragungsgeräten auszukommen, wie sie für die Posttechnik entwickelt wurden, jedoch stehen einer allgemeineren Einführung wiederum die bereits dargestellten Schwierigkeiten im Wege, die durch die besonderen Eigenschaften der Hochspannungsleitung als Übertragungsweg und die besondere Aufgabenstellung durch den Hochspannungsbetrieb gegeben sind.

Angesichts des Mangels an Frequenzplätzen sollten alle Mehrfachübertragungsgeräte nach dem Einseitenbandverfahren arbeiten, während man bei der Einfachübertragung, die für Sprechverbindungen überwiegend verwendet wird, je nach der vorliegenden Aufgabe das Zweiseitenband- oder das Einseitenbandverfahren oder auch die Frequenzmodulation benutzen kann.

In einigen Ländern geht die Entwicklung dahin, die Trägerfrequenznetze auf Hochspannungsleitungen nur noch aus Trägerfrequenzkanälen aufzubauen, für deren Verwendungszweck keine Differenzierung in den Geräten vorgesehen sein soll. Man will also Vierdrahtverbindungen zwischen den Stationen haben, zwischen größeren Knotenämtern auch schwache Bündel von Kanälen, die genau wie Kabelleitungen beliebig mit Fernsprechen, Fernwirken oder Fernschreiben belegt werden können. Bei solchen Trägerfrequenznetzen ist nur Endverkehr in den einzelnen Bezirken möglich, weder Wellenwechsel- noch Linienverkehrsbezirke entsprechen diesen Anforderungen. Die Trägerfrequenzgeräte enthalten dann nur den Trägerfrequenzteil mit Vierdrahtausgängen und stellen

	Einfachübertragung		Mehrfachübertragung			
	für	Abschn. Nr.	für	Abschn. Nr.	für	Abschn. Nr.
Einzweckgeräte	Fernsprechen	7.1 a	Fernwirken Messen, Steuern Netzschutz, Schnellschalten	 7.1 b 7.1 c	Fernsprechen	7.4
Mehrzweckgeräte	—	—	Fernsprechen *und* Fernwirken	7.2	Fernsprechen *und* Fernwirken innerhalb eines Kanals	7.4
Wechselzweckgeräte	Fernsprechen *oder* Fernwirken	7.3	—	—	Fernsprechen *oder* Fernwirken innerhalb eines Kanals	7.4
Übertragungsverfahren:	Zweiseitenband Einseitenband Frequenzmodulation				Einseitenband	

Abb. 47. Zusammenstellung der Trägerfrequenzgeräte zur Nachrichtenübertragung über Hochspannungsleitungen

„Kanalgeräte“ dar; alle Bauteile für einen bestimmten Verwendungszweck, für Mehr- oder Wechselzweckbetrieb sind weggelassen, nur noch eine Unterscheidung zwischen Einfach- und Mehrfachübertragungsgeräten ist dabei möglich. Alles, was zum Betrieb der Kanalgeräte für Fernsprechen und Fernwirken nötig ist, wird in Zusatzgeräten untergebracht, die man aus anderen Anwendungsgebieten übernimmt.

Bei einem solchen Vorgehen lassen sich alle Sonderentwicklungen, die durch die Hochspannungsleitung als Übertragungsweg ausgelöst sind, auf den Trägerfrequenzteil begrenzen, es entstehen also verhältnismäßig wenig Geräteausführungen. Insgesamt wird aber dennoch der Entwicklungsaufwand nicht wesentlich geringer, weil durch die besonderen Aufgabenstellungen der Fernwirktechnik wieder Zusatzgeräte in Sonderausführungen durchgebilet werden müssen.

Der Aufbau eines Trägerfrequenznetzes aus Kanalgeräten und Zusatzgeräten, die dem Verwendungszweck (Fernsprechen, Fernwirken) und der Betriebsart (Ein-, Mehr-, Wechselzweck) angepaßt sind, bringt eine größere Beweglichkeit für Netzerweiterungen und Umbauten. Da aber der Geräteaufwand je Station durch das Aufteilen auf mehrere Baueinheiten mehr kostet, sind wirtschaftliche Grenzen gegeben, insbesondere bei kleineren Anlagen. Deshalb werden die in einer Baueinheit zusammengefaßten Geräte für die unterschiedlichen Verwendungszwecke weiterhin in großem Umfang gebraucht werden. Die neuere Entwicklungsrichtung für die Konstruktionsformen hat dahin geführt, daß ein Gerät je nach Verwendungzweck und Betriebsart bestückt und leicht geändert werden kann. Der Mehraufwand für die Trennung in zwei Baueinheiten, den Trägerfrequenzteil und den Zusatzteil, fällt wieder fort.

Dem hohen Störpegel auf Hochspannungsleitungen versucht man nicht nur durch eine hohe Sendeleistung zu begegnen oder durch die Wahl eines geeigneten Übertragungsverfahrens, wie bisher beschrieben wurde. Eine weitere Möglichkeit ist mit dem „Kompander“ gegeben, einer Zusatzeinrichtung zum Trägerfrequenzgerät, die durch einen Presser (Kompressor) im Ausgang des Tonfrequenzkreises vor dem Eingang in den Modulator den Pegelbereich der Sprache auf einen bestimmten Bereich begrenzt und durch einen Dehner (Expandor) im Empfänger wieder in den ursprünglichen Bereich bringt. Durch diese Dynamikregelung – die unabhängig davon angewendet werden kann, ob man mit Amplituden- oder mit Frequenzmodulation überträgt – wird erreicht, daß niedrige Sprachpegel, bei denen das Übertragungssystem für Geräuschstörungen am empfindlichsten ist, im Amplitudenpresser des Senders erhöht, also mit höheren Pegeln über die Leitung übertragen werden. Im Dehner des Empfängers werden sie wieder auf den ursprünglichen Wert herabgesetzt, mit ihnen werden aber auch die durch den Übertragungsweg hinzukommenden Störgeräusche wesentlich gesenkt.

Der Kompander wird entweder zur Verbesserung der Übertragungsgeräte in bestehenden älteren Anlagen benützt und stellt dann meist eine vom Trägerfrequenzgerät getrennt untergebrachte Baueinheit dar, oder er wird von der Herstellerfirma im Trägerfrequenzgerät eingebaut mitgeliefert. Dann ist er meist bereits im Entwurf des Gerätes in der Weise berücksichtigt, daß man mit niedrigen Sendeleistungen, wesentlich unter 10 W, arbeitet, um den Aufwand für den Sendeverstärker und dessen Stromversorgungsteil, der nennenswert die Herstellkosten des ganzen Trägerfrequenzgerätes beeinflußt, klein zu halten.

Leider bringt ein Kompander in einem Übertragungsabschnitt nichtlineare Verzerrungen, da sein Wirkungsprinzip auf der Verwendung von Schaltelementen mit nichtlinearen Strom-Spannungs-Kennlinien beruht. Wenn diese Verzerrungen auch in einem oder zwei hintereinandergeschalteten Abschnitten praktisch nicht stören, so kann dies doch bei mehreren Abschnitten in Reihe die Güte der ganzen Verbindung beeinträchtigen, unter Umständen sogar unter die einer Verbindung ohne Kompander herabsetzen. Aus diesem Grunde wird man nur am Anfang und Ende einer solchen Weitverbindung Kompander verwenden und sie in den Zwischenstationen bei der Vierdrahtdurchwahl abschalten. Ein Kompander ist nicht als allgemein verwendbares Hilfsmittel zur Sicherung der Übertragungsgüte anzusehen, wie etwa eine genügend hohe Sendeleistung oder ein passend gewähltes Übertragungsverfahren. Er ist nur zur Verbesserung eines mittelmäßigen Gesprächs geeignet; bei einem schlechten Gespräch, also einem zu kleinen Störpegelabstand, bringt er keine Verbesserung.

7.1 Einzweckgeräte

Es sollen hier nur Einzweckgeräte für drei verschiedene Aufgaben geschildert werden (Abb. 47, Abschn. 7.1 a–c), solche für Fernsprechen und zwei Teilgebiete des Fernwirkens. Ältere Ausführungsformen werden, obwohl sie noch an manchen Stellen in Betrieb sind, nicht beschrieben. Im Prinzip könnten die hierbei angewendeten drei Übertragungsverfahren (Zweiseitenband-, Einseitenband- und Frequenzmodulationsverfahren) sowohl für Fernsprech- als auch für Fernwirkübertragungen gleichermaßen angewendet werden, es wird jedoch von allen drei Möglichkeiten nur beim Fernsprechen in größerem Umfang Gebrauch gemacht.

a) Fernsprechgeräte

Bis etwa zum Jahre 1940 wurden fast ausschließlich Sprechgeräte mit Amplitudenmodulation verwendet, die beide Seitenbänder übertragen. Auch heute werden immer noch Zweiseitenbandgeräte verwendet, solange nicht der Frequenzmangel oder die Störpegelverhältnisse die Anwendung der Einseitenbandtechnik angebracht erscheinen lassen, vornehmlich also in Netzen bis 110 kV, weil Zweiseitenbandgeräte in ihrem Aufbau einfach und übersichtlich sind.

Die Grundschaltung eines Trägerfrequenz-Sprechgerätes mit Zweiseitenbandübertragung (Abb. 48) stimmt bei den meisten Geräten der verschiedenen Herstellerfirmen überein, die schaltungstechnischen Einzelheiten der verschiedenen Baugruppen jedoch sind sehr unterschiedlich.

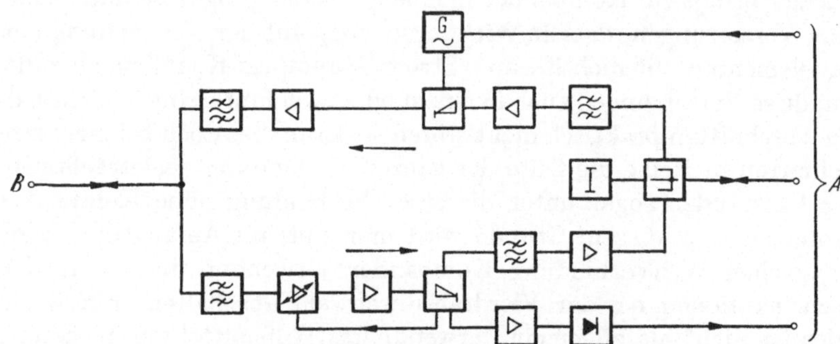

Abb. 48. Grundschaltung eines Trägerfrequenz-Sprechgerätes mit Zweiseitenbandübertragung. *A* zum Teilnehmer (über Relaisteil); *B* zum Koppelfilter. Erklärung der Symbole in Abb. 53

Vom Teilnehmer außerhalb des Trägerfrequenz-Fernsprechgerätes bis zur Gabelschaltung im Gerät werden auf einer zweiadrigen Leitung sowohl die zum Hochfrequenzsendeteil abgehenden Niederfrequenz-Fernsprechströme als auch die vom Hochfrequenzempfänger ankommenden Niederfrequenz-Fernsprechströme übertragen. Auch die abgehenden Wahlimpulse (Unterbrechung einer Gleichstromschleife durch einen Wählscheibenkontakt) und die ankommenden Rufimpulse (Wechselstromstöße aus einer Rufstromquelle innerhalb des Trägerfrequenzgerätes) laufen in der Regel über dasselbe Drahtpaar, das der Sprachübertragung dient. Vom Teilnehmerapparat aus gesehen sind dann also für den Anschluß an ein Trägerfrequenz-Fernsprechgerät die gleichen Anschlußbedingungen gegeben wie für die Anschaltung an eine Selbstwählzentrale.

In der „Gabelschaltung" wird der Zweidrahtverkehr zwischen Trägerfrequenzgerät und Teilnehmer aufgelöst in einen Vierdrahtverkehr (Abb. 49). Die vom Teilnehmer kommenden Sprechströme werden über einen Differentialtransformator auf den Sender übertragen, die aus dem Empfänger kommenden Ströme werden in die Teilnehmeranschlußleitung weitergegeben. Damit keine Rückübertragung der ankommenden Sprechströme auf den Sender stattfindet, muß der Scheinwiderstand der Leitungsnachbildung gleich dem Scheinwiderstand der Teilnehmeranschlußleitung sein. Die ankommenden Sprechströme werden also je zur Hälfte auf den Teilnehmer und die Nachbildung aufgeteilt, ebenso wie die vom Teilnehmer abgehenden Ströme. Die Hälfte der Sprachleistung fließt in die Nachbildung. Die Gabelschaltung entfällt bei einem Kanalgerät, das auf der Niederfrequenzseite im Vierdraht endet. Wenn ein Gerät für Zweidrahtausgang an eine Vierdrahtvermittlung angeschlossen wird, trennt man die Gabel durch die Automatik ab.

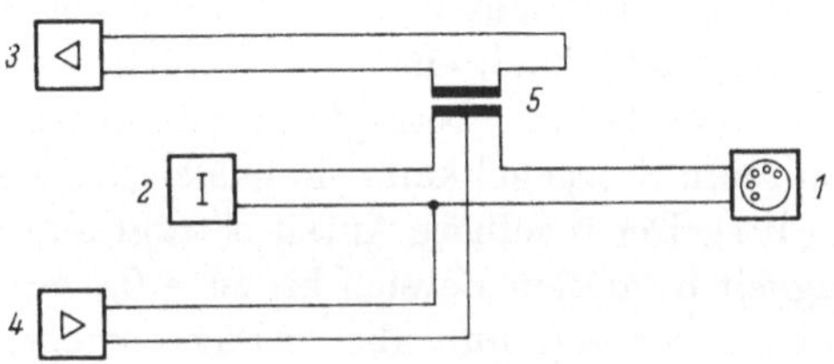

Abb. 49. Gabelschaltung

1 Teilnehmer; *2* Nachbildung; *3* Niederfrequenz-Sendeverstärker; *4* Niederfrequenz-Empfangsverstärker; *5* Differentialtransformator

Der Niederfrequenz-Sendeverstärker hebt den Pegel der abgehenden Sprechströme auf den Wert, mit dem man den gewünschten Modulationsgrad (übliche Werte bis zu 80%) erreicht, außerdem enthält er einen Amplitudenbegrenzer, der eine Übersteuerung des Sendeverstärkers verhindert, also dessen gute Ausnutzung ermöglicht. Im Modulator wird der im Hochfrequenzgenerator erzeugte Trägerstrom mit dem Sprachfrequenzband moduliert. Der Sendeverstärker hebt den Pegel des modulierten Trägers; ein Teil der Ausgangsleistung des Sendeverstärkers wird als Verlust im Sendefilter verbraucht.

Die Hochfrequenzsendefilter und -empfangsfilter begrenzen die beiden Plätze im Frequenzplan, auf denen die Kanäle des Sprechgerätes untergebracht sind.

Der vom fernen Gerät ausgesandte Träger für die entgegengesetzte Sprechrichtung durchläuft im Empfangsgerät das Hochfrequenz-Empfangsfilter, den Pegelregler und den Hochfrequenzverstärker. Der Pegelregler sorgt dafür, daß an den Eingangsklemmen des Demodulators eine gleichbleibende hochfrequente Empfangsspannung herrscht. Hinter dem Demodulator wird die ankommende Nachricht auf einen Rufempfangsweg (Verstärker, Gleichrichter, Rufempfangsrelais) und einen Sprachempfangsweg (Sprachbandpaß, Verstärker, Gabel) aufgeteilt.

Die Betriebsweise eines Sprechgerätes ist je nach Art des Sprechbezirkes verschieden. Bei Endverkehr zwischen zwei Geräten zum Beispiel wird meistens die Trägerfrequenz in beiden Richtungen dauernd übertragen, damit die Pegelregler die Empfindlichkeit beider Empfänger fortgesetzt der Leitungsdämpfung entsprechend einregeln. Dies gilt auch für Linienverkehr. Bei Wellenwechselverkehr dagegen sind im Ruhestand die Empfänger dauernd in Betrieb, um jederzeit einen Anruf aufnehmen zu können, jedoch im Zustand größter Empfindlichkeit. Ein Sender wird erst dann an die Leitung geschaltet, wenn ein Gespräch beginnen soll, im Ruhestand wird kein Trägerstrom übertragen. Trifft zu Beginn eines Gesprächs die Trägerwelle an den Empfängern ein, so regelt die selbsttätige Pegelregelung die Empfänger je nach der Entfernung der Stationen voneinander und den Wetterverhältnissen auf eine entsprechend geringere Empfindlichkeit ein.

Die Reichweite der Geräte beträgt durchschnittlich 6 Np bis 7 Np, mit Rücksicht auf den Störpegel kann sie jedoch meist nicht ausgenutzt werden (Anhang 9.7). Der regelbare Anteil beträgt allgemein etwa 4 Np, die Regelgenauigkeit in diesem Bereich bis zu $\pm$ 0,1 Np.

Die Wahlimpulse werden nur über fertig eingepegelte Empfänger übertragen, damit sie nicht verzerrt werden. Abhängig vom Eintreffen einer Trägerfrequenz – in Wellenwechselbezirken zusätzlich abhängig von der Rufnummer – wird der Sender des angerufenen Gerätes eingeschaltet. Der hier ausgesandte Hochfrequenzträger wird mit einem Summerton moduliert, so daß der Anrufende hört, ob der Gerufene frei ist und gerufen wird, er erhält also ein „Freizeichen". Nach der Beendigung des Gesprächs wird durch das Auflegen des Mikrotelefons die Verbindung aufgelöst. Ob der Anrufende oder der Angerufene zuerst auflegt oder ob einer der beiden Teilnehmer das Auflegen vergißt, ist ohne Bedeutung. Wenn ein Gerät an eine Selbstwählzentrale angeschlossen ist, müssen in dieser die Schaltungskriterien für die Auflösung der Sprechverbindung gegeben sein, und zwar unabhängig davon, in welcher Richtung die Sprechverbindung aufgebaut worden war.

Vor Beginn der Wahl sind die Empfänger der Sprechbezirke mit dauernd übertragenen Hochfrequenzträgern auf die jeweilige Leitungsdämpfung eingepegelt, also unempfindlicher gegen Hochfrequenzstörer als die Empfänger in Wellenwechselbezirken. Damit sich nicht jede Hochfrequenzstörung in einer Fehlbelegung der Geräte auswirkt, bedient man sich verschiedener Mittel. Diese können zwar für jeden Empfänger angewendet werden, jedoch sind sie zum Teil mit einem gewissen Mehraufwand verbunden, der nur bei den empfindlicheren Wellenwechselgeräten angebracht ist.

Zunächst wird der Wahlruf mittels Nummernschalter fast immer angewandt, also auch bei Sprechbezirken mit nur zwei Trägerfrequenz-Sprechgeräten und je einem Teilnehmer. Hier würde die Aussendung des Trägers bereits zum Anruf des anderen Teilnehmers genügen; jedoch könnte dabei auch ein Fehlanruf durch eine plötzlich auftretende hoch frequente Störspannung zustande kommen. Dieser Fehlanruf kann mit einer gewissen Sicherheit dadurch vermieden werden, daß der Ruf vom Eintreffen einer Wahlimpulsserie abhängig gemacht wird.

Eine andere Sicherung gegen die Gefahr, daß bereits kurze Hochfrequenzstörimpulse zu einer Fehlbelegung eines Empfängers im Zustand höchster Empfindlichkeit führen, besteht darin, daß man eine Verzögerungseinrichtung einbaut, die erst einen Hochfrequenzstrom, der länger als etwa 300 ms dauert, als Zeichen einer Gegenstation wertet.

Man kann auch einen Rufempfänger noch weiter gegen fehlerhaftes Ansprechen dadurch sichern, daß man die Bandbreite des Trägerfrequenzkanals für die Wahl gegenüber der Bandbreite für die Sprachübertragung stark herabsetzt. Dies geschieht durch ein Vorsatzfilter mit schmalem Durchlaßbereich vor dem Wahlimpulsempfänger, das nach Beendigung des Einpegelns und des Wahlvorganges automatisch abgeschaltet wird. Der Empfänger ist dann nicht mehr hochempfindlich und wieder für ein 5 kHz breites Sprachfrequenzband empfangsbereit.

In der in Betracht kommenden Frequenzlage können solche Vorsatzfilter nur als Quarzfilter ausgebildet werden. Es ist nötig, dann auch die Frequenz der Sender durch Quarze konstant zu halten, damit nicht infolge der bei den normalen Abstimmelementen der Sender bestehenden Abhängigkeit von der Temperatur eine unzulässige Verschiebung der Trägerfrequenz auftritt. Bei einem 5000 Hz breiten Frequenzband und einer Bandbreite von 150 Hz für das Vorsatzfilter beispielsweise, das im zu sperrenden Frequenzbereich um etwa 3 Np dämpft, kann man bei einer Nennfrequenz von 150 kHz eine Verminderung der Störspannung im Wahlkanal um 1,4 Np erreichen.

Vorsatzfilter vor den Wahlimpulsempfängern gehören nicht notwendig zur Regelausrüstung der Trägerfrequenzgeräte. Wenn jedoch besonders oft Hochfrequenzstörimpulse auftreten können, sei es infolge häufiger Schaltungen von großen Leistungen bei hohen Spannungen, infolge von Gewittern oder aus anderen Gründen, lohnt es sich, die Gefahr der Fehlbelegung von Trägerfrequenzgeräten durch die Verwendung von Vorsatzfiltern herabzusetzen. Die Geräte sprechen dann nur noch auf den Anteil des Störvolumens an, der innerhalb der Bandbreite von 150 Hz liegt, und sind damit wesentlich sicherer gegen Störimpulse.

Man kann Rufstörungen auch durch Anwendung einer „Tonfrequenzwahl" vermindern. Hierbei wird für die Wahlimpulsübertragung nicht mehr der Träger getastet, sondern eine den Träger modulierende Tonfrequenz, die innerhalb des Sprachfrequenzbandes liegt. Dies ist zulässig, da die Wahl immer vor Beginn des eigentlichen Gespräches durchgeführt wird und die Tonfrequenz während des Gespräches abgeschaltet bleiben kann. Die erforderlichen Filter brauchen nicht als Quarzfilter ausgebildet zu sein, es genügen normale Filter aus der Wechselstromtelegrafie.

Die Tonfrequenzwahl stellt nur für die Zweiseitenbandgeräte eine Besonderheit dar, die mit „Trägertastruf" arbeiten. Bei Mehrzweckgeräten, über die neben der Sprache Fernwirkkanäle ohne Unterbrechung betrieben werden, oder auch bei Einzweckgeräten mit Pilotton und dauernd wirkender Pegelregelung gehört der Tonfrequenzruf zur Grundausrüstung des Gerätes. Die Ruffrequenz liegt dann zwar meistens außerhalb des Sprachfrequenzbandes, jedoch ist dies für die Sicherung der Geräte gegen Fehlbelegung ohne Belang.

Das bisher beschriebene Fernsprechgerät, das mit Zweiseitenbandübertragung und Amplitudenmodulation arbeitet, wurde etwa vom Jahre 1920 an als erste Gerätetype entwickelt und stets verbessert; es wird auch heute noch verwendet. Etwa vom Jahre 1940 an begann man, wegen des stets zunehmenden Frequenzmangels Einseitenbandgeräte für die Übertragung der Sprache über Hochspannungsleitungen zu verwenden. Man hatte damals zwar bereits seit Jahren Einseitenbandgeräte über Postleitungen betrieben, jedoch standen der Einführung des Einseitenbandsystems bei Hochspannungsleitungen wirtschaftliche Erwägungen entgegen. Während bei der Posttechnik der Mehraufwand für die Anwendung des Einseitenbandprinzips sich größtenteils auf eine Vielzahl von gebündelten Kanälen verteilt, kommt er bei einem Einfachsystem, wie es für die Geräte zum Sprechen über Hochspannungsleitungen fast ausschließlich gebraucht wurde, voll bei einer einzigen Sprechverbindung zur Auswirkung. Dies fällt besonders ins Gewicht, wenn der Frequenzplanung in einem Maschennetz zuliebe der Abstand zwischen Sende- und Empfangskanal nicht starr, sondern veränderbar ist.

Beim Aufbau von Einseitenbandfernsprechgeräten zum Betrieb über Hochspannungsleitungen, die mit Frequenzen bis zu 500 kHz arbeiten sollen, muß man eine Zwischenmodulationsstufe einführen; man kann nicht mehr, wie in den tiefen Frequenzlagen, mit einfachen Bauelementen ein Seitenband und den Träger unmittelbar in der Hochfrequenzlage unterdrücken. Man erkennt dies aus der folgenden Betrachtung:

Der Abstand der beiden der tiefsten Frequenz des Sprachbandes (300 Hz) entsprechenden Frequenzen beträgt 600 Hz (Abb. 50). Bei einer tiefen Trägerfrequenz, beispielsweise 12 kHz, sind dies 5%, bei 120 kHz dagegen nur noch 0,5% der Trägerfrequenz. Will man nur ein Seitenband übertragen, so müssen der Träger und das zweite Seitenband unterdrückt werden. Wenn der Abstand der beiden Seitenbänder voneinander 5% der Trägerfrequenz beträgt, ist dies durch normale Bandfilter möglich. Bei nur 0,5% Abstand sind die elektrischen Werte der Bauelemente normaler Bandfilter nicht genügend konstant und genügend verlustfrei, man müßte Quarzfilter verwenden.

Bei Frequenzen zwischen 15 kHz und 500 kHz liegen die Seitenbandabstände zwischen 4,0% und 0,12%. Um ohne Quarzfilter auszukommen, verwendet man eine Modulation in zwei Stufen. In der ersten Modulationsstufe wird eine Zwischenfrequenz, beispielsweise 12 kHz, mit dem Sprachband moduliert. Der Abstand der beiden Seitenbänder beträgt 5% der Zwischenfrequenz, so daß eine Unterdrückung der Zwischenfrequenz und eines Seitenbandes mit einfachen Mitteln möglich ist. Die Trägerfrequenz, beispielsweise 120 kHz, wird nur mit dem einen Seitenband der Zwischenfrequenzlage moduliert, etwa mit dem oberen, das in der Regellage zwischen 12,3 kHz und 14,4 kHz liegt. In der Hochfrequenzlage entstehen dann das untere Seitenband in der Kehrlage

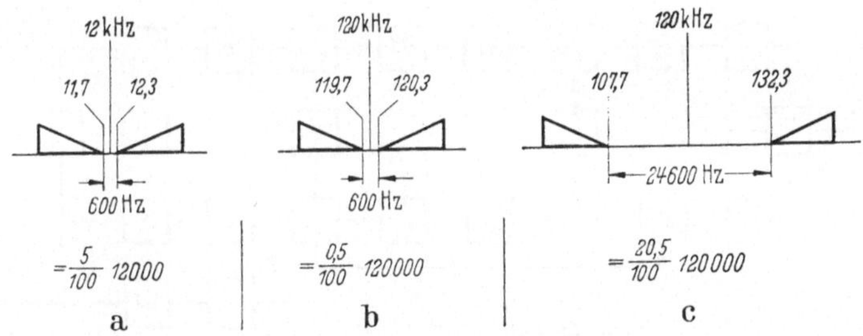

Abb. 50a–c. Relativer Abstand der Seitenbänder vom Träger bei verschiedenen hohen Trägerfrequenzen.

a) TF-Übertragung mit niedrigen Trägerfrequenzen; b) TF-Übertragung mit hohen Trägerfrequenzen, Modulation in einer Stufe; c) TF-Übertragung mit hohen Trägerfrequenzen, Modulation in zwei Stufen

zwischen 105,6 kHz und 107,7 kHz sowie das obere Seitenband in der Regellage zwischen 132,3 kHz und 134,4 kHz (Abb. 50c). Der Abstand zwischen beiden Seitenbändern beträgt 24,6 kHz, das sind 20,5% der Trägerfrequenz, so daß auch in der Hochfrequenzlage die Unterdrückung des Trägers und eines Seitenbandes mit einfachen Mitteln möglich ist.

Die Quarze, die man zur Stabilisierung der Zwischen- und Hochfrequenzgeneratoren braucht, kann man für die Zwischenfrequenz eines Systems weitgehend vereinheitlichen. Man kommt also hier mit wenigen Quarzen gleicher Frequenz aus. Dagegen sind für die Hochfrequenzgeneratoren Quarze mit unterschiedlicher Frequenz nötig, um das Nachrichtenfrequenzband aus der Zwischenfrequenzlage in die jeweilig gewünschte Lage innerhalb des Frequenzrasters zu bringen. Ein Frequenzbereich von 30 kHz bis 490 kHz zum Beispiel enthält für ein 2,5-kHz-Raster 184 Frequenzplätze. Man muß also nach Maßgabe des Frequenzplanes den Quarz der Trägerfrequenzstufe für eine von 184 verschiedenen Frequenzen herstellen. Um die Zahl der Quarzfrequenzen herabzusetzen und dadurch die Fertigung und Ersatzteilhaltung zu vereinfachen, werden auch Quarze im Megahertzbereich verwendet, deren Frequenz durch

Frequenzteiler mehrfach herabgesetzt wird, beispielsweise im Verhältnis 2 : 1 bis 16 : 1. Für eine gewisse Anzahl von Trägerfrequenzen reicht dann eine gemeinsame Quarzfrequenz aus. Bei einer solchen Anordnung hat man den zusätzlichen Vorteil, daß Quarze so hoher Schwingfrequenz mit höherer Konstanz hergestellt werden können und infolgedessen die Trägerfrequenzgeneratoren ohne Thermostate betrieben werden können.

Will man mit zwei Frequenzbändern für die beiden Sprechrichtungen arbeiten, die unmittelbar nebeneinander liegen, so kann ein gemeinsamer Zwischenfrequenzerzeuger für die Umsetzerstufen beider Verkehrsrich-

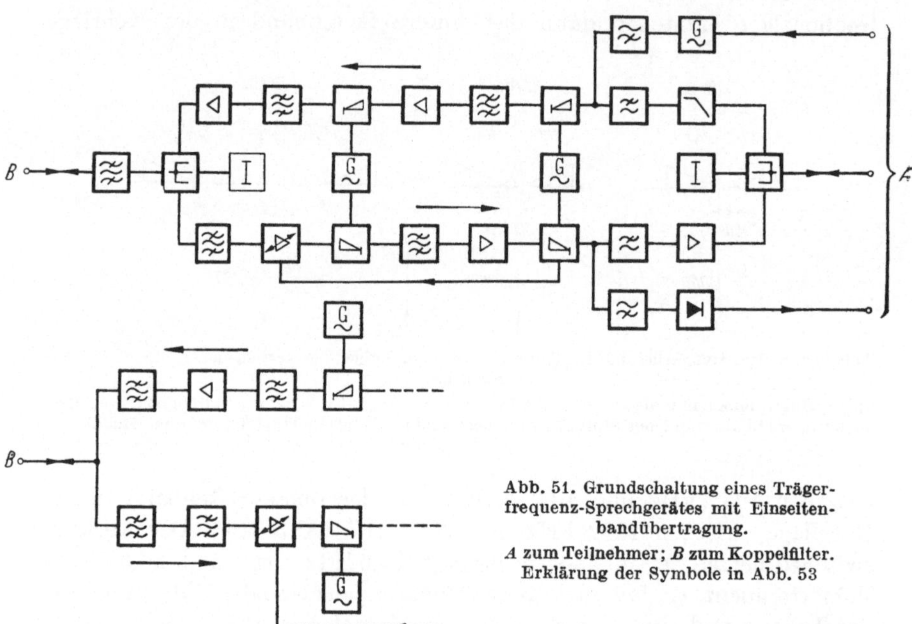

Abb. 51. Grundschaltung eines Trägerfrequenz-Sprechgerätes mit Einseitenbandübertragung.
A zum Teilnehmer; *B* zum Koppelfilter. Erklärung der Symbole in Abb. 53

tungen benutzt werden, ebenso ein gemeinsamer Hochfrequenzerzeuger (Abb. 51, oben). Da weder der Träger noch die Zwischenfrequenz übertragen wird, ist eine Tonfrequenzwahl nötig, die mit einer Frequenz innerhalb des Sprachbandes arbeiten könnte, weil Wählen und Sprechen zeitlich nacheinander liegen. Es wird jedoch bereits eine Tonfrequenz außerhalb des Sprachbandes dauernd übertragen, und zwar der Pilotton für die Pegelregelung, die sowohl während des Gespräches als auch in den Pausen zwischen den Gesprächen stets arbeiten soll. Zur Übertragung der Wahlimpulse verwendet man deshalb entweder eine zweite Tonfrequenz außerhalb des Sprachbandes, oder man tastet den Pilotkanal. Die Zeitkonstante der Pegelregelung muß dann so bemessen sein, daß sie die Pausen zwischen den Wahlimpulsen überbrückt.

Die vom Teilnehmer kommenden Sprechströme werden über eine Gabelschaltung, einen Amplitudenbegrenzer und einen Hochpaß auf den Zwischenfrequenzmodulator gegeben, ein Zwischenfrequenzfilter läßt nur ein Seitenband über einen Zwischenfrequenzverstärker auf den Hochfrequenzmodulator weiterlaufen. In der Hochfrequenzlage wird wiederum nur ein Seitenband über ein Hochfrequenzvorfilter auf den Endverstärker gegeben.

In der Empfangsrichtung wird das von der Gegenstation kommende Seitenband über einen Pegelregler und einen Amplitudenbegrenzer auf den Hochfrequenzdemodulator gegeben, also aus der Hochfrequenzlage in die Zwischenfrequenzlage zurückversetzt; dabei werden der Trägerrest sowie ein Seitenband durch ein Zwischenfrequenzfilter gesperrt, so daß nur das andere Seitenband über einen Zwischenfrequenzverstärker auf den zweiten Demodulator gelangen kann, in dem durch Zusetzen der Zwischenfrequenz das Frequenzband in die Niederfrequenzlage gebracht wird. Über einen Niederfrequenzbandpaß, einen Niederfrequenzempfangsverstärker und die Gabelschaltung werden die Sprachströme dann dem Teilnehmer zugeführt.

Bei einem solchen Einseitenbandsprechgerät, das für Band-an-Band-Betrieb gebaut ist, werden die zwei Frequenzbänder für die beiden Sprechrichtungen durch eine Hochfrequenzgabel voneinander getrennt, die am Hochfrequenzeingang des Gerätes liegt. Soll ein Einseitenbandsprechgerät dagegen so aufgebaut sein, daß der Abstand zwischen den Frequenzbändern für beide Verkehrsrichtungen nicht starr gleich Null ist, sondern beliebig variierbar, so treten an die Stelle der Hochfrequenzgabel zwei Hochfrequenztrennfilter; weiterhin braucht man zwei Hochfrequenzgeneratoren, die verschieden abgestimmt sind (Abb. 51, unten).

Man kann als Pilotfrequenz eine nur teilweise unterdrückte Zwischenfrequenz verwenden, also einen Träger geschwächt mitübertragen. Damit erspart man zwar den Aufwand für einen besonderen Pilotgenerator sowie Filter, aber die Einseitenbandverbindung wird dadurch genauso leicht abhörbar wie eine Zweiseitenbandverbindung. Um dies zu vermeiden, kann man einen besonderen Pilotfrequenzgenerator verwenden, der eine Frequenz oberhalb der obersten Sprachfrequenz erzeugt. In einem 2,5-kHz-Raster entsteht bei deren Übertragung dann die Aufgabe, die „Nullfrequenz" der Verbindung auf den nächsten Frequenzplatz zu legen (Abb. 52), weil zwischen der obersten Eckfrequenz des Sprachbandes, der Pilotfrequenz und der Eckfrequenz des Platzes genügend große Abstände geschaffon werden müssen, um mit noch einfachen Filtern arbeiten zu können. Der durch eine besondere „Trägerrestsperre" gegebene Mehraufwand kann vermieden werden, wenn man die Nullfrequenz auf dem eigenen Frequenzplatz läßt, dafür aber das Sprachband bei bereits etwa

2100 Hz abschneidet; im Hinblick auf die CCITT-Empfehlungen für die Qualität der Verbindungen sollte dies möglichst vermieden werden (s. S. 68).

Eine gewisse Sicherung des Rufempfängers gegen Fehlimpulse ist von selbst gegeben, teils durch die Begrenzung des Störvolumens auf den Rufkanal, der wesentlich schmaler ist als der Sprachkanal, teils auch durch die dauernd wirkende Pegelregelung, die den Empfänger fortwährend nur auf der gerade notwendigen Empfindlichkeitsstufe hält.

Trägerfrequenzgeräte, die mit Frequenzmodulation arbeiten, müssen für den Betrieb über Hochspannungsleitungen so ausgeführt sein, daß sich ihre Frequenzbänder in den Frequenzplan einfügen lassen; sie sollen also auf die Plätze eines Rasters für Zweiseitenbandübertragungen passen. Der Frequenzhub (Anhang 9.6) beträgt deshalb etwa 2 kHz. Die

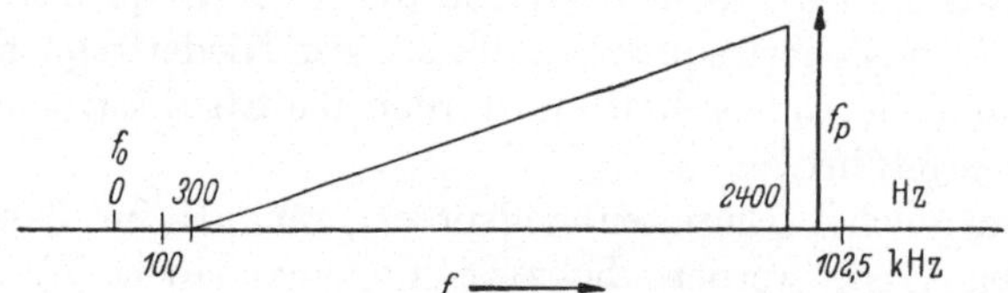

Abb. 52. Lage der Nullfrequenz für einen Einseitenbandsprechkanal (von 300 bis 2400 Hz) in einem 2,5-kHz-Raster.
f_0 Nullfrequenz; f_p Pilotfrequenz

Frequenzmodulation ergibt auch bei so schmalen Übertragungsbändern noch einen etwa 1,1 Np größeren Störpegelabstand als ein Zweiseitenbandgerät gleicher Trägerleistung mit einem Modulationsgrad von 80%. Wenn man die Geräte nach beiden Übertragungsverfahren auf gleichen Störpegelabstand, also gleiche Reichweite, einrichtet, so brauchen die Geräte mit Frequenzmodulation einen um 1,1 Np geringeren Sendepegel, sie können also mit einem kleineren Sendeverstärker gebaut sein.

Die Grundschaltung (Abb. 53) ähnelt der eines Zweiseitenbandgerätes. Die sprachfrequenten Wechselspannungen erreichen über einen Zweidrahtanschluß die Gabelschaltung mit Leitungsnachbildung. Der Niederfrequenzverstärker bringt die Sprachamplituden auf den für die Modulation notwendigen Pegel; dabei werden die Amplituden der hohen Frequenzen durch einen Reihenschwingkreis stärker angehoben (Preemphasis), um sie mit dem gleichen Frequenzhub zu übertragen wie die mittleren Frequenzen. Die am Modulator anliegenden sprachfrequenten Wechselspannungen steuern die vom Hochfrequenzgenerator gelieferte Trägerfrequenz mit einem größten Hub von ± 2 kHz. Die hochfrequenten Amplituden werden anschließend begrenzt und im Hochfrequenzverstärker auf den Ausgangspegel gebracht. Über das Sendefilter und einen Anpassungsübertrager führt man sie schließlich der Ankopplungsschaltung zu. Die Wahlimpulse werden in einem unterlagerten Kanal übertragen. Eine Tonfrequenz macht Frei- und Besetztzeichen hörbar.

Die auf der Hochspannungsleitung ankommenden trägerfrequenten Spannungen erreichen über die Ankopplungseinrichtung und den Anpassungsübertrager die Empfangsfilter, die sowohl die Hochfrequenzschwingungen des eigenen Senders fernhalten als auch die fremder Sender. Es wird also nur das gewünschte Frequenzband empfangen, an-

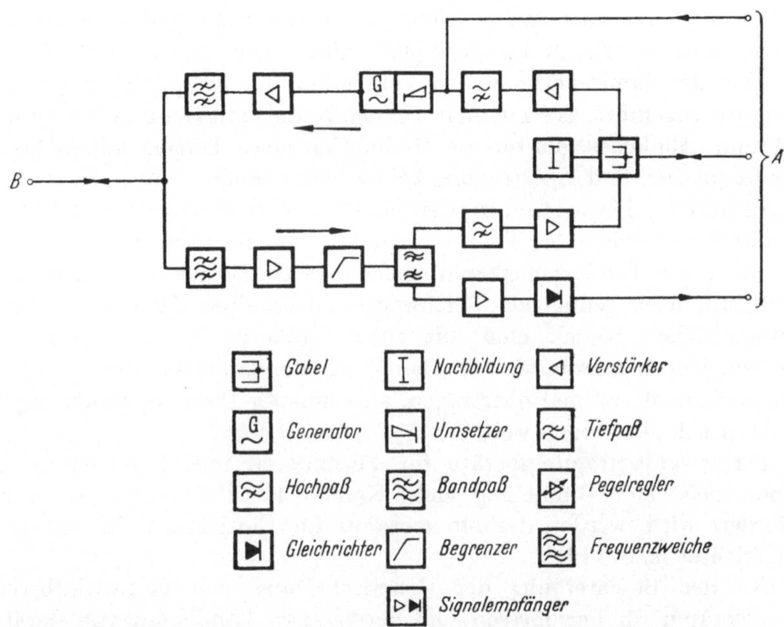

Abb. 53. Grundschaltung eines Trägerfrequenz-Sprechgerätes mit Frequenzmodulation. *A* zum Teilnehmer; *B* zum Koppelfilter

schließend verstärkt und so begrenzt, daß der Diskriminator eine feste Hochfrequenzspannung erhält, auch wenn sich der Eingangspegel in einem weiten Bereich ändert. Der Diskriminator wandelt die hochfrequenten Frequenzschwankungen der Trägerfrequenz in entsprechende niederfrequente Amplitudenschwankungen um. Am Ausgang des Diskriminators werden die Amplituden der hohen Frequenzen als Ausgleich für die im Sender durchgeführte Anhebung wieder abgesenkt (Deemphasis). Der Niederfrequenzverstärker bringt die wiedergewonnenen Niederfrequenzspannungen auf den gewünschten Ausgangspegel. Das Sprachband gelangt über einen Tiefpaß, der es bei 2400 Hz begrenzt, zum Ausgang.

Die ankommenden Wahlimpulse werden am Ausgang des Niederfrequenzverstärkers abgezweigt, gleichgerichtet und dem Empfangsrelais zugeführt.

b) Fernwirkgeräte für Fernmessen und Fernsteuern

Trägerfrequenz-Übertragungsgeräte für Fernwirken sind als Einzweckgeräte immer für Mehrfachübertragung eingerichtet, weil das Intervall eines Frequenzrasters durch die Sprachfrequenzbänder gegeben ist und für ein Bündel von schmalen Fernwirkkanälen ausreicht. Vor 40 Jahren hat man auch nur eine mit einem Fernwirksignal getastete Trägerfrequenz auf einem Frequenzplatz übertragen. Heute wird dies angesichts der damit verbundenen Vergeudung an Frequenzplätzen nicht mehr durchgeführt, es sei denn in kleinen Netzen mit Geräten älterer Ausführung. Ähnliches gilt für die Modulation eines Trägers mit mehreren Tonfrequenzen und Übertragung beider Seitenbänder. Solche Zweiseitenbandgeräte für Fernwirken wurden für 1 bis 6 Fernwirkkanäle mit 120-Hz-Abständen zwischen den Tonfrequenzen gebaut, bei mehr Kanälen wurde der auf einen Tonfrequenzkanal entfallende Anteil der Sendeleistung zu klein, um noch genügende Reichweiten zu erhalten. Man könnte zwar etwas größere Kanalzahlen mit einem größeren Sendeverstärker erreichen, jedoch würde wie bei allen Zweiseitenbandübertragungen jeder Fernwirkkanal zweimal übertragen, also unnötig Platz im Frequenzplan in Anspruch genommen werden.

Fernwirkübertragungsgeräte für Fernmessen und Fernsteuern, bei denen meist eine Bündelung vieler Kanäle durch die Aufgabenstellung gefordert wird, werden deshalb meistens für Einseitenbandübertragung eingerichtet (s. S. 114).

Bei der Beschreibung der Grundschaltung von Fernwirkübertragungsgeräten für Fernmessen und Fernsteuern kann man von Geräten ausgehen, die als abgewandelte Einseitenbandfernsprechgeräte anzusehen sind, bei denen also anstelle der Sprachfrequenzen ein Gemisch von tonfrequenten Fernwirksignalen zur Modulation der Trägerfrequenz verwendet wird. Entsprechend der Aufgabenstellung sind sie für Staffelbetrieb eingerichtet, man kann also an mehreren Sendeorten längs einer Leitung kleinere Gruppen von Fernwirkkanälen beginnen oder auch an verschiedenen Empfangsorten enden lassen. Entscheidend ist für ein System mit beispielsweise 50-Band-Kanälen in einem 2,5-kHz-Raster nur, daß auf einem Übertragungsabschnitt die Summe der Kanäle nicht größer als 18 wird. Zum System gehören vier Geräte mit gleichen Baugruppen, nämlich Sender, Empfänger, kombinierter Sender-Empfänger und Zwischenverstärker mit Sende- oder Empfangszusätzen. Der Zwischenverstärker ist für die Umsetzung des ankommenden Trägerfrequenzbandes eingerichtet, so daß das abgehende Band auf einen anderen Platz im Frequenzplan gelegt werden kann; dies ist immer nötig, um den Verstärkerausgang genügend vom Eingang zu entkoppeln und somit den Verstärker trotz der mitunter unzureichenden Rückkopplungsdämpfung eine Hochspannungsstation voll ausnutzen zu können. Außerdem gewinnt man Bewegungsfreiheit für die Frequenzplanung.

Im Sender (Abb. 54) werden die Kanalfrequenzen durch Tonfrequenzgeneratoren erzeugt. In Tastmodulatoren wird die Amplitude der einzelnen Frequenzen von ihrem zugehörigen Impulsgeber im Rhythmus der Impulsfolgen moduliert. Das aus den modulierten Kanalfrequenzen be-

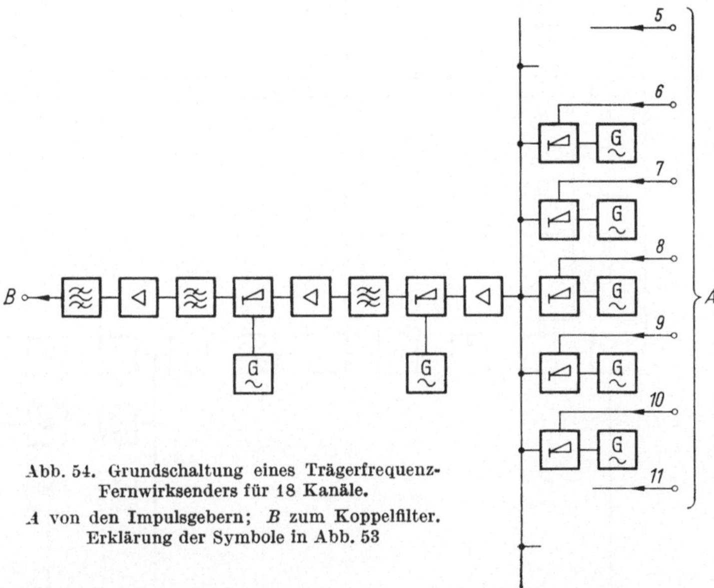

Abb. 54. Grundschaltung eines Trägerfrequenz-Fernwirksenders für 18 Kanäle.
A von den Impulsgebern; B zum Koppelfilter. Erklärung der Symbole in Abb. 53

stehende Frequenzgemisch wird in die Zwischenfrequenzlage umgesetzt, über Filteranordnungen sowie einen Umsetzer in die Hochfrequenzlage gebracht und schließlich dem Sendeverstärker zugeführt. Das Hochfrequenzgemisch gelangt dann über das Sendefilter und die Ankopplungsschaltung zur Hochspannungsleitung. Das Sendefilter macht das Gerät für Frequenzen außerhalb des Übertragungsbandes hochohmig.

Einer der Kanäle dient gleichzeitig zur Pegelregelung auf der Empfangsseite. Dieser Pilotkanal sendet bei Ausbleiben der zu übertragenden Impulse, oder wenn die Impulspausen eine festgelegte Zeitdauer, beispielsweise 500 ms überschreiten, ein Dauerzeichen. Die Pegelregelung auf der Empfangsseite arbeitet dadurch ohne Unterbrechung weiter. Fällt der Pilotkanalgenerator aus, so wird auf der Sendeseite eine Alarmeinrichtung betätigt.

Im Empfänger (Abb. 55) wird über das Empfangsfilter und eine umsteckbare Vordämpfung, mit der man die Empfangsempfindlichkeit des Gerätes verändern kann, das Frequenzgemisch entweder einem oder mehreren Gruppenempfängern zugeführt. Jeder Empfänger gleicht die Pegelschwankungen der Frequenzgruppe des ihm zugeordneten Sendeortes mit einem Regelverstärker aus. Nach einer zweifachen Frequenzumsetzung werden die zu jeder Gruppe gehörenden Frequenzen über Gruppenfilter den einzelnen Niederfrequenz-Gruppenverstärkern zu-

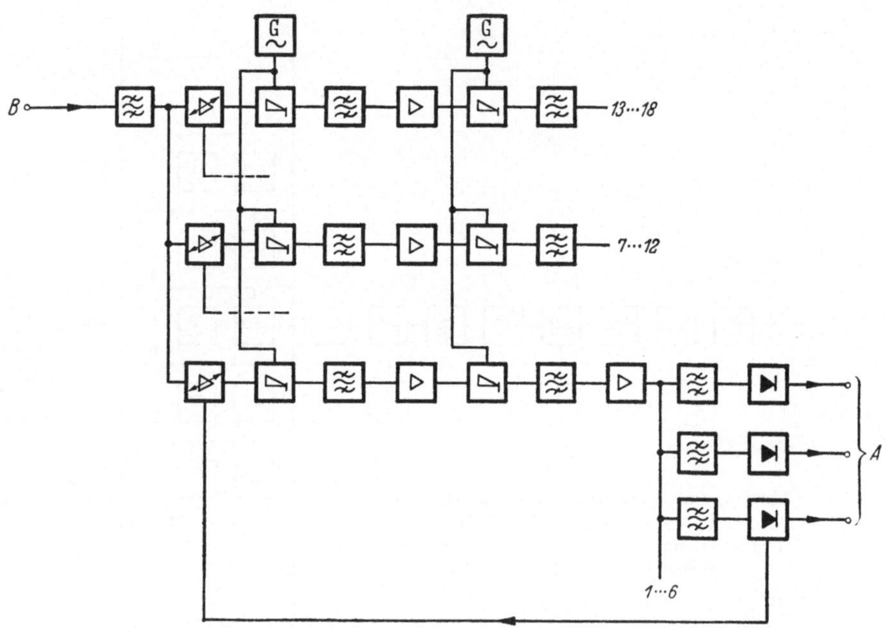

Abb. 55. Grundschaltung eines Trägerfrequenz-Fernwirkempfängers für 18 Kanäle (in 3 Gruppen). *A* zu den Impulsempfängern; *B* vom Koppelfilter. Erklärung der Symbole in Abb. 53

geführt. Kanalfilter trennen die einzelnen Frequenzen, die gleichgerichtet werden und über Transistorschaltungen die angeschlossenen Geräte steuern. Für jede Gruppe ist einer der Kanalempfänger als Pilotkanalempfänger ausgebildet und liefert neben dem Strom für seine Ausgangsschaltung die Steuerspannung für die Pegelregelung dieser Gruppe. Eine jedem Kanal zugeordnete Überwachung meldet eine Störung des Kanals oder das Ausbleiben der Impulse.

Der Zwischenverstärker mit Frequenzumsetzung (Abb. 56) besteht aus einem Empfänger und einem Sender. Kanäle, die weitergeführt werden sollen, werden durch je ein Bandfilter in der Niederfrequenzlage vom

Empfangs- auf den Sendeteil durchgeschaltet. Kanäle für den Empfang in der Zwischenstation werden vorher abgezweigt. Neu hinzukommende Kanäle können in der Niederfrequenzlage zugesetzt werden.

Ist ein solches Mehrfachübertragungssystem entsprechend den Behördenvorschriften vieler Länder auf eine höchstzulässige effektive Summenleistung am Senderausgang von 10 W bemessen, so kann die Spitzenleistung von 40 W nicht mehr voll ausgenutzt werden, wenn weniger als 4 Kanäle übertragen werden (Anhang 9.7).

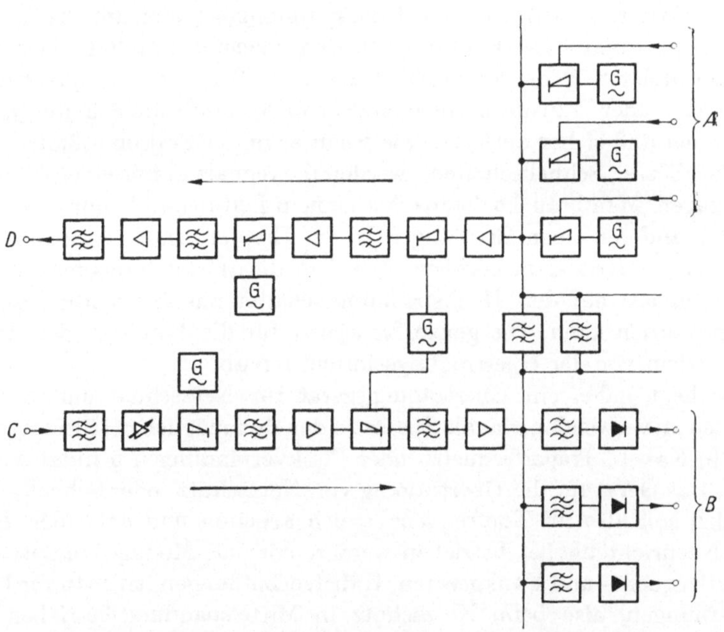

Abb. 56. Grundschaltung eines Trägerfrequenz-Fernwirk-Zwischenverstärkers mit Frequenzumsetzung.
Die Baugruppen des Sendeteils entsprechen denen eines Senders gemäß Abb. 54.
Die Baugruppen des Empfangsteils entsprechen denen eines Empfängers gemäß Abb. 55.
A von den Impulssendern; *B* zu den Impulsempfängern; *C* von der ankommenden Hochspannungsleitung; *D* zu der abgehenden Hochspannungsleitung.
Erklärung der Symbole in Abb. 53

c) Fernwirkgeräte für Netzschutz und Schnellschalten

Bei Fernwirkübertragungsgeräten für Netzschutz kommt es nicht nur auf eine hohe Übertragungssicherheit, sondern auch auf eine besonders kurze Laufzeit der Signale an, so daß man entsprechend breite Fernwirkkanäle braucht. Dabei ist für jeden Leitungsabschnitt in der Regel eine Signalübertragung in beiden Verkehrsrichtungen nötig, man braucht also als Übertragungsgeräte kombinierte Sender-Empfänger. Das übertragene

Signal gibt nur die Funktion der Schutzrelaissätze beschleunigt frei (oder es blockiert sie); in der Empfangsstelle kommt also noch ein örtlich vorhandenes Kriterium hinzu, bevor der Hochspannungsschalter betätigt wird.

Eine ähnliche Aufgabe liegt dann vor, wenn ein Leistungsschalter schnell und sicher durch ein unverschlüsseltes Signal ausgelöst werden soll. Am meisten braucht man derartige Anordnungen bei Umspann- oder Kraftwerken, die durch eine Stichleitung an ein Hochspannungsnetz angeschlossen werden, das in einigen Kilometern Entfernung an der Station vorbeiführt. Hier will man den Hochspannungsschalter am Stationsausgang sparen und seine Funktion auf den nächsten Schalter übertragen, der am anderen Ende der Stichleitung liegt. Bei einem Ansprechen des Generator- oder Transformatorschutzes soll der entfernte Schalter genauso schnell und sicher auslösen, wie wenn er in der Station stünde.

Für dieses „Schnellschalten“ werden die Signale in nur einer Richtung übertragen. Man braucht demnach an einem Leitungsende nur einen Sender, am anderen einen Empfänger. In der Empfangsstelle ist kein örtlich vorhandenes Kriterium gegeben, von dem die Wirkung des fernübertragenen Signals auf den Hochspannungsschalter zusätzlich abhängig gemacht werden kann. Die ganze Sicherheit für die Funktion der Anlage hängt allein von der Übertragungseinrichtung ab.

Es liegt nahe, ein Übertragungsgerät für Netzschutz und Schnellschalten zu verwenden, das als Zusatz zu den drei möglichen Übertragungsmitteln Kabel-, Trägerfrequenz- oder Funkverbindungen benutzt werden kann. Das Gerät für die Übertragung von Netzschutz- oder Schnellschaltsignalen soll also im Tonfrequenzbereich arbeiten und entweder direkt über Nachrichtenkabel betrieben werden oder als Modulationszusatz zu Trägerfrequenz- und Funkgeräten. Kabelverbindungen hat man für kurze Entfernungen, also beim Netzschutz in Mittelspannungsbetrieben und Stadtnetzen oder auch beim Schnellschalten in Hochspannungsnetzen. Trägerfrequenz- und Funkverbindungen dagegen hat man bei größeren Entfernungen, also überwiegend nur zur Übertragung von Netzschutzsignalen.

Für die Übertragung derartiger Signale stehen an Zeit nur etwa 10 ms zur Verfügung. Zusammen mit der Ansprechzeit der Schutzrelaissätze und der Auslösezeit der Hochspannungsschalter dürfen nur Bruchteile von Sekunden zusammenkommen, wenn rechtzeitig abgeschaltet und damit Schäden in der Hochspannungsanlage vermieden werden sollen.

Ein Übertragungsgerät für Netzschutz- und Schnellschaltsignale muß unempfindlich sein gegen Störspannung, insbesondere gegen Impulsspannungen, deren Amplitude groß gegenüber der des Nutzsignals ist. Zu diesem Zweck werden bei einem Ausführungsbeispiel des Tonfrequenzgerätes [*14*] folgende Verfahren angewendet (Abb. 57):

a) Um den Einfluß von Störspannungen auf die Signalübertragung zu unterdrücken, arbeitet das Gerät mit Vierfrequenzumtastung (F6-Modulation), wobei unterbrechungsfrei und mit konstanter Amplitude gesendet wird. Einer der vier möglichen Töne dient als Ruhefrequenz. Zum Übertragen eines Schutzsignals wird sprunghaft auf eine der drei Arbeitsfrequenzen umgetastet. Dabei läßt sich durch die Wahl der Frequenzen festlegen, ob das eine oder andere Drehstromsystem einer Doppelleitung oder beide gemeinsam abgeschaltet werden sollen. Der Empfänger bewertet

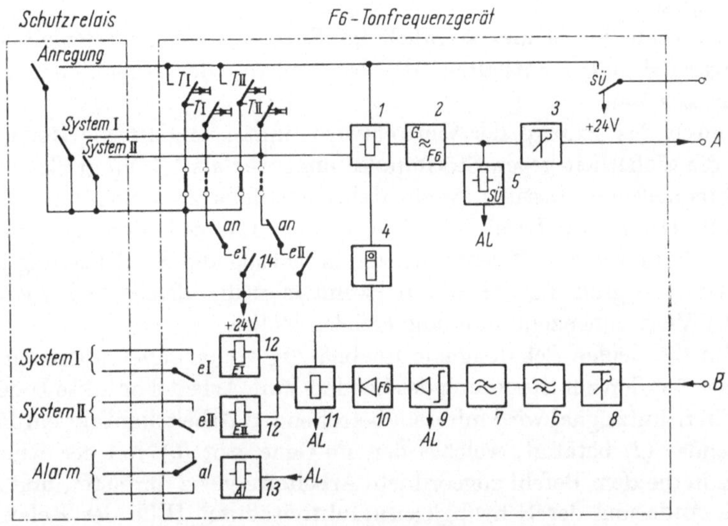

Abb. 57. Grundschaltung eines Tonfrequenzgerätes zur Übertragung von Netzschutz- und Schnellschaltsignalen mit F6-Modulation (Siemens A.G.)

nur die Frequenzen und keine Änderungen der Amplitude. Daher wird die Amplitude großer Störimpulse bei voller Nutzbandbreite besonders stark begrenzt und somit ihr Einfluß unwirksam gemacht.

b) Da nur ein einziger Ton ausgesendet wird, kann die Sendeleistung der Endverstärker zwischengeschalteter Trägerfrequenz- oder Funkgeräte bis zum maximalen Wert ausgenutzt werden.

c) Durch die Amplitudenbegrenzung sind Pegelsprünge infolge plötzlicher Dämpfungsänderungen des Übertragungsweges in weiten Grenzen ohne Einfluß auf die Signalübertragung.

Weitere Sicherheiten ergeben sich durch folgende Prüf- und Überwachungsmöglichkeiten:

d) Die ständige Übertragung einer von vier Frequenzen wird zum dauernden Überwachen aller Baueinheiten des Gerätes und der Übertragungsstrecke ausgenutzt.

e) Mit Prüftasten kann die Funktion der sonst nur durch ein Auslösesignal betätigten Bauteile örtlich überprüft werden, ohne daß eine Auslösung der Leistungsschalter eintritt.

f) Bei Selektivschutzverbindungen kann man außerdem eine Schleifenprüfung vornehmen. Hierbei wird von der prüfenden Station ein Auslösebefehl über die Gegenstation zurückgesendet. Soweit bei der Gegenstation nicht gerade eine Anregung ansteht, wird der Befehl nicht ausgegeben. Das Weiterschalten der im Gerät eingebauten Zähler bei der prüfenden Station zeigt dabei das ordnungsgemäße Arbeiten der Verbindung an.

g) Sowohl im Sende- als auch im Empfangsweg sind Pegelüberwachungsschaltungen enthalten, die bei Sinken oder Ausfall des Pegels Alarm auslösen.

Durch das Prinzip der Vierfrequenzenumtastung ist die Reichweite oder die Sicherheit gegen Störimpulse um mehr als 1,4 Np größer als bei Zweifrequenzenumtastung, wenn dabei ebenfalls zwei Schutzkanäle im etwa 2 kHz breiten Band betrieben werden. Das bedeutet, daß man bei einem Verfahren mit Zweifrequenzenumtastung die Sendeleistung mehr als 16mal so groß machen müßte, wenn man die gleiche Sicherheit wie bei der Vierfrequenzenumtastung erzielen wollte.

Um die beiden Schaltsignale unabhängig voneinander übertragen zu können, werden zur Steuerung des Senders zwei Arbeitskontakte benötigt. Für ein Schutzsignal wird mit dem betreffenden Arbeitskontakt ein Relais im Sender (*1*) betätigt, welches den F6-Generator (*2*) von der Ruhefrequenz in die dem Befehl zugeordnete Arbeitsfrequenz umtastet, und zwar durch Änderung der Schwingkreisinduktivität mit Hilfe der Relaiskontakte.

Der Sendepegel des Gerätes wird den jeweiligen Verhältnissen angepaßt durch ein dem Generator nachgeschaltetes veränderbares Dämpfungsglied. An den Ausgang des Generators kann eine Sendepegelüberwachung (*5*) angeschlossen werden.

Im Eingang des Empfängers sind in Reihenschaltung ein veränderbares Dämpfungsglied (*8*) sowie ein Hochpaß (*6*) und ein Tiefpaß (*7*) zur Frequenzbandbegrenzung angeordnet. Mit dem veränderbaren Dämpfungsglied (*8*) wird die Empfindlichkeit des Empfängers eingestellt. Im nachgeschalteten Verstärker (*9*) wird der Empfangspegel auf den erforderlichen Wert angehoben und in seiner Amplitude begrenzt. Am Verstärkerausgang erhält man dann einen von Dämpfungsschwankungen der Leitung unabhängigen Pegel. An den Verstärkerausgang ist die Frequenzbewertung (*10*) mit ihren vier Bandfiltern angeschlossen. Die in das Empfangsband fallenden Frequenzen werden entsprechend ihrem Amplitudenanteil am Ausgang eines jeden Bandfilters gleichgerichtet.

Jedem Gleichrichterausgang ist ein Schalttransistor mit Relais in der Signalauswertung (*11*) zugeordnet. Durch eine entsprechende Zusammenschaltung der vier Transistoren und der frequenzbewertenden Glieder wird erreicht, daß jeweils nur ein Transistor durchlässig gesteuert und somit auch nur ein Relais betätigt werden kann. Fällt das Nutzsignal infolge einer Störung am Sender oder Empfänger oder auch bei Leiterbruch aus, oder liegen am Eingang der vier Bandfilter infolge von Störungen mehr als eine diskrete Schwingung an, dann werden die Signalrelais am Empfängerausgang blockiert (Sicherheit durch Auswahl von einer aus vier Frequenzen). Eines dieser Relais dient zur Überwachung, und die übrigen geben die zu übertragenden Schutzsignale an die Schutzrelais weiter. Für die direkte Auslösung des Leistungsschalters wird zusätzlich ein Relais mit Starkstromkontakten (*12*) benötigt.

Signalzähler (*4*) auf der Sende- und Empfangsseite registrieren die ein- und ausgegebenen Signale und erlauben auf diese Weise eine nachträgliche Kontrolle der Anzahl der ausgegebenen Schaltbefehle.

Bei einseitig gespeisten Leitungsabschnitten kommt die Anregung der Schutzanlage nur an einem Leitungsende zustande. Die Auslösung der Schalter wird dann immer nur von der angeregten Station allein veranlaßt. In diesem Fall sendet die nicht angeregte Station das Schutzsignal zu der angeregten Seite zurück („Echoschaltung“), so daß auch hier der Schalter in kürzester Zeit ausgelöst wird. Allerdings wird hier insgesant die doppelte Signalübertragungszeit benötigt.

Ein Netzschutz- oder Schnellschaltsignal dauert nicht nur wenige Millisekunden, es braucht auch im Laufe eines Jahres nur sehr selten übertragen zu werden. Es liegt nahe, den Übertragungskanal während der übrigen Zeit für Fernsprechen oder Fernwirken zu benutzen. Dennoch schaltet man der Einfachheit halber die Netzschutzverbindung über Einzweckgeräte fest durch, solange genügend Kanäle zur Verfügung stehen, also bei kurzen Kabelverbindungen und Funkbrücken. Auch bei Trägerfrequenzübertragungen über Hochspannungsleitungen ist dies üblich. Hier entsteht jedoch mit zunehmendem Frequenzmangel öfters die Notwendigkeit, ein Frequenzband rationeller auszunutzen, also durch Wechselzweckgeräte zum Beispiel Sprache zu übertragen und bei Bedarf kurzzeitig auf Netzschutzsignalübertragung umzuschalten. Dafür sind einige Zusatzeinrichtungen im Trägerfrequenzgerät und im F6-Modulationsgerät nötig. Die Übertragungszeit für das Signal verlängert sich von etwa 10 ms auf etwa 20 ms, und die Reichweite der Trägerfrequenzgeräte wird um etwa 1,4 Np herabgesetzt.

Beim Schnellschalten allerdings sollte man gründsätzlich keine Wechselzweckgeräte für die Übertragung des Signals benutzen, um die hier nötige erhöhte Übertragungssicherheit beizubehalten.

7.2 Mehrzweckgeräte

Die drei üblichen Übertragungsverfahren, das Zweiseitenband-, das Einseitenband- und das Frequenzmodulationsverfahren können bei Einzweckgeräten für Fernsprechen gleichermaßen angewandt werden, bei Mehrzweckgeräten dagegen wird das Einseitenbandverfahren bevorzugt, und zwar aus zwei verschiedenen Gründen. Der eine ist dann gegeben, wenn bereits ein Frequenzraster für Einzweckgeräte mit Zweiseitenbandübertragung oder Frequenzmodulation für zahlreiche vorhandene Geräte besteht. Das breitere Frequenzband für ein Mehrzweckgerät müßte dann auf zwei nebeneinanderliegenden Plätzen dieses Rasters untergebracht werden. Damit dieses Frequenzband auch wirklich voll ausgenützt wird und nicht Reste des Platzes ungenutzt bleiben, muß man verhältnismäßig viel Fernwirkkanäle überlagern. Auch wenn dafür hinreichend Bedarf wäre, käme noch ein zweiter Grund zur Auswirkung, der für die Verwendung von Mehrzweckgeräten spricht, die nach dem Einseitenbandprinzip arbeiten. Die Sendeleistung wird nämlich bei den beiden anderen Übertragungsverfahren zu ungünstig auf die Teilkanäle verteilt. Man müßte also entweder eine ungenügende Reichweite oder eine ungenügende Ausnutzung des Frequenzplatzes in Kauf nehmen. Mehrzweckgeräte arbeiten deshalb meistens mit Einseitenbandübertragung, und zwar in einem 4-kHz-Raster, wenn von Anfang an nur mit derartigen Mehrzweckgeräten geplant wurde, oder in einem 5-kHz-Raster, wenn auch Einzweckgeräte mit 2,5-kHz-Bändern im gleichen Raster arbeiten sollen.

Die Grundschaltung eines Mehrzweckgerätes entspricht der eines Einzweckgerätes (Abb. 51). Das Sprachband und die überlagerten Signalkanäle werden beim Übergang von der Niederfrequenz- in die Zwischenfrequenzstufe im Sender zusammengeführt und im Empfänger wieder voneinander getrennt. Außerdem sind die zusätzlich erforderlichen Einsätze für die Überlagerungskanäle meistens in das Gerät eingebaut.

Es lassen sich sowohl Signalkanäle überlagern, die mit Amplitudenmodulation arbeiten, als auch Kanäle mit Frequenzmodulation. Je nachdem, ob es sich um Fernmeß-, Fernsteuer- oder Netzschutzsignale handelt, sind die überlagerten Kanäle in Abständen von 120 Hz oder 480 Hz angeordnet. Auch eine Mischung von Signalkanälen unterschiedlicher Breite bereitet keine Schwierigkeiten (Abb. 58).

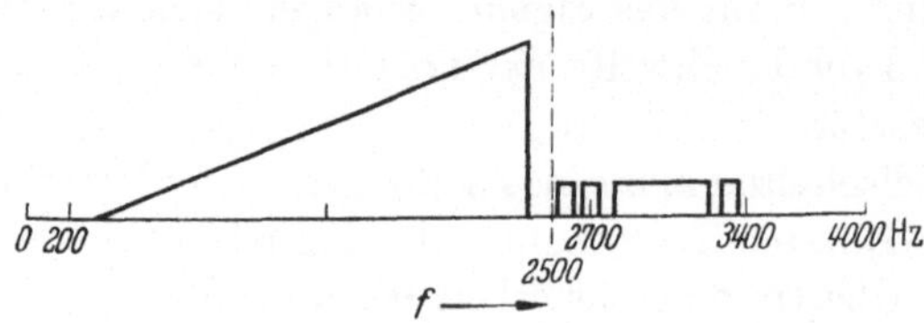

Abb. 58. Aufteilung des Frequenzbandes eines Mehrzweckgerätes

7.3 Wechselzweckgeräte

Alle Trägerfrequenzgeräte lassen sich für Wechselzweckbetrieb einrichten, unabhängig davon, nach welchem Übertragungsverfahren sie arbeiten. Die Grundaufgabe ist immer das Fernsprechen, und der Sinn des Wechselzweckbetriebes liegt darin, ohne Verbreiterung des Übertragungsfrequenzbandes Fernwirksignale zu übertragen, und zwar so, daß zur gleichen Zeit keine Sprachübertragung stattfinden kann. Es ist naheliegend, nur sehr kurze Signale auf die Sprachübertragung aufzuschalten, damit der Sprechverkehr nicht merkbar beeinträchtigt wird. Diese Voraussetzung ist nur bei Netzschutz- oder Schnellschaltsignalen gegeben. Der Wechselzweckbetrieb für Sprechen und Schnellschalten scheidet praktisch aus (s. S. 135). Für die Anwendung in der Praxis sind demnach nur die Wechselzweckgeräte von Interesse, die für Sprechen und Netzschutz eingerichtet sind, zumal für beide Aufgaben übereinstimmend je Leitungsabschnitt eine Übertragung in beiden Verkehrsrichtungen gebraucht wird.

Im Trägerfrequenzgerät ist beim Übergang von der Niederfrequenz- in die Zwischenfrequenzstufe (Einseitenbandverfahren) oder in die Hochfrequenzstufe (Zweiseitenbandverfahren oder Frequenzmodulation) an der Stelle, wo das Mehrzweckgerät eine Frequenzweiche hat, im Wechselzweckgerät ein elektronischer Schalter eingebaut, der, von den außenliegenden Schutzrelaissätzen gesteuert, zwischen Sprach- und Signalübertragung umschaltet. Dies gilt für den Sender- und den Empfangsteil des Sprechgerätes.

Der Wechselzweckbetrieb für Kanalgeräte, bei dem durch Umschalteeinrichtungen außerhalb der Trägerfrequenzgeräte ein Sprachkanal vorübergehend für längere Zeit auf Fernwirk- oder Fernschreibübertragung umgeschaltet wird, weist keine übertragungstechnischen Besonderheiten auf. Er wird selten angewandt, nämlich nur in Sprechbezirken geringer Sprechdichte, in denen beispielsweise anstelle der Sprache vorübergehend Meßwerte, Fernsteuer- oder Fernschreibsignale übertragen werden sollen.

7.4 Mehrfachübertragungsgeräte

Mehrfachübertragungssysteme arbeiten zur Einsparung von Frequenzplätzen meistens nach dem Einseitenbandverfahren. Soweit sie für Fernwirkzwecke ausgebildet sind, wurden sie der speziellen Aufgabenstellung entsprechend besonders entwickelt. Für Fernsprechzwecke verwendet man soweit wie möglich (s. S. 90) Geräte, die aus der Posttechnik entnommen und dem Betrieb über Hochspannungsleitungen besonders angepaßt sind. Bei einem 4-kHz-Raster für die Verteilung der Frequenzbänder im Hochspannungsnetz sind die Anpassungsarbeiten geringer als bei einem 2,5-kHz-Raster, weil die Postsysteme für ein 4-kHz-Raster gebaut sind. Allerdings müßte man einen 4-kHz-Kanal eines Mehrfachübertragungssystems nach dem Mehrzweckprinzip ausnützen, wenn man im Vergleich zum 2,5-kHz-Raster nicht Platz im Frequenzplan unnötig verschwenden will, dadurch, daß man das Sprachfrequenzband ohne ersichtlichen Nutzen auf 4 kHz erweitert. Andererseits liegt es nahe, einen der Sprachkanäle für Fernwirkzwecke zu benutzen und damit die Änderungen der 4-kHz-Sprachkanäle auf 2,5-kHz-Sprachkanäle zu vermeiden. Mit den Mehrfachübertragungssystemen könnten also auch 4-kHz-Sprachkanäle in die Trägerfrequenztechnik der Energieversorgungsbetriebe Eingang finden, ohne daß es notwendig oder auch nur nützlich wäre. Um dies zu vermeiden, wurden auch besondere 2fach-Sprechgeräte für das 2,5-kHz-Raster entwickelt, die durch einfache Zusatzeinrichtungen zu 4fach- oder 6fach-Geräten ergänzt werden können.

Die Grundschaltung eines Mehrfachsprechgerätes soll hier nicht näher beschrieben werden. Es werden in einer oder mehreren Stufen die niederfrequenten Sprachströme jedes Sprechkreises in die Hochfrequenzlage gebracht. Zum Betrieb der Geräte über Hochspannungsleitungen kommt es darauf an, daß der verhältnismäßig ungünstige Verlauf der Restdämpfung in dem besonders breiten Übertragungsfrequenzband durch geeignete Maßnahmen in der Leitungsausrüstung verbessert wird. Außerdem sollte möglichst mehr als nur ein Pilotkanal für die Steuerung der Pegelregelung vorhanden sein, da es zweckmäßig ist, bei so breiten Frequenzbändern die Leitungsdämpfung für höchstens drei Sprechkreise gemeinsam auszuregeln. Je Sprechkreis ist ein besonderer Rufkanal nötig.

Die Erfahrung vieler Jahre hat gezeigt, daß alle Schwierigkeiten, die der Einführung von Mehrfachsprechsystemen entgegenstehen, hauptsächlich in den stark vermaschten Hochspannungsnetzen der Industrieländer gegeben sind. Sie können nur mit hohen Aufwendungen für die Leitungsausrüstung und die Anpassung der Postsysteme an den Betrieb über Hochspannungsleitungen beseitigt werden; auch macht es oft Schwierigkeiten, die Hochspannungsleitungen für die umfangreichen Messungen und Einbauten frei zu machen, die Voraussetzung für die Verwendung von Mehrfachsprechsystemen sind.

In wenig industrialisierten Ländern dagegen liegen alle diese Schwierigkeiten nicht oder wenigstens nur zum Teil vor. Vor allem ist der Verwendungszweck nicht der gleiche. Häufig sollen hier in erster Linie Sprechverbindungen geschaffen werden, von denen nur ein Teil dem Energieversorgungsbetrieb, ein größerer Teil jedoch dem öffentlichen Nachrichtendienst zur Verfügung gestellt wird. Trotzdem verwendet man auch hier bevorzugt Mehrfachsprechsysteme mit einer kleinen Anzahl von Sprechkreisen wegen der einfacheren Montage, Einstellung und Wartung und wegen der größeren Beweglichkeit im Netzaufbau. Hinzu kommt, daß die Sendeleistung für jeden Kanal ausreichend groß bleiben muß, wenn man einen für mehrere Kanäle gemeinsamen Sendeverstärker benutzt.

7.5 Ausführungsformen

In den Anfangsjahren der Entwicklung sah man ein Trägerfrequenzgerät in einer Hochspannungsstation mehr oder weniger als Fremdkörper an, man mußte es besonders unterbringen. Der Trägerfrequenzteil wurde mit der zugehörigen Automatik in einem Eisenblechschrank zusammengebaut. Da man noch keine Koppelfilter kannte und deshalb nur kurze Zuleitungen zum Koppelkondensator haben wollte, stellte man den Schrank auf einem Gang des Schalthauses, in einem Kabelboden oder einem ähnlichen Raum auf, nur die Fernsprechapparate standen in der Schaltwarte. Der Eisenblechschrank wird auch heute noch häufig zur Aufnahme eines Trägerfrequenzgerätes verwendet.

Während vieler Jahre hat man die Trägerfrequenzgeräte für die Post- und Bahn-Nachrichtentechnik in Gestellen aufgebaut, um die gleiche Bauform zu haben, wie sie für Selbstwählzentralen üblich ist; dies war angängig, weil hier besondere, staubfreie Räume für die Nachrichtengeräte geschaffen wurden, teils war es auch notwendig, um mit möglichst wenig Platz auszukommen.

Schon früh haben einige Herstellerfirmen auch für die Geräte der Energieversorgungsbetriebe eine Gestellbauweise angewandt. Dies war nur dadurch möglich, daß die auf dem Gestell untergebrachten Baueinheiten einzeln gegen Verstaubung durch Abdeckkappen gesichert waren.

Die Bauelemente, wie Widerstände, Kondensatoren, Übertrager, Röhren, hat man lange Zeit auf vertikalen Blechplatten im Schrank untergebracht, damit man jeden Fehler bis zum Bauelement hin eingrenzen und beseitigen konnte. Es wurden auch ähnliche Anordnungen auf horizontale Platten verwendet (Tablett), die man wie Schubladen aus dem Schrank hervorziehen konnte, um den mit dem Blechschrank umbauten Raum besser auszunutzen. Dabei waren flexible Kabel zwischen Tablett und Schrank nötig.

Seit Jahren bilden sich in den Nachrichtennetzen der Energieversorgungsbetriebe immer mehr große Knotenpunkte heraus, in denen viele Trägerfrequenzgeräte, Vermittlungseinrichtungen und Fernwirkgeräte untergebracht werden müssen. Infolgedessen stellte man dafür ebenfalls besondere Räume zur Verfügung, die staubfrei und oft auch klimatisiert sind. Wenn man zunächst von den zahlreichen noch im Betrieb befindlichen Geräten älterer Bauweise, also in Schränken und mit Röhren bestückt, absieht, so stehen in diesen Fernmelderäumen nur Gestellreihen, die von beiden Seiten zugängig sind. Die Trägerfrequenzgeräte sind durch die Transistorierung und die Steckbauweise so klein geworden, daß sie nur 1/4 des Platzes eines Röhrengerätes einnehmen oder noch weniger. Bei der Erweiterung bestehender Fernmeldeanlagen genügt deshalb oft der vorhandene Fernmelderaum, der ursprünglich für wesentlich größere Trägerfrequenzgeräte in Schrankausführung bemessen wurde. Man braucht nur ältere Röhrengeräte durch die kleinen transistorbestückten Geräte zu ersetzen, die auf einige Schienen verteilt in ein Fernmeldegestell passen, und gewinnt damit Platz für Erweiterungen, vermeidet also Neu- oder Umbauten von Räumen.

Noch sind in vielen Ländern zahlreiche Trägerfrequenzgeräte älterer Bauart in Betrieb, teils sind aber auch für neue Geräte die ursprünglichen Unterbringungsbedingungen gegeben, das heißt, sie stehen als einziges Fernmeldegerät in einer Hochspannungsstation und sollen Trägerfrequenz- und Vermittlungsteil enthalten. In beiden Fällen hat man also Geräte in Schrankausführung. Diese über das ganze Nachrichtennetz verteilten Einzelgeräte sind meistens zahlreicher als die, die in Fernmelderäumen zusammengefaßt sind.

Auch heute versucht man dementsprechend beide Fälle zu berücksichtigen, also eine Einheitskonstruktion für entlegene Einzelgeräte und für die in großen Ämtern zusammengefaßten Geräte zu finden. Zunächst gehört dazu, daß sich die Einbaugruppen nach Belieben in genormte Schränke oder genormte Gestelle einordnen lassen. Die Konstruktionsweise mit Baugruppen gestattet es, alle konstruktiven Unterschiede zwischen den einzelnen Gerätearten und Geräteklassen, also zwischen Zweiseitenband-, Einseitenband- und frequenzmodulierten Geräten einerseits und Ein-, Mehr- und Wechselzweckgeräten andererseits aufzuheben, so daß alles in ein einheitliches Konstruktionsschema paßt; dieses soll möglichst weitgehend mit dem der allgemeinen Trägerfrequenz- und Selbstwähltechnik übereinstimmen, damit in den Fernmelderäumen ein einheitliches Bild entsteht und vor allem, damit alle mechanischen Bauteile einheitlich, also auch möglichst wirtschaftlich, hergestellt werden können. Dieses Ziel wird angesichts der unterschiedlichen Gesichtspunkte der verschiedenen Herstellerfirmen allerdings nie vollständig zu erreichen sein.

Die Nachrichtengeräte der Energieversorgungsbetriebe wurden bisher oft zu spät durch neuere Geräte ersetzt, so daß ein historisch bedingtes Nebeneinander verschiedenartiger Ausführungsformen im gleichen Raum die Regel war. Je mehr die Disposition über die Energieerzeugung und Verteilung in einem Hochspannungsnetz verbessert wird und je größer die Netze und die Leistungen werden, um so mehr und um so bessere Nachrichtenmittel braucht man. Man tauscht also schneller als bisher ältere Geräte gegen neue aus und verwendet die freigewordenen Einrichtungen, soweit sie noch betriebsfähig sind, als Einzelgeräte auf Außenstrecken des Netzes.

Zwei Gesichtspunkte sind unter anderem für die Konstruktion der Trägerfrequenzgeräte von Bedeutung: die Wärmeabfuhr und Meßeinrichtungen zur Fehlereingrenzung.

Früher mußte man bei den röhrenbestückten Geräten dafür sorgen, daß die durch die Röhren im Innern der Schränke entstehende Wärme abgeleitet wurde. Heute ist bei den transistorbestückten Geräten die Wärmeabfuhr immer noch eine wesentliche Aufgabe, da die Transistoren relativ temperaturempfindlich sind und zudem die kompakte Bauweise zu einem unerwünschten Wärmestau führen kann, wenn man nicht bei der Konstruktion für die nötige Lüftung sorgt.

Die im Gerät eingebauten Meßeinrichtungen werden in erster Linie beim Einmessen einer neuen Verbindung gebraucht, später dann zur Überwachung der Betriebsbereitschaft. Man kann damit aber auch bei einem alleinstehenden Trägerfrequenzgerät mit Hilfe des ungeschulten Stationspersonals eine Fehlereingrenzung durch eine Art Ferndiagnose durchführen, wenn eine Verbindung gestört ist. Oft genügen dann leicht durchführbare Maßnahmen zur Beseitigung eines kleineren Fehlers. Nur bei größeren Störungen braucht dann der geschulte Trägerfrequenztechniker aus dem nächstgelegenen größeren Knotenamt eine Reise zu einem als defekt ermittelten Gerät zu unternehmen.

7.6 Stromversorgung

Zur Stromversorgung der Trägerfrequenzgeräte, die einzeln oder in Gruppen in den Hochspannungsstationen stehen, verwendet man bei älteren (Röhren-)Geräten das Werkswechselstromnetz und die auch für die Hilfsstromkreise der Starkstromanlage benötigte „Werksbatterie" von meistens 110 V oder 220 V. Innerhalb solcher Trägerfrequenzgeräte werden verschiedene Spannungen für Heiz-, Gitter-, Anoden-, Automatik- und Überwachungskreise benötigt. Um nicht verschiedene Batterien für diese Stromkreise der Nachrichtenanlage verwenden zu müssen, entnimmt man alle Hilfsspannungen über ein im Gerät eingebautes Netzanschlußgerät aus dem Werkswechselstromnetz. Für eine größere Fernmeldeanlage ist zwar immer eine Fernmeldebatterie vorhanden, etwa eine 48-V- oder 60-V-Batterie für die Versorgung einer Selbstwählzentrale und aller sonstigen Nachrichtengeräte. Sie ist jedoch für die direkte Speisung der Stromkreise in Trägerfrequenzgeräten mit Röhren nicht geeignet, weil mehrere und zum Teil höhere Spannungen (Anodenspannung) gebraucht werden.

In Kraftwerken kann man meist mit einer sicheren 50-Hz-Eigenversorgung rechnen. Bei Umspannwerken ist eine hinreichende Sicherheit nur dann gegeben, wenn sie von mehreren Seiten gespeist werden.

Gerade dann, wenn eine Störung im Hochspannungsnetz auftritt, werden die Nachrichtenanlagen besonders in Anspruch genommen, um den Verlauf der Störung zu beobachten und Maßnahmen zu ihrer Beseitigung einzuleiten. Ist das Werkswechselstromnetz von einer Störung betroffen, so muß man also eine Ersatzwechselstromquelle mit 220 V, 50 Hz die Speisung der Trägerfrequenz-Nachrichtengeräte übernehmen. Für große Nachrichtenzentralen werden mit Benzin- oder Dieselmotoren getriebene Wechselstromgeneratoren bei einer Unterbrechung der Werkswechselspannung selbstätig eingeschaltet, besonders, wenn neben den Nachrichtengeräten auch noch andere Stromkreise versorgt werden müssen. Bei einem kleineren Leistungsbedarf, bis etwa 5 kVA, verwendet man Drei- oder Zweimaschinensätze, die ihre Antriebsenergie aus der Werksbatterie entnehmen. In beiden Fällen kommt es darauf an, daß die angeschlossenen Nachrichtengeräte ohne Speisepause versorgt werden, wenn keine kurzzeitige Unterbrechung der Nachrichtenkanäle zulässig ist, wie beispielsweise in Streckenschutzanlagen mit Trägerfrequenzkanälen. Die dauernd laufenden Maschinensätze sind verhältnismäßig teuer, zumal ein Reservemaschinensatz für die Überholungszeiten nötig ist.

Man begnügt sich deshalb da, wo zwischen dem Ausfall der Werkseigenversorgung und dem Wiedereinsetzen der Versorgung der Nachrichtengeräte eine kurze Speisepause zulässig ist, oft mit einer Notstromversorgung. Dazu werden Motorgeneratoren oder Einankerumformer verwendet, die abhängig von der Werkswechselspannung durch besondere Schalteinrichtungen zu- und abgeschaltet werden.

Die Dauer der Speisepause entspricht der Anlaufzeit der Maschine; solange es sich um Fernsprech- oder Fernmeßgeräte handelt, ergeben sich oft daraus für den Betrieb der Nachrichtenanlagen keine Schwierigkeiten.

Die Grenzen zwischen Stromversorgungen ohne und mit Unterbrechung verwischen sich immer mehr dadurch, daß die Speisepause durch geeignete Maßnahmen kürzer gemacht und ihre Auswirkung in den Nachrichtengeräten verhindert wird. Man verwendet dazu schnellaufende Maschinen für die Notstromversorgung, deren Rotoren eine geringe Masse haben und bei kleinen Leistungen in Bruchteilen von Sekunden auf volle Drehzahl gebracht werden können. Außerdem baut man Kondensatorbatterien ein, die für diese kurze Dauer der Umschaltzeit ein Absinken der Speisespannung verhindern.

Die Kosten für die Sicherung der Stromversorgung bei Röhrengeräten spielen eine um so größere Rolle, je kleiner der Aufwand für die Trägerfrequenzgeräte ist. Bei nur einem Gerät in einer Mittelspannungsstation, die zudem vielleicht noch nicht einmal eine 110-V-Werksbatterie hat, müßten Batterien und Maschinensätze beschafft werden, die teurer sind als das Trägerfrequenzgerät. Meist werden in einem solchen Fall nur geringe Leistungen gebraucht. Es genügt dann ein „Transistorumformer“, der eine Gleich- in eine Wechselspannung umformt, ohne daß Röhren oder mechanisch bewegte Teile verwendet werden.

Alle neuen Trägerfrequenzgeräte werden heute mit Transistoren anstelle von Röhren aufgebaut, infolgedessen braucht man keine Heizleistungen mehr; der Energiebedarf ist viel kleiner, zumal auch die Automatikeinrichtungen für den Aufbau der Sprechverbindungen in den Knotenämtern als selbständige Geräte direkt aus einer Fernmeldebatterie gespeist werden. Man braucht auch keine so hohen Spannungen mehr, wie sie für den Betrieb mit Röhren nötig waren (Anodenspannung), kann also die ganzen Trägerfrequenzgeräte an die Fernmeldbatterien ohne Zusatzeinrichtung zur Sicherung der Stromversorgung anschließen. Netzausfälle haben keinen Einfluß mehr. Eine Ausnahme machen nur noch Sendeverstärker besonders hoher Ausgangsleistung, die gelegentlich zur Überbrückung sehr großer Entfernungen gebraucht werden. Diese baut man bis jetzt noch mit Röhren auf, weil Transistoranordnungen für so große Leistungen zu teuer werden. Diese Sendeverstärker werden dann über Transistorumformer aus der Fernmeldebatterie gespeist, erfordern also noch einen besonderen Aufwand für die Stromversorgung.

Bei transistorierten Trägerfrequenzgeräten müssen allerdings alle Fragen der Erdung und der galvanischen Trennung bestimmter Stromkreise innerhalb und außerhalb der Geräte viel sorgfältiger überprüft werden als bei den mit Röhren aufgebauten Geräten, weil in Transistorschaltungen alle Kreise galvanisch miteinander zusammenhängen und die Transistoren empfindlich gegen Überspannungen sind.

8. Meßverfahren und Meßgeräte

In den ersten 10 Jahren der Entwicklung, also bis etwa zum Jahre 1930, war man in der Beurteilung der Güte der Trägerfrequenz-Nachrichtenübertragung über Hochspannungsleitungen im wesentlichen vom subjektiven Eindruck abhängig. Gemessen wurde nur wenig. So benutzte man einen Frequenzmesser aus der drahtlosen Übertragungstechnik, um die Frequenz der Oszillatoren möglichst genau einzustellen und die Resonanzsperren abzustimmen. Der vom Sender ausgehende Trägerstrom wurde im Leitungskreis mit einem Hitzdrahtinstrument gemessen, ebenso die Empfangsspannung mit einem Drehspulinstrument nach einer Gleichrichtung in einer Röhre. Damit war in einem gewissen Umfang für die sichere Übertragung der Trägerfrequenz gesorgt, und man konnte sich auch ein ungefähres Bild über die Dämpfung im Hochfrequenzkanal machen. Zur Messung der Hochfrequenzspannungen in Empfängern und Überbrückungsschaltungen ohne Sprechstellen wurden Röhrenvoltmeter benutzt.

Diese Messungen bezogen sich nur auf Zweiseitenbandsysteme und waren mehr eine notwendige Voraussetzung für die Sicherung der Übertragung überhaupt, sie boten indes keine ausreichende Möglichkeit zur objektiven Beurteilung der Übertragungsgüte. Hierzu genügen auch nicht in Trägerfrequenzgeräte eingebaute Meßgeräte für die charakteristischen Betriebswerte (hochfrequenter Sendestrom und Sendespannung, Empfangsstrom, Automatikhilfsspannungen und ähnliches). Man braucht zusätzliche Meßeinrichtungen, um die Dämpfung einer Verbindung abhängig von der Frequenz messen zu können, ferner den Pegelverlauf und den Störpegel sowohl in der Hochfrequenz- als auch in der Tonfrequenzlage; schließlich sind Meßeinrichtungen zur Untersuchung der Wahlimpulse erforderlich.

Mit der Weiterentwicklung der Trägerfrequenz-Übertragungstechnik, insbesondere mit der Einführung der Einseitenbandübertragung, wurden weitergehende Messungen nötig; infolgedessen wurden auch mehr und mehr geeignete Meßeinrichtungen geschaffen. Bei der Einschaltung neuer Anlagen oder bei größeren Umbauarbeiten im vorhandenen Nachrichtennetz braucht man umfangreiche Meßeinrichtungen, damit nicht von Anfang an Schwächen infolge unzureichender Überprüfung der Leitungseigenschaften und dementsprechend ungenauer Einstellung der Betriebswerte der Geräte gegeben sind. Diese Meßgeräte stellen aber meist einen Aufwand dar, der für den Betrieb zu hoch wäre und auch gar nicht erforderlich ist. Für die Wartung genügen wenige Meßeinrichtungen. Mit ihnen sollen regelmäßig zu wiederholende Messungen durchgeführt und damit rechtzeitig Mängel erkannt werden, die im Betrieb allmählich auftreten, bevor also die Güte der Verbindungen oder ihre Betriebssicherheit nachläßt.

Meßeinrichtung	Verwendungszweck
Niederfrequenzmeßkoffer	Messungen im Tonfrequenzbereich 300 Hz bis 4000 Hz; Senden des Normalpegels, Messung von Pegel-, Dämpfungs- und Verstärkungswerten, Messung von Scheinwiderständen
Trägerfrequenzmeßplatz	Messungen im Hochfrequenzbereich 10 kHz bis 500 kHz; Senden des Meßpegels, Messung von Pegel-, Dämpfungs- und Verstärkungswerten, Messung von Scheinwiderständen
Impulsschreiber	Prüfen der Kontaktgabe von Nummernschaltern, Impulsrelais, Aufzeichnen von Wahlimpulsen
Betriebsstörungsmeßgerät	Ermittlung von Hochfrequenzstörquellen

Abb. 59. Meßgeräte für die Wartung

Die hierzu nötigen Meßeinrichtungen und ihr Verwendungszweck lassen sich in einer Tabelle (Abb. 59) zusammenstellen.

Der Scheinwiderstand einer Sperre – mit oder ohne Abstimmsatz – läßt sich am einfachsten durch eine Strom-Spannungs-Messung mit Hilfe eines Trägerfrequenzmeßplatzes bestimmen (Abb. 60).

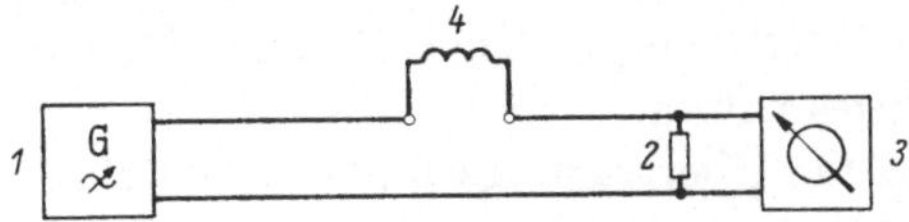

Abb. 60. Schaltung zur Sperrenprüfung.
1 Trägerfrequenzgenerator mit genauer Frequenzeichung; *2* Meßwiderstand, etwa 10 Ω; *3* Pegelmesser; *4* Sperre

Durch Witterungseinflüsse können im Laufe der Zeit Mängel an Sperren oder deren Abstimmittel auftreten. Eine Überprüfung kann nur bei abgeschalteter und geerdeter Leitung vorgenommen werden (Abb. 61).

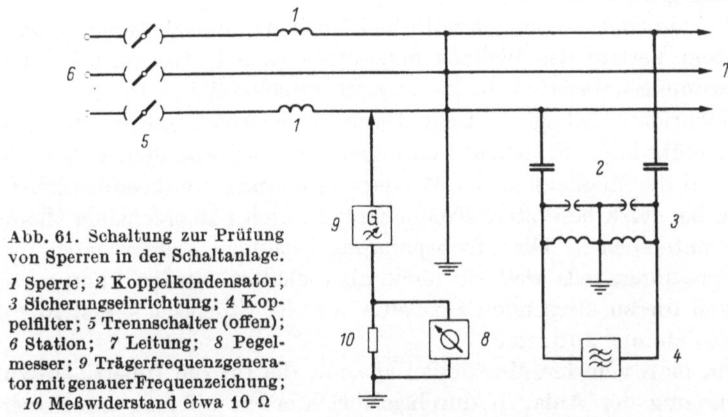

Abb. 61. Schaltung zur Prüfung von Sperren in der Schaltanlage.
1 Sperre; *2* Koppelkondensator; *3* Sicherungseinrichtung; *4* Koppelfilter; *5* Trennschalter (offen); *6* Station; *7* Leitung; *8* Pegelmesser; *9* Trägerfrequenzgenerator mit genauer Frequenzeichung; *10* Meßwiderstand etwa 10 Ω

Bei der Einschaltung von Trägerfrequenzgeräten werden die Betriebswerte des Gerätes, also Empfängerempfindlichkeit, Entzerrung und Pegelwerte für die Niederfrequenzanschlüsse den örtlichen Verhältnissen entsprechend eingestellt. Hierzu gehört auch die Anpassung des Stromversorgungsteiles auf die mittlere Speisespannung, da die Trägerfrequenzgeräte meistens für nur ± 10% Hilfsspannungsschwankung gebaut sind. Diese Messungen bei der Inbetriebsetzung können nur zum Teil mit den fest in den Geräten eingebauten Meßgeräten durchgeführt werden; Meßeinrichtungen für die Pegelwerte an den Niederfrequenzanschlüssen zum Beispiel sind bei den meisten Geräteausführungen nicht enthalten, weil dadurch die Gerätepreise zu sehr erhöht würden. Bei der Inbetriebsetzung werden auch meistens solche Betriebswerte nochmals überprüft, die von den örtlichen Verhältnissen unabhängig sind und in der Fabrik endgültig eingestellt worden waren. Man will sich hierdurch vergewissern, daß beim Transport keine Schäden in den Geräten entstanden sind.

Nachdem die einzelnen Geräte überprüft und den jeweiligen Verhältnissen entsprechend eingestellt worden sind, mißt man in der Tonfrequenzlage die Restdämpfung und ihren Frequenzgang. Er soll sich möglichst in den vom CCITT empfohlenen Grenzen für einen zwischenstaatlichen Zweidrahtkreis halten.

Manchmal sind die Übertragungseigenschaften einer Hochspannungsleitung unübersichtlich, beispielsweise wenn man in Mittelspannungsnetzen nicht alle Abzweige sperren will, um Trägerfrequenzsperren einzusparen. In solchen Fällen sind vor der Planung Messungen nötig, um festzustellen, wie eine vorliegende Nachrichtenaufgabe am besten gelöst werden kann. Man muß mitunter durch Messungen geeignete Trägerfrequenzen ermitteln, wenn durch das Weglassen von Sperren die Dämpfung in den verschiedenen Schaltzuständen der Hochspannungsanlage unzulässig groß werden kann (Anhang 9.1).

Weiterhin sind Messungen nötig bei Hochspannungsleitungen mit unbekanntem Verlauf des Wellenwiderstandes, also Leitungen mit kurzen Hochspannungskabelstücken. Es ist auch zweckmäßig, vor dem Aufbau einer Nachrichtenanlage kritische Dämpfungsverhältnisse bei besonders rauhreifgefährdeten Strecken, Leitungen mit ungewöhnlich hohen Störpegeln und die Möglichkeit der Wiederverwendung von bestimmten Frequenzen bei stark besetztem Frequenzplan durch entsprechende Messungen zu untersuchen. Die Hochspannungsleitungen stehen dabei meist unter Spannung, teils weil sie nicht abgeschaltet werden können, teils auch, weil die zu messenden Größen – wie der Störpegel – erst mit der Betriebsspannung auftreten.

Wenn man von den Messungen absieht, die für die Inbetriebsetzung und Wartung der Anlagen durchgeführt werden müssen, interessieren bevorzugt Messungen an den Hochspannungsleitungen für die Planung. Es sollen dabei Scheinwiderstände, Dämpfungen und der Fremdpegel ermittelt werden. Die Meßverfahren und Meßinstrumente, die zu diesem Zweck verwendet werden, sind unterschiedlich; um zu einheitlichen Verfahren und bequem vergleichbaren Resultaten zu kommen, hat man in der CIGRE entsprechende Vorschläge gemacht [*13*].

8.1 Meßverfahren

Für die Messung von Wechselstromwiderständen mit großer Genauigkeit werden im allgemeinen Brückenschaltungen angewendet. Nach einem einfacheren Verfahren kann man die komplexen Widerstände von Hochspannungsleitungen mit hinreichender Genauigkeit auch aus Strom- und

Spannungsmessungen bestimmen. Der Vorteil liegt in der Schnelligkeit, mit der man messen kann; das Verfahren läßt sich vorteilhaft bei Messungen an Leitungen mit hoher Fremdspannung anwenden, da es keinen Abgleich von Vergleichswiderständen auf ein Minimum der Meßspannung verlangt. Zur Messung werden die auch für Dämpfungsmessung erforderlichen Geräte, Pegelsender und selektive Pegelmesser, benutzt.

a) Messung des Betrages von Scheinwiderständen

Für $R < X$ ist $|X| = R e^{(p_1 - p_2)}$.

Beispiel: $R = 1{,}0\,\Omega$. Gemessen wurde $p_1 = +1\,N$,
$p_2 = -4\,N$.
$|X| = 1{,}0\,\Omega \cdot e^{+5} = 150\,\Omega$.

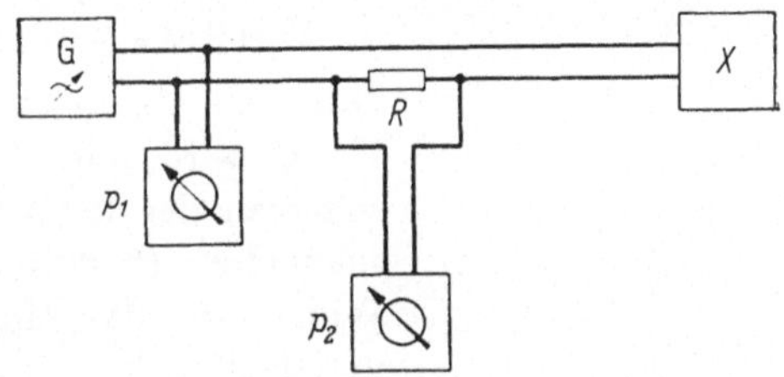

Abb. 62. Schaltung zur Messung des Betrages von Scheinwiderständen.

b) Messung des reellen und imaginären Teils

$$X = A + jB.$$

1. Messung ohne vorgeschalteten Kondensator (Taste T gedrückt) ergibt den Wert $|X_1|$.

2. Messung mit Kondensator ergibt den Wert $|X_2|$.

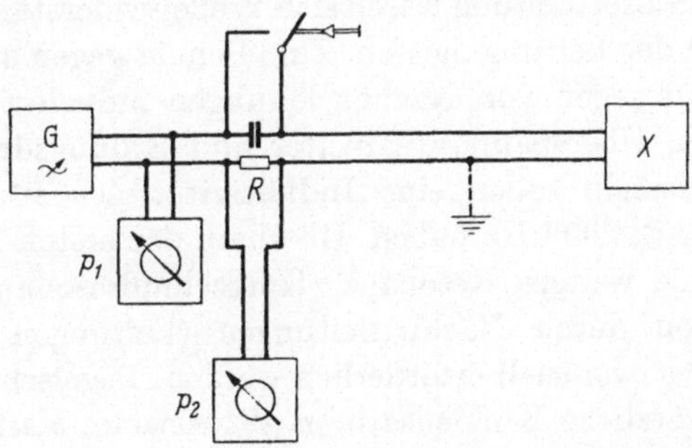

Abb. 63. Schaltung zur Messung des reellen und des imaginären Teiles von Scheinwiderständen.

Rechnerische Ermittlung von A und B aus X_1 und X_2:

$$B = \frac{X_1^2 - X_2^2 + X_c^2}{2 X_c}; \qquad A = \sqrt{X_1^2 - B^2}.$$

Hierbei ist $X_c = \frac{1}{\omega C}$.

Beispiel: $|X_1| = 140\,\Omega$, $|X_2| = 100\,\Omega$. $C = 16000\,\text{pF}$;

$$f = 100\,\text{kHz};$$

$$\frac{1}{\omega C} = 100\,\Omega.$$

$$B = \frac{(1{,}96 - 1 + 1) \cdot 10^4}{2 \cdot 10^2} = +\,98\,\Omega\ \text{(induktiv)};$$

$$A = 10^2 \sqrt{1{,}96 - 0{,}98^2} = 100\,\Omega.$$

Zeichnerische Ermittlung von A und B (Abb. 64):
Mit $|X_1|$ wird um Punkt 0 ein Kreis geschlagen.

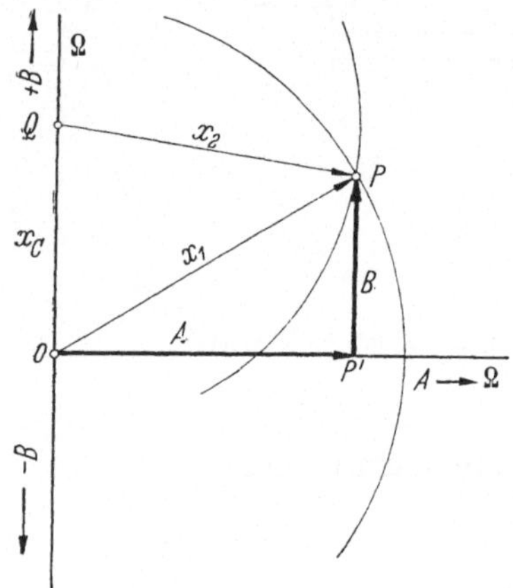

Von 0 aus wird $X_c = \frac{1}{\omega C}$ auf der Ordinate abgetragen bis Punkt Q. Um Q wird mit $|X_2|$ ein Kreis geschlagen, der den Kreis mit $|X_1|$ in P schneidet. P stellt den gesuchten Widerstand dar, und es ist $OP' = A$ und $P'P = B$.

Für Reihenmessungen ist es zweckmäßig, entsprechend vorbereitete Diagramme zu verwenden.

Abb. 64. Zeichnerische Ermittlung des reellen und des imaginären Teiles von Scheinwiderständen

8.2 Messungen an der abgeschalteten Hochspannungsleitung ohne Leitungsausrüstungen

Bei spannungsloser Leitung lassen sich Wellenwiderstände und Dämpfungen direkt an der Leitung messen. Zum Schutz gegen atmosphärische Entladungen und gegen von Nachbarleitungen induzierte Spannungen empfiehlt es sich, Überspannungsableiter und Erdungsdrosseln zu verwenden. Die Drosseln sollen eine Induktivität $L = 50\,\text{mH}$ und eine Eigenresonanz $f_0 \geqq 200\,\text{kHz}$ haben. Oberhalb der ersten Resonanz darf bis 500 kHz keine weitere Resonanz (Kurzschlußresonanz) liegen. Bei starker Induktion durch Nachbarleitungen (Leitungen auf gleichem Gestänge) kann es eventuell erforderlich werden, Pegelsender und Empfänger durch zusätzliche Kondensatoren abzuriegeln. Man muß die vorgeschriebenen Sicherheitsmaßnahmen beachten; beim Aufbau der Meßschaltung und bei jeder Änderung der Schaltung muß die Hochspannungsleitung geerdet sein.

a) Wellenwiderstand

Der Eingangsscheinwiderstand der am Ende nicht mit dem Wellenwiderstand abgeschlossenen homogenen Leitung ergibt abhängig von der Frequenz eine Kurve mit reellen Maximal- und Minimalwerten X_{max} und X_{min}. Der Abstand b zweier Minima oder Maxima hängt von der Leitungslänge l ab und beträgt

$$b = \frac{c}{2l}.$$

Dabei ist

$c = 3 \cdot 10^5$ km/s (Fortpflanzungsgeschwindigkeit der elektromagnetischen Wellen).

Bei einer Leitungslänge $l = 100$ km ist $b = 1{,}5$ kHz. Bei den üblichen Leitungslängen läßt sich der Wellenwiderstand mit genügender Genauigkeit aus den aufeinanderfolgenden Maximal- und Minimalwerten des Scheinwiderstandes bestimmen mit

$$Z = \sqrt{X_{max} X_{min}}.$$

Die Messung von X_{max} und X_{min} erfolgt nach dem für Scheinwiderstandsmessungen angegebenen Verfahren. Bei Zweileiterkopplung und

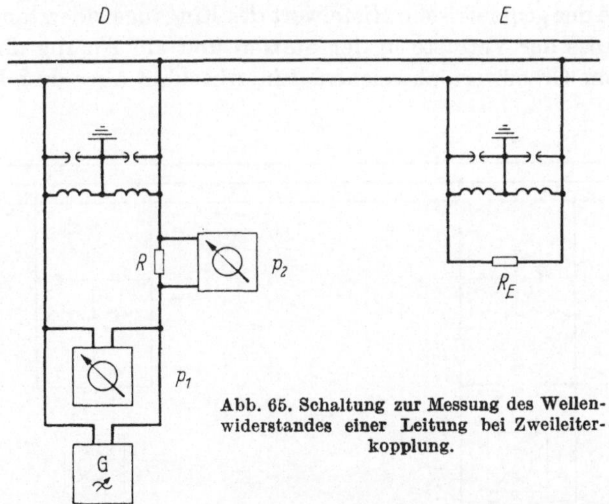

Abb. 65. Schaltung zur Messung des Wellenwiderstandes einer Leitung bei Zweileiterkopplung.

genügend langer Leitung (Abb. 65) kann man in der Station E kurzschließen, statt mit R_E abzuschließen, wenn in D gemessen werden soll. Bei kurzen Leitungen empfiehlt es sich, einen Abschlußwiderstand R_E

vorzusehen, der etwa dem erwarteten Wellenwiderstand der Leitung entspricht, da bei geringer Leitungsdämpfung und Kurzschluß (oder Leerlauf) X_{max} zu hohe und X_{min} zu niedrige Werte annehmen, die sich weniger gut messen lassen.

Bei Einleiterkopplung (Abb. 66) ist – sehr lange Leitungen ausgenommen – ein Abschluß der Leitung in E erforderlich, wenn man die Grenzwerte des Eingangswiderstandes (s. S. 52) als Wellenwiderstände

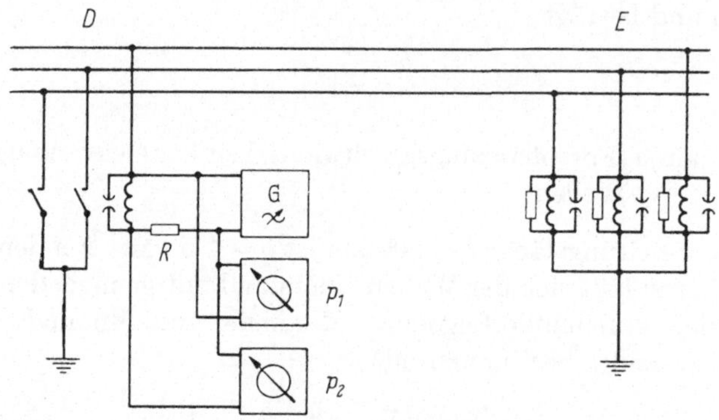

Abb. 66. Schaltung zur Messung des Wellenwiderstandes einer Leitung bei Einleiterkopplung.

messen will. Bei merklichen Rückwirkungen vom Ausgang auf den Eingang würde der geometrische Mittelwert des Eingangswiderstandes wegen des Einflusses der Verluste in der Station und am Anfang der Leitung zu sehr vom Grenzwert abweichen. Ein Abschluß aller drei Leiter mit

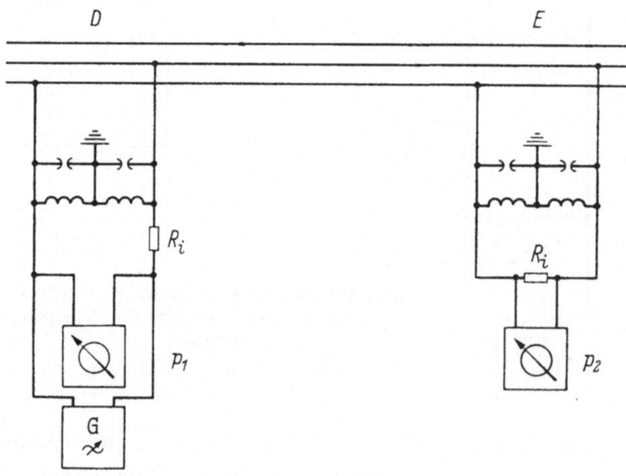

Abb. 67. Schaltung zur Messung der Dämpfung einer Hochspannungsleitung bei Zweileiterkopplung.

je einem Widerstand von etwa 400 Ω gegen Erde ergibt genügend kleine Rückwirkungen des Leitungsendes. Bei Leerlauf und Kurzschluß am Anfang der nicht angekoppelten Phasen ergibt sich der größt- und der kleinstmögliche Wert des bei verschieden großen Stationswiderständen möglichen Wellenwiderstandes.

b) Dämpfung

Für die Messung der Leitungsdämpfung macht man die Widerstände R_i am Anfang und Ende der Leitung gleich dem gemessenen Wellenwiderstand Z (Abb. 67 für Zwei-, Abb. 68 für Einleiterkopplung).

Die Dämpfung ist dann:

$$a = p_1 - p_2 - 0{,}7\,\mathrm{Np}.$$

Die Hochspannungsleitungen sind im allgemeinen nicht völlig homogen aufgebaut, so daß sich bei der Messung sowohl des Wellenwiderstandes wie der Dämpfung, auch bei Zweileiterankopplung, geringe periodische Frequenzabhängigkeiten ergeben. Bei der Dämpfung für Ein-

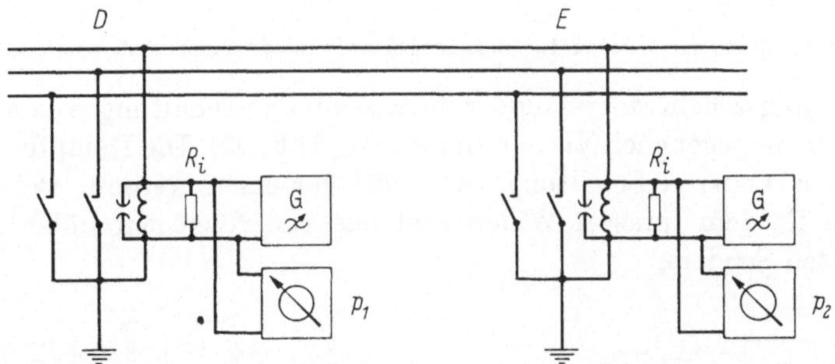

Abb. 68. Schaltung zur Messung der Dämpfung einer Hochspannungsleitung bei Einleiterkopplung

leiterkopplung entstehen sie außerdem grundsätzlich infolge des nichtvollkommenen Abschlusses. Stoßstellen in der Leitung, wie Stichleitungen und Verzweigungen, können stärkere Frequenzabhängigkeiten ergeben, die eventuell eine unterschiedliche günstigste Anpassung an beiden Enden des zur Übertragung benutzten Abschnitts zur Folge haben können. Die Dämpfung ist dann

$$a = p_1 - p_2 - 0{,}7\,\mathrm{Np} + \frac{1}{2}\ln\frac{Z_2}{Z_1}.$$

8.3 Messungen an der Hochspannungsleitung im Betrieb

Für die Ankopplung werden Breitbandkoppelfilter verwendet. Der Wellenwiderstand dieser Filter ist im Durchlaßbereich nicht konstant. Wird als Hochfrequenzzuleitung ein Kabel benutzt, so mißt man an seinem Eingang bei Abschluß mit der Ankopplung und angeschlossener Hochspannungsleitung einen frequenzabhängigen komplexen Scheinwiderstand.

a) Messung von Scheinwiderstand und Dämpfung

Man kann Eingangswiderstand und Dämpfung der Ankopplungsschaltung für sich messen, indem man die Koppelkondensatoren durch geeignete Kondensatoren gleicher Kapazität und die Leitung durch einen reellen Widerstand von der Größe des Wellenwiderstandes ersetzt. Im allgemeinen genügt es, für Z einen durch Rechnung ermittelten Wert einzusetzen (s. S. 51).

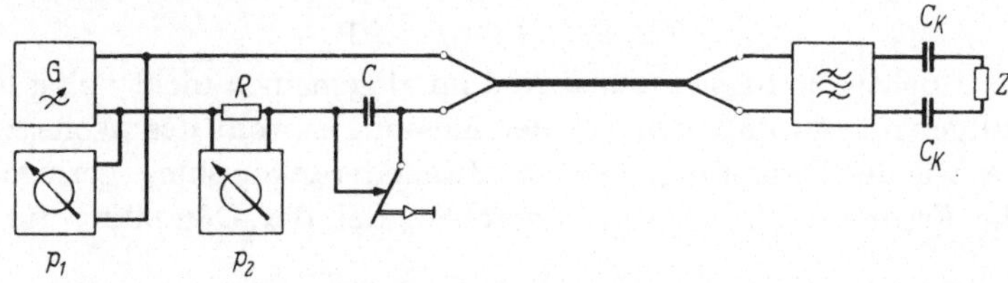

Abb. 69. Schaltung zur Messung des Eingangsscheinwiderstandes einer Ankopplungsschaltung.

Eingangsscheinwiderstände von Ankopplungsschaltungen lassen sich nach dem angegebenen Verfahren messen (Abb. 69). Die Dämpfung kann mit einer anderen Schaltung (Abb. 70) gemessen werden. Dabei entspricht R_i dem inneren Widerstand des zur Nachrichtenübertragung benutzten Senders.

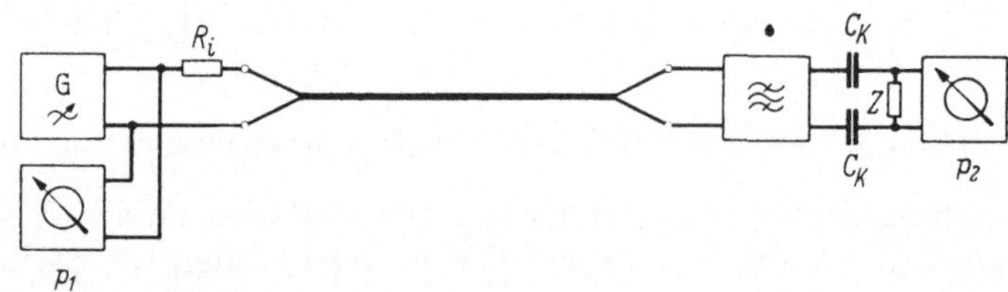

Abb. 70. Schaltung zur Messung der Dämpfung einer Ankopplungsschaltung.

Die Dämpfung von Ankopplungsschaltungen ergibt sich zu

$$a_k = p_1 - p_2 + \frac{1}{2} \ln \frac{Z}{R_i} - 0{,}7\,\text{Np}\,.$$

Der Eingangswiderstand der Ankopplung mit angeschalteter Leitung läßt sich in einer gleichartigen Schaltung (Abb. 69) messen. Die Übertragungsdämpfung der gesamten Verbindung ergibt sich bei einer entsprechenden Meßschaltung (Abb. 71) zu

$$a_t = p_1 - p_2 + \frac{1}{2} \ln \frac{R_{i2}}{R_{i1}} - 0{,}7\,\text{Np}\,.$$

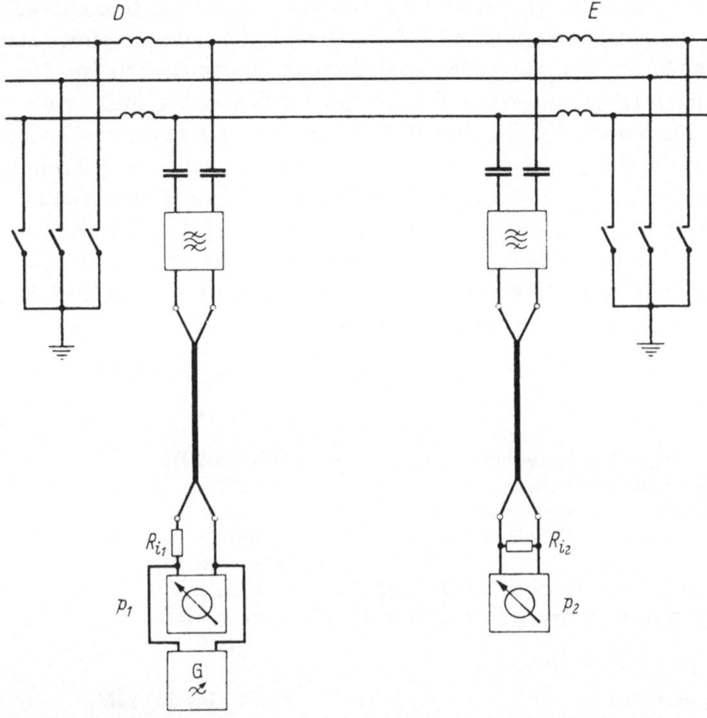

Abb. 71. Schaltung zur Messung der Übertragungsdämpfung einer gesamten Verbindung.

Bei dieser Messung wird die Nebenschlußdämpfung durch die Stationen mit erfaßt, in der entsprechenden Schaltung für Einleiterankopplung auch die Einleiterzusatzdämpfung.

b) Messung des Fremdpegels

Zur Messung des Fremdpegels wird der Pegelmesser über die Ankopplung an die Leitung geschaltet (Abb. 71, Station E).

Der von Starkstrombetrieb herrührende Fremdpegel auf der Leitung ergibt sich, umgerechnet auf 2,5 kHz Bandbreite, aus dem gemessenen Wert zu

$$p_{2,5} = p_x + \frac{1}{2} \ln \frac{2,5}{x} + a_k + \frac{1}{2} \ln \frac{Z}{R_i},$$

wobei

x = Bandbreite des Pegelmessers,
a_k = Dämpfung der Ankopplungsschaltung.

Der Pegel eines selektiven Störers entspricht der obigen Formel, abgesehen von der Umrechnung auf die Bandbreite.

Der Meßsender (Pegelsender), den man benötigt, braucht keine so hohe Frequenzgenauigkeit zu haben, wie sie vielleicht für einige spezielle Messungen an den Nachrichtenverbindungen erforderlich ist. Der Meßempfänger (Pegelmesser) soll eine hohe Selektivität und große Klirrdämpfung haben, damit kleine Pegel auch dann gemessen werden können, wenn gleichzeitig hohe Fremdpegel vorhanden sind. Für Fremdpegelmessungen ist eine angenäherte Effektivwertmessung erwünscht.

Bei manchen Messungen wird die Selektivität des Empfängers nicht gebraucht. Da Breitbandmessungen einfacher und schneller durchgeführt werden können, ist es vorteilhaft, wenn das Gerät von selektiver Messung auf Breitbandmessung umschaltbar ist.

Die Geräte sollen etwa folgenden Anforderungen genügen:

a) Pegelsender

Frequenz stetig einstellbar	10···500 kHz
Frequenzunsicherheit	$<0,5\%$
Zusätzliche Feineinstellung	± 5 kHz
Unsicherheit der Feineinstellung	<100 Hz
Innenwiderstand	$0\,\Omega$ ($<3\,\Omega$)
Ausgangsspannungspegel an $R_a = 75\,\Omega$	$+1$ Np
Ausgangsspannungspegel stetig einstellbar	0 bis $+1$ Np

b) Selektiver Pegelempfänger

Frequenzbereich	von 10 bis 500 kHz
Meßbereich selektiv	von -8 bis $+2$ Np
Meßbereich Breitband	von -6 bis $+2$ Np
Durchlaßbereich bei selektiver Messung	$f_0 \pm 90$ Hz
Sperrdämpfung bei selektiver Messung	>7 Np bei $f_0 \pm 300$ Hz
Klirrdämpfung	>8 Np
Eingangswiderstand	$>5\,\mathrm{k}\Omega$

9. Anhang

9.1 Wirkung von Stichleitungen auf Trägerfrequenzverbindungen

Die Wechselströme pflanzen sich in Freileitungen fast mit der Lichtgeschwindigkeit $c = 300\,000$ km/s fort. Dies gilt sowohl für die Starkstromfrequenzen $16^2/_3$ Hz, 50 Hz als auch für Trägerfrequenzen der Nachrichtenanlagen 15 kHz bis 500 kHz. Unter Frequenz f versteht man die Anzahl der Schwingungen je Sekunde, aus der sich die „Wellenlänge" λ bestimmen läßt zu

$$\lambda = \frac{c}{f} = \frac{300\,000\,000}{f_{\mathrm{Hz}}}\ \mathrm{m}\,.$$

Den Starkstromfrequenzen $16^2/_3$ Hz und 50 Hz entsprechen demnach die Wellenlängen 18000 km und 6000 km, während den Trägerfrequenzen der Nachrichtenanlagen 50 kHz und 300 kHz die Wellenlängen 6000 m und 1000 m entsprechen.

Bereits in den ersten Jahren der Hochfrequenzübertragung über Hochspannungsleitungen hatte man erkannt, daß Abzweige von der Hauptleitung (Stichleitungen) eine unerwünschte Absenkung der Hochfrequenzenergie herbeiführen können. Insbesondere hatte man festgestellt, daß eine vollständige Auslöschung der Hochfrequenzenergie stattfindet, wenn die Länge der Stichleitung in einem bestimmten Ver-

Schaltzustand → / ↓ Eigenschaft für TF	1. Offene Stichleitung $W_{1l} = -jZ\cot\frac{2\pi l}{\lambda}$	2. Kurzgeschlossene Stichleitung $W_{1k} = jZ\tan\frac{2\pi l}{\lambda}$
A. $W = 0$ (Kurzschluß)	bei $\cot\frac{2\pi l}{\lambda} = 0$	bei $\tan\frac{2\pi l}{\lambda} = 0$
Dies ist nur für folgende Winkel der Fall:		
	$\frac{\pi}{2}, \frac{3\pi}{2}, \frac{5\pi}{2}, \ldots$	$0, \pi, 2\pi, 3\pi, \ldots$
Der Ausdruck $\frac{2\pi l}{\lambda}$ nimmt diese Winkelwerte an, wenn		
	$\frac{l}{\lambda} = \frac{1}{4}, \frac{3}{4}, \frac{5}{4}, \ldots$	$\frac{l}{\lambda} = 0, \frac{1}{2}, \frac{2}{2}, \frac{3}{2}, \ldots$
Somit Kurzschluß bei		
	$l = \frac{1}{4}\lambda, \frac{3}{4}\lambda, \frac{5}{4}\lambda, \ldots$	$l = 0, \frac{1}{2}\lambda, \lambda, \frac{3}{2}\lambda, \ldots$
B. $W = \infty$ (Sperrung)	bei $\cot\frac{2\pi l}{\lambda} = \infty$	bei $\tan\frac{2\pi l}{\lambda} = \infty$
Dies ist nur für folgende Winkel der Fall:		
	$0, \pi, 2\pi, 3\pi, \ldots$	$\frac{\pi}{2}, \frac{3\pi}{2}, \frac{5\pi}{2}, \ldots$
Der Ausdruck $\frac{2\pi l}{\lambda}$ nimmt diese Winkelwerte an, wenn		
	$\frac{l}{\lambda} = 0, \frac{1}{2}, \frac{2}{2}, \frac{3}{2}, \ldots$	$\frac{l}{\lambda} = \frac{1}{4}, \frac{3}{4}, \frac{5}{4}, \ldots$
Somit Sperrung bei		
	$l = 0, \frac{1}{2}\lambda, \lambda, \frac{3}{2}\lambda, \ldots$	$l = \frac{1}{4}\lambda, \frac{3}{4}\lambda, \frac{5}{4}\lambda, \ldots$

Abb. 72. Kritische Stichleitungslängen l abhängig von der Wellenlänge λ einer Trägerfrequenzverbindung

hältnis zur Länge der elektrischen Welle steht, die für die Nachrichtenübertragung benutzt wird. Eine solche Stichleitung kann also an der Abzweigstelle bei bestimmten Schaltzuständen und für bestimmte Frequenzen einen Kurzschluß darstellen. Andererseits hatte man auch erkannt, daß durch eine passend bemessene Schleife in einer Stichleitung diese hochohmig gemacht werden kann, so daß kein merklicher Verlust an trägerfrequenter Energie auftritt. Die Bedingungen für beide Erscheinungen erkennt man aus folgender Betrachtung:

Bezeichnet man mit

W_{1l} den Eingangsscheinwiderstand der offenen Stichleitung,
W_{1k} den Eingangsscheinwiderstand der kurzgeschlossenen Stichleitung,
l die Länge der Stichleitung,
Z den Wellenwiderstand der Leitung,

so ist:

$$W_{1l} = -jZ\cot\frac{2\pi f l}{c} \quad \text{und} \quad W_{1k} = jZ\tan\frac{2\pi f l}{c}.$$

Man kann aus beiden Gleichungen mit $c/f = \lambda$ die kritischen Leitungslängen ermitteln (Abb. 72).

Für Stichleitungen, die an der Trägerfrequenzüberrtragung nicht beteiligt sind (Abb. 74a), ergeben sich je nach ihrer Länge und dem Schaltzustand an ihrem Ende Extremfälle (Abb. 73):

Fall Nr.	Länge	Schaltung am Ende	Wirkung auf Trägerfrequenzverbindung als
1 A	$\lambda \cdot \frac{1}{4}; \frac{3}{4}; \frac{5}{4} \ldots$	offen (Leerlauf)	Kurzschluß
2 B		geerdet (Kurzschluß)	Sperre
2 A	$\lambda \cdot \frac{1}{2}; \frac{2}{2}; \frac{3}{2} \ldots$	geerdet (Kurzschluß)	Kurzschluß
1 B		offen (Leerlauf)	Sperre

Abb. 73. Wirkung von Stichleitungen auf Trägerfrequenzverbindungen

Eine Stichleitung muß in den Fällen 1 A und 2 A unbedingt unmittelbar an der Abzweigstelle gesperrt sein, damit die Trägerfrequenz nicht ausgelöscht wird, während in den Fällen 1 B und 2 B eine Sperrung nicht nötig wäre. Alle Längen, die ein ganzzahliges Vielfaches von $^1/_4$ der Wellenlänge λ darstellen, sind demnach kritisch. Bei solchen Stichleitungen kann man auf keinen Fall etwa einer bequemeren Montage zuliebe die Sperre erst am Leitungsende einbauen.

Stichleitungen sind aber auch als Teil eines Trägerfrequenz-Übertragungsweges verwendbar – wenn also an ihrem Ende ein Trägerfrequenz-Nachrichtengerät angeschlossen wird –, weil dann keiner der beiden Extremfälle vorliegt.

Für die Bemessung einer „Resonanzschleife“ (Abb. 74b), die auch „Antennensperre“ genannt wurde, wäre Fall 2B maßgebend. Man könnte danach als Sperre an bestimmten Leitungspunkten eine Schleife in die Hochspannungsleitung einbauen, die allerdings für den Frequenzbereich von 15 kHz bis 500 kHz je nach der zu sperrenden Trägerfrequenz zwi-

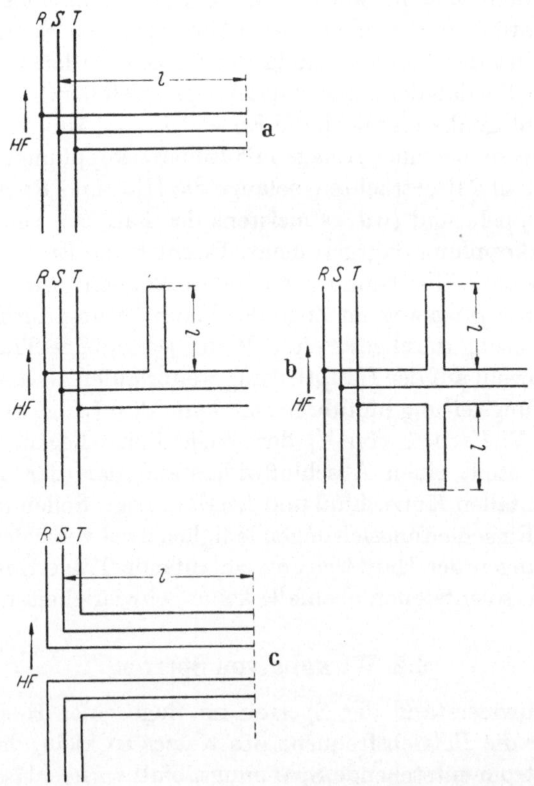

Abb. 74a–c. Einfluß der Hochspannungsleitungsführung auf die Trägerfrequenzübertragung. a) Stichleitung; b) Resonanzschleife; c) Einschleifung

schen 5,0 km und 0,15 km lang sein müßte. Zur Sperrung mehrerer Trägerfrequenzen würden mehrere Resonanzschleifen an einer Stelle gebraucht, und bei Änderung der Trägerfrequenzen müßten auch die Längen der als Hochspannungsleitung gebauten Drosselschleifen geändert werden. Man hat wegen des Platzbedarfs, der Kosten und des Mangels an Bewegungsfreiheit, kurz also wegen der Unhandlichkeit der ganzen Anordnung, in der Praxis keinen Gebrauch von dieser Art der Sperrung gemacht.

Mit der Verwendung der Bündelleiter im Freileitungsbau ist das Thema vorübergehend neu belebt worden. Man hat versuchsweise Zweierbündel an Stationseinführung für Trägerfrequenzanlagen eingerichtet, nicht wegen der Energieübertragung, sondern als bequemer zu bauende Resonanzschleife. Der Aufwand bleibt aber auch dabei verhältnismäßig hoch. Eine solche Anordnung kann als Sperre für eine bestimmte Trägerfrequenz dienen, aber nicht gut für einen breiteren Sperrbereich hergerichtet werden. Zudem werden die Leiterlängen eines Drehstromsystems wesentlich unterschiedlicher (Abb. 74b), als es durch Sperren normaler Bauart der Fall ist; infolgedessen können leichter Schwierigkeiten für den Betrieb der Netzschutzanlage entstehen.

Für den Anlagenbau ist noch die Einschleifung (Abb. 74c) von Interesse. Man kann sie bei einer Anlage mit Einleiterkopplung als Resonanzschleife nach Fall 2B betrachten, solange die Hin- und Rückleitung miteinander gekoppelt sind (wie es meistens der Fall ist), bei einer Anlage mit Zweileiterkopplung dagegen nicht. Damit keine Energieverluste für die Trägerfrequenz-Übertragung auftreten können, wird der Trägerfrequenz-Übertragungsweg im Zuge der Hauptleitung durch eine Überbrückungsschaltung durchgeschaltet. Wenn jedoch eine Trägerfrequenzverbindung sowohl auf der Hauptleitung weiterlaufen als auch zum Ende der Einschleifungsleitung hinführen soll, kann ihre Länge auch bei einem ganzzahligen Vielfachen von $^1/_4$ der Wellenlänge liegen. Das Trägerfrequenzgerät stellt einen Abschlußwiderstand dar, der zwischen den beiden Extremfällen Kurzschluß und Leerlauf liegt. Sollen in der Station am Ende der Einschleifungsleitungen lediglich zwei verschiedene aus den beiden Richtungen der Hauptleitung einlaufende Trägerfrequenzverbindungen enden, so entstehen ebenfalls keine Schwierigkeiten.

9.2 Wirkung von Sperren[1]

Der Scheinwiderstand der Sperren im Zuge einer Hochspannungsleitung ist für die Betriebsfrequenz des Netzes so klein, daß der durch den Betriebsstrom entstehende Spannungsabfall vernachlässigbar gering bleibt. Für die Trägerfrequenzströme dagegen muß der Scheinwiderstand mindestens in der Größenordnung des Wellenwiderstandes der Leitung liegen, wenn die Sperrwirkung ausreichend sein soll. Ist die Hochspannungsstation am Ende der Leitung abgeschaltet und die Leitung nicht geerdet, so verursacht sie keine Dämpfung im Übertragungsweg. Wird die Leitung dagegen geerdet oder die Station angeschaltet, so liegt die Sperre oder Station und Sperre parallel zur Ankopplungsschaltung, und es entsteht ein Dämpfungszuwachs, der mit hinreichend großem Scheinwiderstand der Sperren möglichst klein gehalten werden soll.

[1] Nach D. FRANKE.

Diese Nebenschlußdämpfung ist ein Maß für die Güte der Sperre. Ihre Größe hängt nicht nur von der Induktivität der Sperre, sondern auch von der Art ihrer Abstimmung und ihrer Lage in der Stationsschaltung ab.

Es genügen bereits verhältnismäßig kleine Blindwiderstände, um die Nebenschlußdämpfung hinreichend klein zu machen (Abb. 75, Kurve *b*). Zur Sperrung von ein oder zwei Frequenzbändern eines Frequenzrasters verwendet man, schon um wirtschaftlich zu sein, Spulen mit kleiner Induktivität – etwa 0,2 mH –, die mit einem Kondensator zu einem Schwingkreis geschaltet werden (Abb. 20c und 76). Wenn die Forderung gestellt wird, sämtliche Frequenzen des zugelassenen Bereichs zu

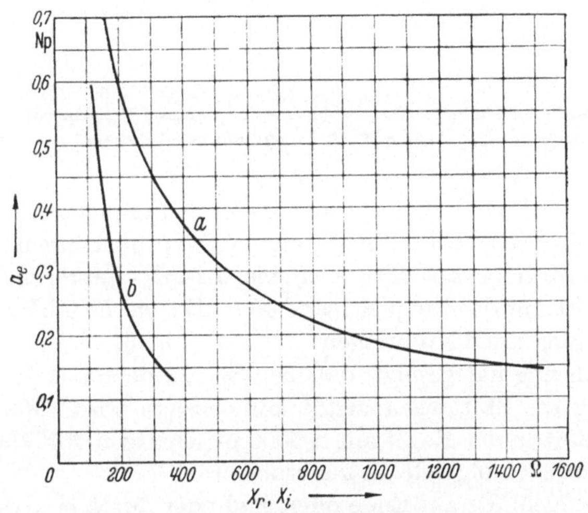

Abb. 75. Nebenschlußdämpfung bei Zweileiterkopplung.
a abhängig von einem reellen Sperrenwiderstand; *b* abhängig von einem induktiven Sperrenwiderstand

sperren, so muß man Spulen mit wesentlich größerer Induktivität einbauen. Um einen genügend großen Blindwiderstand zu erreichen, braucht man keinerlei Abstimmung vorzunehmen, wenn man beispielsweise für alle Frequenzen oberhalb 35 kHz eine Induktivität von 2,0 mH verwendet. Für die Sperrung der Frequenzen oberhalb von 100 kHz reicht eine Induktivität von 1,0 mH aus.

Da eine Schaltstation für die Trägerfrequenzen in der Regel eine Kapazität darstellt, kann der induktive Widerstand sowohl der abgestimmten als auch der nicht abgestimmten Sperre durch den kapazitiven Widerstand der Station mindestens zum Teil kompensiert werden. Die Nebenschlußdämpfung kann also beträchtlich zunehmen, wenn man den Kurzschluß und die Erdung einer bisher abgeschalteten Leitung aufhebt und sie an die Station anschließt. Beispielsweise bewirkt eine Stationskapa-

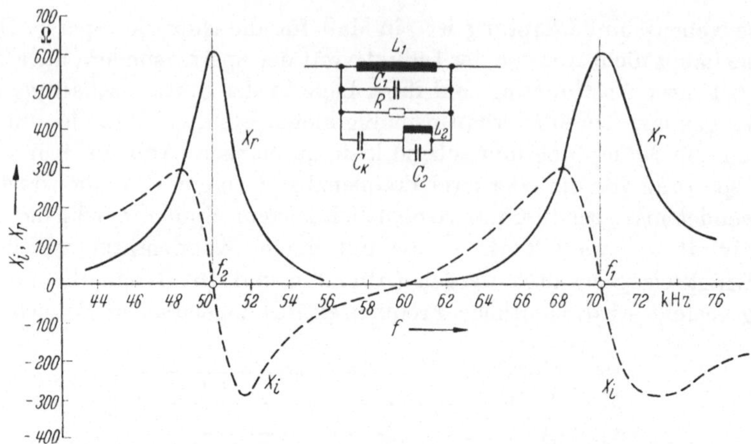

Abb. 76. Abstimmung einer Resonanzsperre auf zwei Frequenzbänder.
L_1 = 0,2 mH L_2 = 0,15 mH R = 600 Ohm f_2 = 50 kHz f_1 = 70 kHz

zität von 5000 pF bei 2-mH-Sperren, daß erst Frequenzen von $\geqq$ 60 kHz mit einer Nebenschlußdämpfung von $\leqq$ 0,2 Np übertragen werden. Bei der gleichen Stationskapazität wird eine 0,2-mH-Sperre, die auf 50 kHz abgestimmt ist, für das Frequenzband 48,5 kHz bis 56,0 kHz eine Nebenschlußdämpfung $\leqq$ 0,2 Np bringen.

Die Erfahrung hat gezeigt, daß der Sperrwiderstand nur in seltenen Fällen durch die Stationskapazität kompensiert wird. Man kann also diese Kapazität in der Regel mit $>$ 5000 pF ansetzen. Für kleinere Kapazitäten gelten nachfolgende Betrachtungen:

Stichleitungen, die am Ende offen sind oder durch eine Schaltstation mit einem kleinen kapazitiven Widerstand abgeschlossen sind, können abhängig von der Leitungslänge und der Trägerfrequenz jeden beliebigen Scheinwiderstand annehmen. Auch Schaltstationen können bei bestimmten Schaltzuständen ähnliche Wirkungen haben, wenn das Sammelschienensystem eine beträchtliche räumliche Ausdehnung hat, also vorwiegend in Höchstspannungsanlagen. Die Blindwiderstände können dabei je nach Frequenz kapazitiv oder auch induktiv sein und dadurch einen Teil des Sperrbereichs unbrauchbar machen.

Man muß also dafür sorgen, daß die Sperre innerhalb des Sperrbereichs einen genügend großen reellen Widerstandsanteil hat. Bei gleicher Nebenschlußdämpfung muß der relle Widerstandsanteil wesentlich größer sein, als der Blindwiderstand ohne Kompensation zu sein braucht (Abb. 75, Kurve a). Für a = 0,2 Np beispielsweise beträgt der Blindwiderstand X_i 250 Ω, der Wirkwiderstand X_r dagegen 900 Ω.

Eine reelle Komponente im Widerstand einer Sperre erhält man am einfachsten dadurch, daß man einen ohmschen Widerstand zur Spulenwicklung parallelschaltet. Bei den einwellig oder zweiwellig abgestimmten 0,2-mH-Sperren wird dadurch der Sperrbereich verkleinert, er ist jedoch bei einwelliger Abstimmung oberhalb von 50 kHz, bei zweiwelliger Abstimmung oberhalb von 90 kHz noch für 5 kHz breite Bänder ausreichend, wenn man eine größere Einfügungsdämpfung (etwa 0,3 Np) in Kauf nimmt.

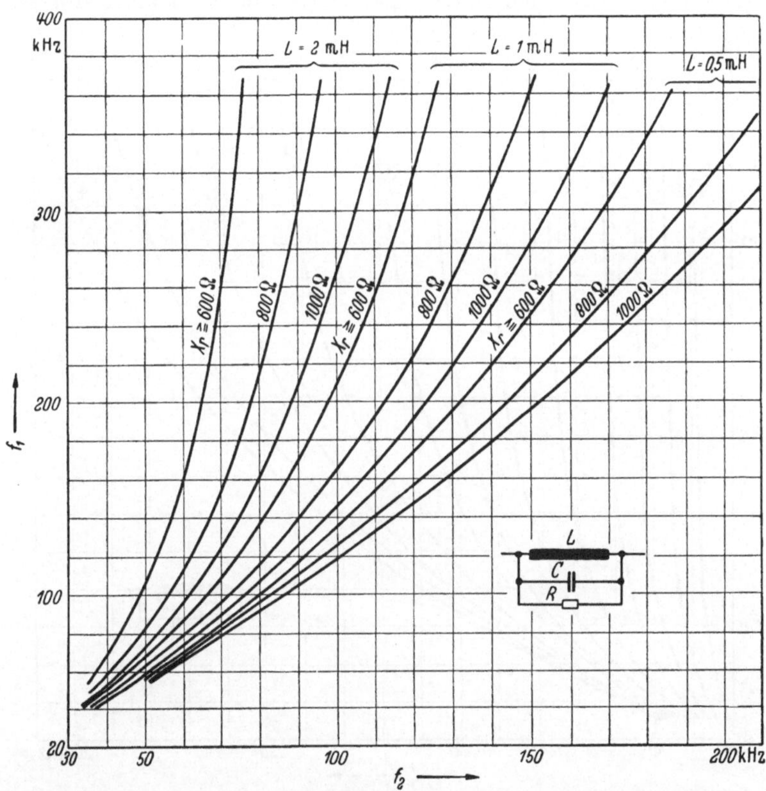

Abb. 77. Sperrbereich von Breitbandsperren, abhängig von Induktivität und Mindestwert des reellen Anteils des Sperrwiderstandes, Schaltung 1 (f_1 obere; f_2 untere Eckfrequenz des Sperrbereichs)

Bei nicht abgestimmten Sperren mit 1,0 mH oder 2,0 mH Induktivität ist dieses Verfahren nicht mehr anwendbar. Wenn man nämlich eine reelle Komponente von $\geq 600\,\Omega$ erreichen will, müßte der Blindwiderstand 1200 Ω betragen; der Sperrbereich der 2,0-mH-Sperre würde also erst bei etwa 100 kHz beginnen.

Deshalb schaltet man zur Spule außer dem ohmschen Widerstand noch einen Kondensator parallel. Für eine solche Schaltung läßt sich bei gegebener Induktivität bestimmen, innerhalb welchen Frequenzbereichs f_1 bis f_2 ein Widerstand X_r nicht unterschritten wird (Abb. 77). Beispielsweise wird bei einer 2-mH-Sperre ein reeller Widerstand von $X_r = 800\,\Omega$ nicht unterschritten im Bereich von $f_1 = 300$ kHz bis $f_2 = 90$ kHz.

Diese Schaltung hat jedoch einen schwerwiegenden Nachteil. Wenn bei einer Netzstörung Überstrom durch die Spule fließt, liegt der volle Spannungsabfall am Parallelwiderstand. Bei einer 2-mH-Spule und einem 1000-Ω-Widerstand bedeutet das, daß beispielsweise 5000 A Überstrom

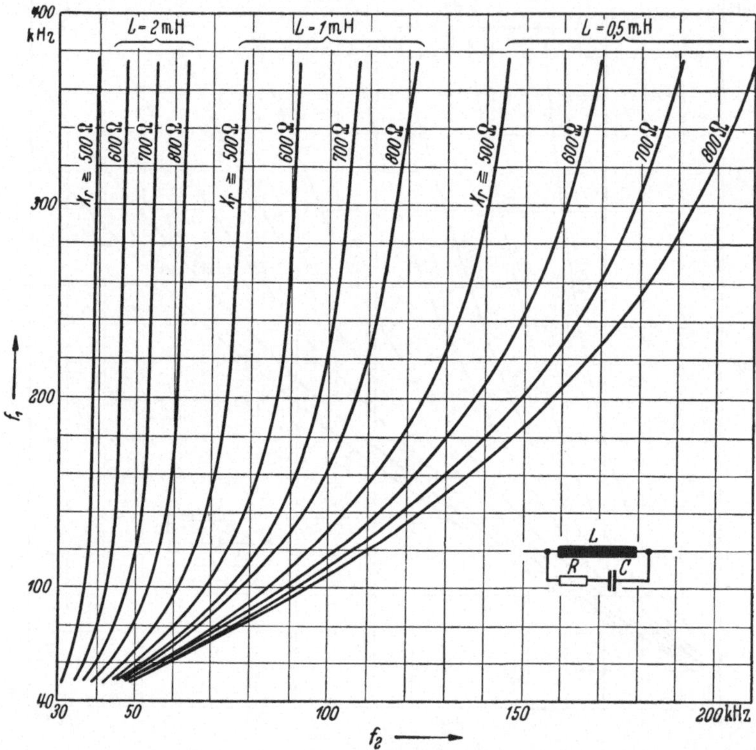

Abb. 78. Sperrbereich von Breitbandsperren, abhängig von Induktivität und Mindestwert des reellen Anteils des Sperrwiderstandes, Schaltung 2 (f_1 obere; f_2 untere Eckfrequenz des Sperrbereichs)

eine kurzzeitige Belastung des Widerstandes mit 10 kW bringen. Bei einer 0,2-mH-Sperre und sonst gleichen Bedingungen beträgt die Belastung nur 100 W. Es empfiehlt sich auf jeden Fall eine Schaltung anzuwenden, bei der die hohe Belastung des Widerstandes vermieden wird. Es genügt, zu diesem Zweck vor den Widerstand einen Kondensator zu schalten, der praktisch die gesamte an der Spule liegende Spannung aufnimmt. Der Kondensator soll die Abstimmung der Sperre möglichst wenig beeinflussen, seine Kapazität muß deshalb mindestens so groß sein wie die des Abstimmkondensators.

Sperren mit einer Induktivität von 1 mH oder 2 mH kann man ohne Verlust an Sperrbereich allein mit dem Kondensator abstimmen, der in Reihe mit dem Widerstand liegt (Abb. 78). Ein Vergleich mit dem vorangegangenen Beispiel zeigt, daß der Sperrbereich bei dieser Schaltung von $f_1 = 300$ kHz bis $f_2 = 63$ kHz geht, also noch breiter ist als bei der einfachen Parallelschaltung (Abb. 77). Bei Frequenzen unterhalb 50 kHz ist jedoch die Parallelschaltung für 2-mH-Sperren günstiger.

Will man mehr als zwei einzelne Frequenzbänder mit dem erforderlichen reellen Widerstand sperren, so braucht man nicht unbedingt Spuleninduktivitäten von 1 mH oder 2 mH. Man kann auch eine „Breitbandabstimmung" verwenden (Abb. 79). Der Parallelschwingkreis L_1, C_1 und der Reihenschwingkreis L_2, C_2 sind hierbei auf die gleiche Frequenz f_0 abgestimmt. Bei f_0 hat der Kreis L_2, C_2 den Widerstand 0 Ω. R bestimmt also bei dieser Frequenz den Sperrwiderstand. Den gleichen reellen Widerstand hat die Sperre bei $f_1 > f_0 > f_2$, wobei $f_0 = \sqrt{f_1 f_2}$ ist. Wird L_2 optimal bemessen, so daß $R^2 = \omega_0^2 \cdot L_1 L_2$ ist, dann ist der Betrag des imaginären Widerstandsanteils X_i gleich dem reellen Widerstand R. Ein Vergleich zwischen dieser Abstimmung und der einfachen Schaltung, in der Spule, Kondensator und Widerstand parallel liegen, ergibt folgende Werte.

Schaltung	Abb. 77	Abb. 79
L mH	0,2	0,2
R Ω	1200	600
X_r Ω	600	600
f_2 kHz	160	160
f_1 kHz	193	235

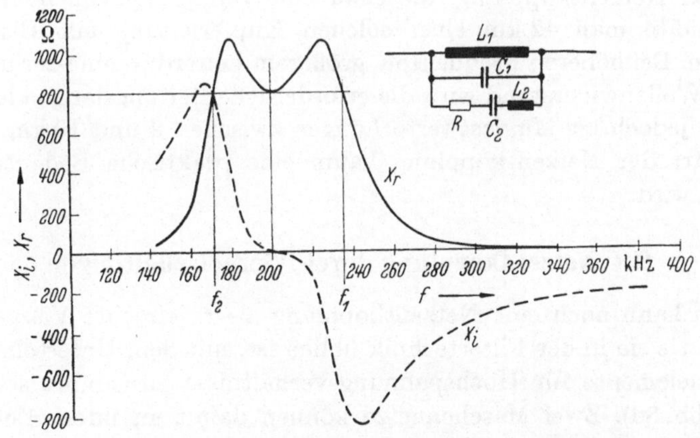

Abb. 79. Breitbandabstimmung einer Resonanzsperre.

$L_1 = 0{,}2$ mH $L_2 = 2{,}0$ mH $R = 800$ Ohm $f_2 = 172$ kHz $f_0 = 201{,}5$ kHz $f_1 = 236$ kHz

9.3 Netzentkopplung durch Hochspannungsleitungen mit Eisenüberzug

Ein Überzug der Hochspannungsleitung mit Eisen wirkt im Sinne einer Übersprechsperre. Bekanntlich drängen sich die Wechselströme bei steigender Frequenz immer mehr an der Oberfläche des Leiters zusammen („Skineffekt“). Besteht die oberste Schicht aus einem Stoff mit einer beträchtlichen Permeabilität wie etwa Eisen und dazu noch mit schlechterem Leitvermögen als der Innenleiter, so tritt eine höhere Dämpfung der Trägerfrequenzströme auf. Die Bedingungen für eine Übersprechsperre durch eine Ummantelung des Hochspannungsleiters mit Eisen ergeben sich aus einer genaueren Betrachtung der Erhöhung des ohmschen Widerstandes eines Leiters infolge der Stromverdrängung.

Man kann berechnen, daß bei 100 kHz beispielsweise ein Kupferleiter von 15 mm Durchmesser einen Hochfrequenzwiderstand von etwa 2 Ω/km hat, wogegen ein Eisenleiter mit gleichem Durchmesser einen Widerstand von 100 Ω/km aufweist. Die Dicke einer Schicht, deren Gleichstromwiderstand gleich dem Hochfrequenzwiderstand des massiven Leiters ist (äquivalente Leitschicht), beträgt bei diesem Beispiel 0,2 mm für den Kupferleiter und 0,02 mm für den Eisenleiter. Bei einer Schichtdicke von 0,1 mm, die aus rein fertigungstechnischen Gründen verwendet werden müßte, kann man mit Verhältnissen rechnen, die annähernd dem massiven Eisenleiter entsprechen.

Die Dämpfung $a = \frac{R}{2Z}$ ergibt sich bei einem Wert von $Z = 700\,\Omega$ demnach zu

$$a = \frac{2 \cdot 100}{2 \cdot 700} \frac{\text{Np}}{\text{km}} = 0{,}143 \frac{\text{Np}}{\text{km}}.$$

Für eine Netzentkopplung, die etwa eine Dämpfung von 6 Np haben soll, müßte man 42 km einer solchen Kupferleitung mit Eisen ummanteln. Bei höheren Frequenzen, größerem Leiterdurchmesser und kleinerem Wellenwiderstand wird die erforderliche Leitungslänge kleiner, es bleiben jedoch als Mindestwerte Längen zwischen 2 und 10 km, so daß diese Art der Netzentkopplung kaum eine praktische Bedeutung gewinnen wird.

9.4 Netzentkopplung durch Vierpolschaltungen

Man kann auch eine Netzentkopplung als regelrechte Vierpolsperre bauen, wie sie in der Filtertechnik üblich ist, mit dem Unterschied, daß die Bauelemente für Hochspannungsverhältnisse ausgeführt sein müssen (Abb. 80). Zwei Maschennetze können damit an ihren Stoßstellen für die trägerfrequenten Nachrichtenströme entkoppelt werden. Die Anordnung stellt jeweils zwischen einem Hochspannungsleiter und Erde eine Spulenleitung dar, die Ströme mit tiefen Frequenzen im Durchlaßbereich praktisch ohne Dämpfung durchläßt. Im Sperrbereich oberhalb der Grenzfrequenz wächst die Dämpfung rasch an.

Fordert man eine Dämpfung entsprechend der Reichweite der Geräte mit 6 Np über den ganzen Frequenzbereich, beispielsweise 35 kHz bis 500 kHz, so würde man zu mehrgliedrigen Spulenleitungen mit großen Induktivitäten und Kapazitäten kommen. Solche Anordnungen wären unwirtschaftlich, außerdem würden derartige Werte von L und C die charakteristischen Daten der Leitung bereits so weit verändern, daß Schwierigkeiten in der Netzschutzanlage zu erwarten sind. Hinreichend kleine Werte von L und C und damit auch eine Verminderung des wirtschaftlichen Aufwandes kann man nur mit zweckmäßigen Abwandlungen der Grundschaltung erreichen, die so ausgeführt werden, daß nicht der

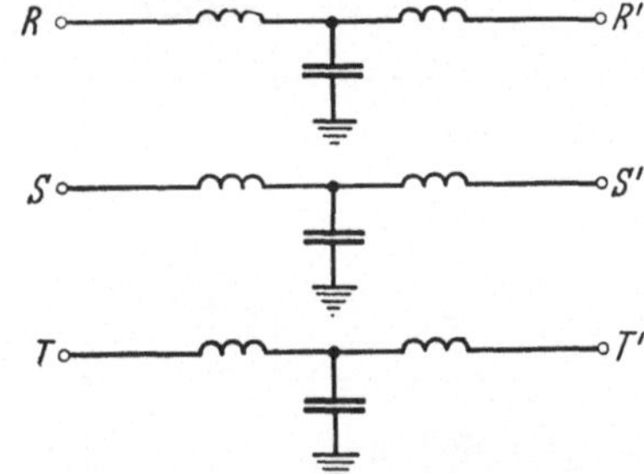

Abb. 80. Schaltung einer Vierpolsperre zur Netzentkopplung. R, S, T von der Hochspannungsleitung; R', S', T' zur Schaltstation

ganze Frequenzbereich, sondern nur der Bereich von etwa 100 kHz an aufwärts gesperrt wird. Dabei braucht man auch nicht unbedingt für alle Frequenzen eine Übersprechdämpfung von 6 Np zu fordern, da auch bei etwa 4 Np bereits die gleichen Frequenzen in einer Entfernung von je einem Leitungsabschnitt von der Entkopplungsstelle durchaus wieder benutzt werden können.

Derartige Anordnungen werden nicht häufig angewendet wegen des verhältnismäßig hohen Aufwandes für die Hochspannungskondensatoren und Breitbandsperren, aus denen sie aufgebaut werden müssen. Da mehrere Unternehmen den Nutzen haben, bedarf es einer koordinierten Planung und einer gemeinsamen Finanzierung. Bei einer Koppelleitung zwischen den Netzen zweier verschiedener Betriebe ergeben sich Vereinfachungen durch eine Aufteilung der Entkopplungsschaltung auf die beiden Leitungsenden [*15*].

Wird die Entkopplungsaufgabe gemeinsam mit der Meßaufgabe bei Verwendung kapazitiver Spannungswandler betrachtet, so ergeben sich wirtschaftlich günstigere Gesamtanordnungen; das wesentliche Hemmnis für die Einführung von Netzentkopplungsschaltungen – nämlich die hohen Kosten für eine Schaltungsanordnung, die nur der Entkopplungsaufgabe dient – verliert an Bedeutung. Die Hochspannungskondensatoren müssen unter Umständen mit größeren Kapazitätswerten gebaut werden, als für die reine Meßaufgabe nötig wäre (Abb. 81).

In einigen Ländern, in denen man nicht auf Rauhreif Rücksicht zu nehmen braucht, geht man zur Vermeidung von Auseinandersetzungen über Funkstörungen so weit, in Trägerfrequenzanlagen Frequenzbänder unterhalb 150 kHz überhaupt nicht zu verwenden. Infolgedessen entsteht viel rascher ein Frequenzmangel; hier kann eine Netzentkopplung durch Vierpolsperren rasch zur zwingenden Notwendigkeit werden. Sie ist auch leicht zu verwirklichen, weil nur höhere Frequenzen gesperrt werden sollen.

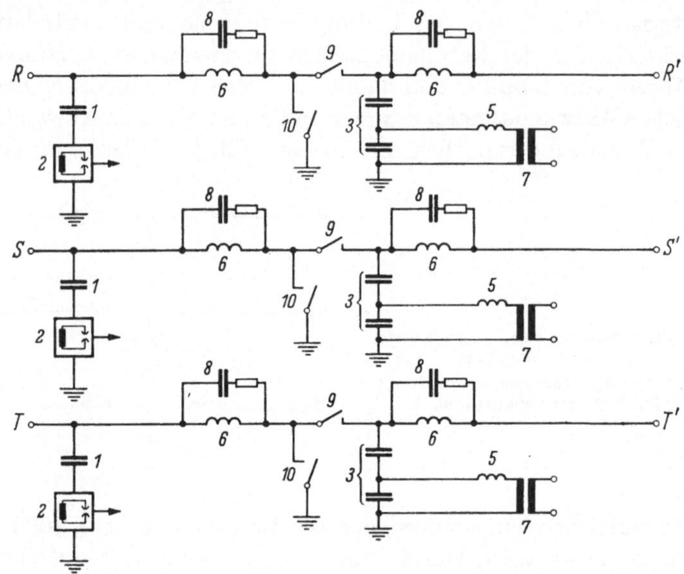

Abb. 81. Netzentkopplungsschaltung bei Mitbenutzung kapazitiver Spannungswandler. *1* Koppelkondensator; *2* Koppelfilter; *3* kapazitiver Spannungsteiler; *4* Widerstand; *5* Hochfrequenzdrossel; *6* Drossel zur Vierpolschaltung; *7* Hilfswandler; *8* Kondensator zur Vierpolschaltung; *9* Leitungstrennschalter; *10* Erdungsschalter; *R, S, T* von der Hochspannungsleitung; *R', S', T'* zur Schaltstation

9.5 Dämpfung und Pegel

Bezeichnet man die am Leitungsanfang ausgesandte Leistung mit N_1, die am Ende der Leitung abgenommene Leistung mit N_2, so könnte man den aus der Starkstromtechnik bekannten „Wirkungsgrad" η definieren durch die Gleichung

$$\eta = \frac{N_2}{N_1}.$$

Der Wirkungsgrad ist stets positiv und kleiner als Eins. In der Nachrichtentechnik rechnet man dagegen mit der „Dämpfung“

$$a = \frac{1}{2} \ln \frac{N_1}{N_2}.$$

Die Dämpfung kann positiv und negativ sein (Verstärkung) und beliebige Zahlenwerte annehmen. Wirkungsgrad und Dämpfung sind reine Zahlen. Während der Wirkungsgrad als Dezimalbruch oder in Prozenten angegeben wird, ist es üblich, den Dämpfungsangaben die Bezeichnung „Neper“ (Np) hinzuzufügen (nach dem Erfinder der natürlichen Logarithmen: NAPIER).

Der Zusammenhang zwischen Wirkungsgrad und Dämpfung ist gegeben durch

$$\eta = \frac{N_2}{N_1} = \mathrm{e}^{-2a} \quad \text{oder} \quad a = \frac{1}{2} \ln \frac{1}{\eta}.$$

Der Wirkungsgrad ist in der Fernmeldetechnik meistens sehr klein.

In Amerika und einigen Staaten Europas wird ein anderes Dämpfungsmaß verwendet, das sich aus

$$a = \ln \sqrt{\frac{N_1}{N_2}}\ \text{Neper} = \lg \frac{N_1}{N_2}\ \text{Bel}$$

ergibt (nach dem amerikanischen Erfinder des Telefons: A. G. BELL). Anstelle des natürlichen Logarithmus tritt also der gewöhnliche (BRIGGSsche) Logarithmus und anstelle der Wurzel aus dem Leistungsverhältnis das Leistungsverhältnis selbst. Um bequemere Maßzahlen zu haben, nimmt man den zehnten Teil der aus $\lg \frac{N_1}{N_2}$ sich ergebenden Zahlenwerte und bezeichnet sie mit „Dezibel“ (db).

Aus

$$\ln \sqrt{\frac{N_2}{N_1}}\ \text{Neper} = 10\ \text{Dezibel} \cdot \lg \frac{N_1}{N_2}$$

ergibt sich

$$1\ \text{Dezibel} = \frac{\frac{1}{2} \ln \frac{N_1}{N_2}\ \text{Neper}}{10 \lg \frac{N_1}{N_2}} = \frac{2{,}30259\ \text{Neper}}{20} = 0{,}115\ \text{Neper}$$

und auch umgekehrt 1 Neper = 8,686 Dezibel.

In Anlehnung an den Sprachgebrauch bei der Beschreibung von Wasserläufen spricht man in der Fernmeldetechnik von „Pegeln“, wenn man Spannungen oder Ströme an irgendeinem Punkt der Leitung mit den entsprechenden Werten an einem anderen Punkt der Leitung vergleicht. Als Pegel bezeichnet man den natürlichen Logarithmus des Spannungs- (oder Strom-)Verhältnisses. Da bei der Betrachtung von Verhältniszahlen die absolute Höhe des Anfangspegels beliebig ist, kann man einen Nullpunkt der Pegelskala willkürlich festsetzen. Durch internationale Vereinbarung hat man dem Pegel Null die Spannung U_0 zugeordnet, die an einem Widerstand $Z_0 = 600\,\Omega$ die Leistung $N_0 = 1$ mW ergibt. Aus

$$N_0 = \frac{U_0^2}{Z_0} = 1\,\text{mW} \qquad \text{folgt} \quad U_0 = \sqrt{N_0 Z_0} = 0{,}775\,\text{V}$$

und aus

$$N_0 = I_0^2 Z_0 = 1\,\text{mW} \quad \text{folgt} \quad I_0 = \sqrt{\frac{N_0}{Z_0}} = 1{,}29\,\text{mA}.$$

Zur Messung eines Pegelwertes wird ein „Normalgenerator" benutzt, der einen inneren Widerstand von 600 Ω hat und an einen gleichgroßen Außenwiderstand eine Leistung von 1 mW abgibt. Seine EMK beträgt $2 \cdot 0{,}775\,\text{V} = 1{,}55\,\text{V}$. Bezieht man den Wert an der Meßstelle auf den entsprechenden Wert am Anfang des Übertragungsweges, so spricht man vom „relativen Pegel", vergleicht man dagegen mit dem genormten Bezugswert, so spricht man vom „absoluten Pegel". Die an einem beliebigen Punkt der Leitung gemessenen Werte werden auf den Nullpunkt der Pegelskala bezogen durch die Gleichungen

$$p_N = \ln \sqrt{\frac{N}{N_0}}\,\text{Np} = \ln \sqrt{\frac{N}{1_{\,\text{mW}}}} \quad \text{für den Leistungspegel,}$$

$$p_U = \ln \frac{U}{U_0}\,\text{Np} = \ln \frac{U}{0{,}775_{\,\text{V}}} \quad \text{für den Spannungspegel,}$$

$$p_I = \ln \frac{I}{I_0}\,\text{Np} = \ln \frac{I}{1{,}29_{\,\text{mA}}} \quad \text{für den Strompegel.}$$

Dämpfungen bewirken eine Pegelabsenkung, Verstärkungen eine Pegelanhebung. Stellt man den Pegelverlauf längs einer Leitung einschließlich ihrer Ankopplungen, Überbrückungsschaltungen und Verstärker dar (Abb. 82), so erhält man ein „Pegeldiagramm". Die Pegelhöhe entspricht an jedem Leitungspunkt der Summe der bis zu diesem Punkt der Leitung durchlaufenden Dämpfungen und Verstärkungen.

Betrachtet man den Pegelverlauf längs einer Leitung mit gleichbleibendem Scheinwiderstand, so gibt der Verlauf des Spannungspegels zugleich auch ein Bild über den Verlauf des Leistungspegels. Um einen solchen Überblick auch bei zusammengesetzten Leitungen zu erhalten, deren Scheinwiderstand an verschiedenen Punkten voneinander abweichende Werte besitzt, rechnet man praktisch nur mit dem Leistungspegel. Gemäß den Definitionsgleichungen stimmen für eine Freileitung

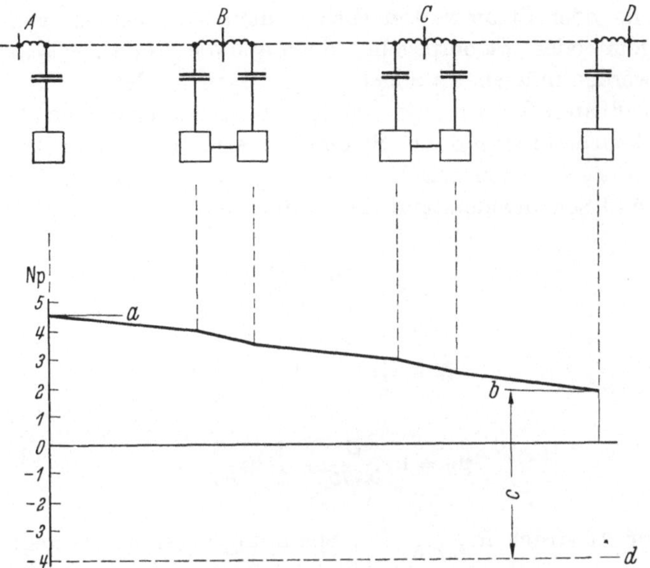

Abb. 82. Pegeldiagramm eines Trägerfrequenzkanals.
A Sender; *B*, *C* Überbrückungen; *D* Empfänger; *a* Sendepegel; *b* Empfangspegel; *c* Störpegelabstand; *d* Störpegel

mit $Z = 600\,\Omega$ der Spannungs- und Leistungspegel zahlenmäßig überein. Mißt man beispielsweise eine Spannung $U = 15$ V an dieser Freileitung, so errechnet man (s. S. 182) den Leistungspegel zu

$$p_N = \ln \sqrt{\frac{N}{N_0}} = \ln \sqrt{\frac{U^2}{Z_0 \cdot 10^{-3}}} = \ln \sqrt{\frac{225}{600} \cdot 10^3} = +\,2{,}96\,\text{Np}\,,$$

den Spannungspegel zu

$$p_U = \ln \frac{U}{U_0} = \ln \frac{15}{0{,}775} = +\,2{,}96\,\text{Np}\,.$$

Mißt man dagegen eine Spannung $U = 15$ V an einem Kabel mit $Z = 140\,\Omega$, so ist der Leistungspegel

$$p_N = \ln \sqrt{\frac{15^2}{140 \cdot 10^{-3}}} = \ln 40{,}2 = +\,3{,}69\,\text{Np}\,,$$

der Spannungspegel

$$p_U = \ln \frac{U}{U_0} = \ln \frac{15}{0{,}775} = +\,2{,}96\,\text{Np}\,.$$

Spricht man vom „Pegel“ allgemein, so ist damit der Leistungspegel gemeint, der keiner ergänzenden Angaben bedarf. Beim Vergleich von

Spannungs- oder Stromwerten spricht man ausdrücklich von „Spannungspegeln“ oder „Strompegeln“, die durch die Werte der Widerstände ergänzt werden müssen, an denen sie gemessen werden.

Die meßbaren Größen sind vorwiegend Spannungen. Die Pegelwerte werden dementsprechend als Spannungspegel bestimmt. Der für allgemeine Betrachtungen übliche Leistungspegel p_N wird aus Spannungspegel p_U und Scheinwiderstand Z errechnet mit

$$p_N = \ln \sqrt{\frac{N}{N_0}}$$

und

$$N = \frac{U^2}{Z}\,; \qquad N_0 = \frac{U_0^2}{Z_0}$$

zu

$$p_N = \ln \frac{U}{0{,}775} - \frac{1}{2} \ln \frac{Z}{600}\,.$$

Da der Ausdruck $\ln \frac{U}{0{,}775}$ den Spannungspegel p_U darstellt, unterscheidet sich der Leistungspegel von ihm lediglich durch die Korrekturgröße

$$\Delta = -\frac{1}{2} \ln \frac{Z}{600}\,,$$

die durch die Scheinwiderstandsabweichung von Z gegen den Normalwert $Z_0 = 600\ \Omega$ gegeben ist.

Zur Ermittlung des Leistungspegels bei beliebigem Z aus dem Spannungspegel dient ein Diagramm (Abb. 83), das die Korrekturgröße Δ in Abhängigkeit von der Scheinwiderstandsabweichung $Z/600$ darstellt.

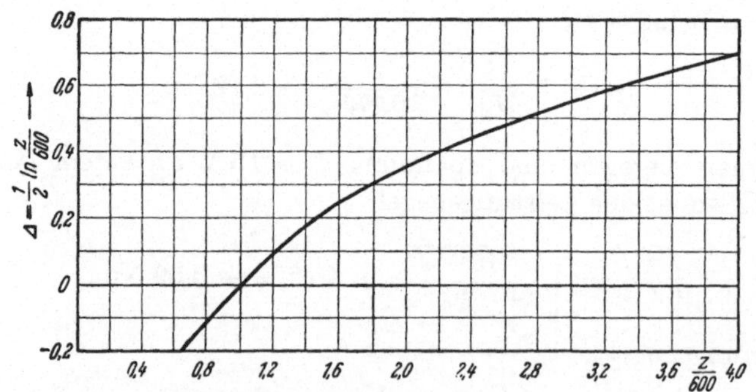

Abb. 83. Zur Ermittlung des Leistungspegels aus dem Spannungspegel

Durch Behördenvorschriften ist in vielen Ländern die Sendeleistung von Trägerfrequenz-Nachrichtengeräten für Elektrizitätswerke auf maximal 10 W begrenzt, gemessen am Eingang der Hochspannungsleitung. Dem entspricht ein maximal zulässiger Sendepegel

$$p_{N\max} = \ln \sqrt{10000} = +4{,}6\ \mathrm{Np}\,.$$

Bei Einleiterkopplung und $Z = Z_E = 400\ \Omega$ ist demnach

$$U_{E\max} = \sqrt{N_{\max} Z_E} = \sqrt{4000} = 63{,}5\ \mathrm{V},\ p_U = 4{,}4\ \mathrm{Np}\,,$$

bei Zweileiterkopplung und $Z = Z_z = 700$ ist

$$U_{Z\max} = \sqrt{N_{\max} Z_z} = \sqrt{7000} = 84\ \mathrm{V},\ p_U = 4{,}7\ \mathrm{Np}\,.$$

9.6 Amplitudenmodulation mit Zwei- und Einseitenbandübertragung, Frequenzmodulation

Der im Sender erzeugte hochfrequente Strom dient als „Träger" der zu übermittelnden Nachricht und wird für die Übertragung durch Sprachströme oder Stromimpulse beeinflußt. Diesen Vorgang bezeichnet man als „Modulation". Die Modulation einer Trägerschwingung kann durch Beeinflussung der Amplitude, der Frequenz oder des Nullphasenwinkels geschehen. Man spricht entsprechend von einer „Amplitudenmodulation", einer „Frequenzmodulation" oder einer „Phasenmodulation". Es sind noch weitere Verfahren durchgebildet worden, die unter Bezeichnung „Impulsmodulation" zusammengefaßt wurden; sie stellen eine Art Signalmethode mit hoher Telegrafiergeschwindigkeit dar, die vorwiegend für Sprachübertragung benutzt wird.

Ein nicht modulierter Träger ist ohne Nachrichteninhalt. Durch die Modulation entstehen zu beiden Seiten des Trägers weitere Hochfrequenzen, die die eigentliche Nachricht enthalten. Ein modulierter Träger nimmt somit eine gewisse Bandbreite in Anspruch. Die einzelnen modulierten Träger werden durch Filter voneinander getrennt. Den vollständigen Übertragungsweg für eine Nachricht bezeichnet man auch als „Nachrichtenkanal" oder „Übertragungskanal".

Bei theoretischen Betrachtungen ist es üblich, sich unter dem Träger eine Hilfsschwingung vorzustellen, die man braucht, um das Frequenzband einer Nachricht aus einer Frequenzlage in eine andere zu verschieben. Die Modulation und die Demodulation nennt man dann „Frequenzumsetzung".

Hier interessieren die Amplitudenmodulation und die Frequenzmodulation (Abb. 84) sowie die Frage, welcher Platz im Frequenzplan durch einen Übertragungskanal belegt wird.

Bei Amplitudenmodulation ändert sich die Amplitude der hochfrequenten Schwingungen entsprechend dem Verlauf der modulierenden

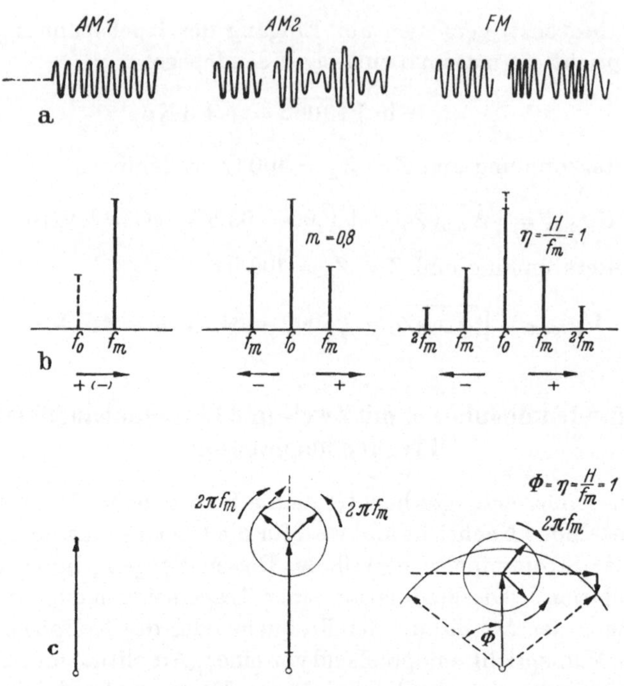

Abb. 84a–c. Modulationsarten.

a) Zeitlicher Verlauf der HF-Schwingungen; b) Amplitudenspektrum; c) Vektordiagramm; *AM 1* Amplitudenmodulation mit Einseitenbandübertragung; *AM 2* Amplitudenmodulation mit Zweiseitenbandübertragung; *FM* Frequenzmodulation

Schwingung. Durch die Modulation mit einer festen Frequenz entsteht ein Amplitudenspektrum mit je einer Seitenbandlinie im Abstand der Modulationsfrequenz zu beiden Seiten des Trägers. Im Vektordiagramm laufen beide Seitenbandvektoren entgegengesetzt mit gleicher Umlaufgeschwindigkeit gegen den Trägervektor, wobei die Summe beider infolge ihrer Phasenlage immer entweder in Richtung des Trägers oder entgegengesetzt liegt. Daraus ergibt sich die Amplitudenänderung des resultierenden Vektors beziehungsweise der resultierenden Schwingung.

Beim Zweiseitenbandverfahren werden Träger und beide Seitenbänder übertragen. Verwendet man zur Modulation das Sprachfrequenzband 300 bis 2400 Hz, so muß der mit einem Zweiseitenbandkanal belegte Platz im Frequenzplan 5 kHz breit sein (Abb. 34 und 50b). Beim Einseitenbandverfahren wird nur ein Seitenband übertragen. Der mit einem entsprechenden Einseitenbandkanal belegte Platz im Frequenzplan muß nur noch halb so breit sein, also 2,5 kHz (Abb. 34).

Bei der Frequenzmodulation wird eine Hochfrequenzschwingung konstanter Amplitude ausgesendet. Ihre Frequenz ändert sich abhängig vom

Momentanwert der Modulationsschwingung. Die maximale Abweichung von der Trägerfrequenz – das ist der Frequenzhub der modulierten Schwingung – entspricht der Amplitude der Modulationsschwingung. Die zeitliche Änderung der Hochfrequenzschwingung hat ein Amplitudenspektrum zur Folge, das ebenso wie bei der Amplitudenmodulation zwei Seitenbänder aufweist. Zu jeder Modulationsfrequenz f_m gehört jedoch bei der Frequenzmodulation eine Reihe von Seitenbandschwingungen in den Abständen f_m, $2f_m$, $3f_m$, $4f_m \ldots$ von der Trägerfrequenz, die je nach Frequenzhub und Modulationsfrequenz mit wachsender Ordnungszahl mehr oder weniger schnell abnehmen. Auch die trägerfrequente Schwingung ändert hier im Gegensatz zur Amplitudenmodulation ihre Amplitude. Maßgebend für die Amplitudenverhältnisse ist das Verhältnis von Frequenzhub H zur Modulationsfrequenz, der „Modulationsindex"

$$\eta = \frac{H}{f_m}.$$

Für $\eta = 1$, also zum Beispiel 2 kHz Hub bei einer Modulationsfrequenz von 2 kHz, zeigt die Darstellung im Vektordiagramm (Abb. 84c) die unterschiedliche Phasenlage der Seitenbandschwingungen bei Amplituden- und Frequenzmodulation. Die beiden gegenläufigen Vektoren der Seitenbänder erster Ordnung, deren Summe bei der Amplitudenmodulation in Richtung des Trägers liegt, ergeben hier eine Komponente senkrecht zum Träger. Die Seitenbänder höherer Ordnung ergänzen den resultierenden Träger so, daß seine Spitze auf einem Kreisbogen um die Normallage pendelt. Die Amplitude bleibt also konstant.

Die Pendelung bedeutet eine Änderung der Phasenlage des Vektors gegen seine Normallage. Der Phasenhub Φ, also die größte Abweichung der Trägerphase von der Normallage, entspricht dem Modulationsindex

$$\Phi = \eta = \frac{H}{f_m}.$$

Man kann dies aus dem Zusammenhang zwischen Phase und Frequenz der modulierenden Frequenz errechnen. Die momentane Frequenz entspricht dem Differentialquotienten der Phase nach der Zeit. Die Frequenzmodulation ist gleichzeitig eine Phasenmodulation und läßt sich, wenn mit nur einer Frequenz moduliert wird, von dieser nicht unterscheiden.

Der Platz im Frequenzplan, den ein frequenzmodulierter Übertragungskanal einnimmt, soll nicht größer sein als der für einen amplitudenmodulierten Zweiseitenbandkanal, damit ein einheitliches Frequenzraster verwendet werden kann. Man kann also nur mit einem relativ kleinen Frequenzhub arbeiten (s. S. 65).

9.7 Sendeleistung und Reichweite von Trägerfrequenzgeräten bei den verschiedenen Übertragungsverfahren[1]

Die Reichweite von Trägerfrequenzverbindungen läßt sich nicht allgemein in Kilometern angeben. Sie ist abhängig von der Leitungsdämpfung und damit von der jeweils verwendeten Frequenz, vom Aufbau und Zustand der jeweiligen Leitung, von der Ankopplungsart und – normalerweise wenig, bei Rauhreif aber stärker – von der Witterung. Diese Dämpfung des Übertragungsweges muß mit einem hinreichenden Störpegelabstand am Empfänger (Abb. 82) überbrückt werden. Der Sendepegel des Trägerfrequenzgerätes und das Übertragungsverfahren sind ausschlaggebend dafür, welche Reichweite eine Verbindung, gemessen in Neper, bei einem gegebenen Störpegelabstand hat. Wieviel Kilometer diesem Dämpfungswert entsprechen, hängt von den genannten Parametern ab.

Die Reichweite r als überbrückbare Betriebsdämpfung a_B zwischen Sender und Empfänger ergibt sich aus Sendepegel p_s und zulässigem Mindestempfangspegel $p_{e\min}$ zu

$$r = a_B = p_s - p_{e\min}\,. \tag{1}$$

Der zulässige Mindestempfangspegel hängt ab von dem Hochfrequenzstörpegel p_{st} am Eingang des Empfängers und dem zulässigen Abstand Δp_{fr} zwischen Nutzpegel p_n und Fremdpegel[2] p_{fr} am Ausgang des Empfängers. Nutzpegel und Störpegel am Eingang können vom Empfänger verschieden bewertet werden, daher kann sich ihr Abstand auf dem Weg vom Eingang zum Ausgang des Empfängers (bei der Demodulation) ändern. Er kann sich je nach Übertragungsverfahren vergrößern oder verkleinern. Als Maß für die Änderung kann ein „Gewinnfaktor“ G oder, im logarithmischen Maßstab, ein „Gewinn des Übertragungsverfahrens“ g benutzt werden, der die Reichweite bei gegebener Sendeleistung, aber unterschiedlichem Übertragungsverfahren vergrößert oder verkleinert.

$$g = \ln G = \frac{1}{2} \ln \frac{P_e}{P_{st}} \cdot \frac{P_{fr}}{P_n}\,. \tag{2}$$

Damit ergibt sich für die Reichweite:

$$r = p_s - p_{st} - \Delta p_{fr} + g\,, \tag{3}$$

[1] Nach E. ALSLEBEN.

[2] Der Unterschied zwischen Fremdspannung und „Geräuschspannung“ (nach Ohrenempfindlichkeitskurve des CCITT bewertete beziehungsweise mit 800 Hz verglichene Fremdspannung), der sich nur auf Sprachkanäle bezieht, hat keinen wesentlichen Einfluß auf das Ergebnis der hier angestellten Betrachtungen und wird nicht berücksichtigt.

oder wenn statt der Pegel die entsprechenden Leistungen oder Leistungsverhältnisse eingeführt werden

$$r = \frac{1}{2}\left(\ln\frac{P_s}{P_{st}} - \ln\frac{P_n}{P_{fr}} + \ln\frac{P_e}{P_{st}}\cdot\frac{P_{fr}}{P_n}\right). \quad (4)$$

Für die einzelnen Größen bestehen bestimmte Festlegungen, Erfahrungswerte und Zusammenhänge.

a) Sendeleistung

Unter der Sendeleistung oder Nennleistung P_s eines Senders wird bei frequenzmodulierten Geräten und bei amplitudenmodulierten Zweiseitenbandgeräten die Trägerleistung des unmodulierten Senders verstanden, bei Einseitenbandgeräten dagegen die Leistung eines Seitenbandes, wenn der Sender mit einem einzelnen Ton voll ausgesteuert wird. Bei einem amplituden- oder einem frequenzgetasteten Fernwirkkanal ist es die bei Dauerton beziehungsweise die bei einer der beiden Frequenzlagen gesendete Leistung.

Die Frequenzmodulation arbeitet mit konstanter Amplitude. Der Sendeverstärker braucht nur für diese Nennleistung bemessen zu werden. Bei den Amplitudenmodulationsverfahren dagegen muß der Sendeverstärker für eine Spitzenleistung bemessen werden, die höher ist als die Nennleistung.

Für Einseitenbandbetrieb ergibt sich diese Spitzenleistung aus dem Maximalwert der Schwebung zwischen einem mit Nennleistung übertragenen Nutzton und dem üblicherweise mitübertragenen Pilotton oder Trägerrest. Beträgt dessen Amplitude q % des Nutztons bei Vollaussteuerung, so hat die Spitzenleistung den Wert

$$P_{sp,E} = \left(1 + \frac{q}{100}\right)^2 \cdot P_s. \quad (5)$$

Bei einem Pilotton von 20% der maximalen Nutzamplitude wäre damit eine Spitzenleistung von $1{,}44 \cdot P_s$ erforderlich.

Bei der Zweiseitenbandübertragung muß der Verstärker für die Schwebung aus Träger und beiden Seitenbändern bemessen sein. Aus der Zeigerdarstellung für die Modulationsverfahren (Abb. 84c) ergibt sich die Spannung im Schwebungsmaximum und daraus die Leistung mit

$$P_{sp,Z} = (1 + m)^2\, P_s \quad (6)$$

und die Leistung eines Seitenbandes

$$P_{sb,Z} = \left(\frac{m}{2}\right)^2 P_s. \quad (7)$$

Bei einem Modulationsgrad m von 100% würde die Spitzenleistung, für die der Verstärker auszulegen ist, viermal so groß sein wie die Nennleistung. Die Summe beider Seitenbandleistungen, die allein die eigentliche Nachricht enthalten, wäre dabei nur halb so groß wie die Nennleistung. Der Modulationsgrad bei Vollaussteuerung der üblichen Geräte liegt jedoch nur etwa zwischen 60% und 80%. Bei 80% hat die Spitzenleistung den Wert $3{,}24 \cdot P_s$. Für Zweiseitenbandmodulation muß also im Vergleich zu anderen Modulationsarten ein verhältnismäßig großer Aufwand in bezug auf Verstärkerleistung getrieben werden. In dem geschilderten, noch günstigen Beispiel beträgt sie etwa das 10fache der für die Übertragung wirksam werdenden Leistung beider Seitenbänder.

Bei Mehrfachübertragung für Fernwirkzwecke hat die Spitzenleistung den Wert

$$P_{sp,F} = n^2 P_s, \tag{8}$$

wenn n die Anzahl der Kanäle und P_s die Sendeleistung im ungetasteten Kanal ist. Die Spitzenleistung ist also durch den Verstärker festgelegt und die mögliche Sendeleistung je Kanal P_s nimmt quadratisch mit der Anzahl der Kanäle ab. Wird das Bündel von Kanälen nicht im Einseitenband-, sondern im Zweiseitenbandverfahren übertragen, so wird der Modulationsgrad entsprechend der Anzahl der Kanäle linear (die Seitenbandleistung quadratisch) unterteilt. Die Kanalleistung kann geringfügig erhöht werden, wenn eine größere Zahl von Kanälen vorliegt und man annimmt, daß nicht in allen gleichzeitig das Schwebungsmaximum durchlaufen wird. Es werden auch nicht alle Kanäle dauernd gleichzeitig im gleichen Sinne getastet, was bei Amplitudenmodulation ebenso wirken würde.

Bei Mehrzweckgeräten (für die gleichzeitige Übertragung von Sprache und überlagerten Fernwirkkanälen) kann man die Leistung so aufteilen, daß für Sprache und Fernwirkkanäle die zulässigen Fremdpegelabstände mit zunehmender Leitungsdämpfung gleichzeitig erreicht werden. Bei etwa 6 überlagerten Kanälen einer Bandbreite von 80 Hz (Abstand 120 Hz) ergibt sich dann eine Aufteilung der Spitzenleistung auf Sprache einerseits und Fernwirkkanäle andererseits von etwa 1 zu 1, also je einem Viertel der Spitzenleistung. Jeder überlagerte Kanal hat eine Leistung von $\frac{1}{n^2} \cdot \frac{1}{4}$ der Spitzenleistung, bei 6 Kanälen also $\frac{1}{144}$ der Spitzenleistung des Gerätes.

In Deutschland ist eine Leistung von 10 W zugelassen. Das gilt – in Übereinstimmung mit der angegebenen üblichen Bedeutung des Begriffs Nennleistung – bei Einseitenbandgeräten für die Seitenbandleistung bei Vollaussteuerung sowie bei Zweiseitenband- und frequenzmodulierten Geräten für die Leistung des unmodulierten Trägers. Zusätzlich ist eine zulässige Spitzenleistung von 40 W festgelegt. Diese würde für Zweiseitenbandgeräte mit einem vom Modulationsgrad unabhängigen Träger und 10 W Trägerleistung entsprechend Gl. (5) bei einem Modulationsgrad von 100% erreicht werden. Bei Mehrfachübertragungsgeräten für Fernwirken gilt die 10-W-Grenze für die Summe der Kanalleistungen im 2,5 kHz breiten Band. Sie bestimmt die zulässige Kanalleistung für 1 bis 4 Kanäle; bei mehr Kanälen wird die 40-W-Grenze wirksam. Daraus lassen sich die zulässigen Leistungen abhängig von der Kanalzahl errechnen (Abb. 85).

Kanalzahl	n	1	2	4	6	12	18	
Kanalleistung	P_s	10	5	2,5	1,1	0,28	0,12	Watt
Summenleistung	nP_s	10	10	10	6,6	3,4	2,2	Watt
Spitzenleistung	n^2P_s	10	20	40	40	40	40	Watt

Abb. 85. Zulässige Kanalleistung in Mehrfachübertragungsgeräten für Fernwirken

Für die Reichweite von Sprechgeräten ist es außerdem wichtig, welcher Sprachpegel der Vollaussteuerung zugeordnet wird. Es ist üblich, mit Rücksicht auf die hohen Störpegel der Hochspannungsleitungen den Sprachpegel bei 1 mW (0 Np) am relativen Pegel 0 zu begrenzen und mit diesem Wert den Sender voll auszusteuern. Bei Postsystemen dagegen darf erst bei +0,8 Np voll begrenzt werden. Wollte man diese Vorschrift auch auf Trägerfrequenzsysteme für Hochspannungsleitungen anwenden, so würde die mögliche Reichweite um 0,8 Np verringert.

b) Fremdpegel und Fremdpegelabstand

Für die Reichweite von Trägerfrequenzgeräten sind die durch den Hochspannungsbetrieb bedingten Dauerstörungen mit Rauschcharakter, in erster Linie Koronastörungen, maßgebend. Selektive Störungen durch fremde Sender können durch geeignete Frequenzwahl und entsprechende Vereinbarungen vermieden werden. Beeinflussungen durch Störimpulse, die bei Betätigung von Hochspannungsschaltern, atmosphärischen Entladungen und Auftreten von Fehlern im Netz entstehen, können durch Begrenzung in den Ankopplungsgeräten und den Empfängern, durch zweckmäßige Wahl der Zeitkonstanten und andere Maßnahmen genügend weit unterdrückt werden. Für Trägerfrequenz-Netzschutzgeräte mit ihren sehr kurzen Übertragungszeiten bei hohen Anforderungen an die Sicherheit der Übertragung bestimmen diese Störimpulse allerdings, wie weit die durch die Dauerstörungen gegebene Reichweite ausgenutzt werden kann.

Die Erfahrungswerte für das Koronarauschen in einem 2,5 kHz breiten Frequenzband (s. S. 61) lassen sich, dem Rauschcharakter entsprechend, auf andere Frequenzbandbreiten umrechnen und als Ausgangswerte für die Berechnung von Reichweiten benutzen. Als noch zulässig wird im allgemeinen im Sprachband ein Abstand von 3 Np und im 80 Hz breiten Fernwirkkanal ebenfalls ein Abstand von 3 Np zwischen Nutz- und Fremdpegel angesehen. Zweckmäßigerweise wird zu diesen Werten eine Reserve von 1 Np für anomale Leitungszustände hinzugerechnet.

c) Gewinnfaktor des Übertragungsverfahrens

Die Koronastörung läßt sich näherungsweise als Rauschstörung durch ein Spektrum mit frequenzabhängiger Amplitude u_{st} im Hochfrequenzübertragungsband darstellen. Dabei soll u_{st} eine auf die Frequenzbandeinheit bezogene Rauschspannung sein, aus der sich die Rauschspannung U_{st} und die Rauschleistung P_{st} des gesamten Bandes am Widerstand R ergeben mit

$$K_{st} = u_s \sqrt{\Delta f}; \quad P_{st} = \frac{u_{st}^2 \cdot \Delta f}{R}. \tag{9}$$

Bei Einseitenbandbetrieb werden alle in der Hochfrequenzlage im gesamten Nutzband vorhandenen Spannungen, also Nutz- und Störspannungen, auf gleiche Art in die Niederfrequenzlage umgesetzt. Das Verhältnis von Nutz- zu Störspannung beziehungsweise von Nutz- zu Störleistung bleibt deshalb erhalten. Es ist

$$\frac{P_n}{P_{fr}} = \frac{P_s}{P_{st}} \tag{10}$$

und damit

$$G_E = 1; \quad g_E = 0. \tag{11}$$

Auf diesen Gewinnfaktor kann man sich beim Vergleich verschiedener Übertragungsverfahren bequem beziehen.

Bei Zweiseitenbandbetrieb ist es zweckmäßig, der Definition der Sendeleistung entsprechend, von der Trägerleistung P_s oder Trägerspannung U_s als Nutzleistung oder Nutzspannung am Eingang des Empfängers auszugehen. Am Ausgang nach der Demodulation wird aber nur eine Nutzspannung wirksam, die sich aus der phasenrichtigen Addition beider Seitenbandzeiger (Abb. 84c) entsprechend ergibt mit $U_n = m_0 U_s$, während für die Störspannung (Rauschen) der Wert $\sqrt{2}\,U_{st} = \sqrt{2}\,u_{st}\sqrt{\Delta f}$ wirksam wird als resultierende Rauschspannung aus beiden Seitenbändern. Statt der Bandbreite Δf eines Seitenbandes kann auch die höchste übertragene Frequenz f_g eingesetzt werden, wenn das übertragene Band von Null bis f_g gerechnet wird. Damit ergibt sich das Verhältnis von Nutz- zu Fremdspannung mit

$$\frac{U_n}{U_{fr}} = \frac{m_0}{\sqrt{2}} \frac{U_s}{U_{st}} \tag{12}$$

und das entsprechende Leistungsverhältnis mit

$$\frac{P_n}{P_{fr}} = \frac{m_0^2}{2}\,\frac{P_s}{P_{st}}. \tag{13}$$

Der Gewinnfaktor und der Gewinn werden damit

$$G_Z = \frac{m_0}{\sqrt{2}}; \qquad g_Z = \ln\frac{m_0}{\sqrt{2}}. \tag{14}$$

Bei einem maximalen Modulationsgrad von $m_0 = 0{,}8$ ergeben sich also zufällig gleiche Zahlenwerte von $G_Z = 0{,}57$ und $g_Z = -0{,}57$ Np. Die Zahlen zeigen den Nachteil des Zweiseitenbandverfahrens gegenüber dem Einseitenbandverfahren.

Bei der Frequenzmodulation entspricht das Verhältnis von Nutzfrequenzhub H_0 zu Störfrequenzhub H_{st} dem Verhältnis von Nutz- zu Fremdspannung am Ausgang des Gerätes. Auf bekannte Art läßt sich dieses Verhältnis aus einem Zeigerdiagramm (Abb. 86) ableiten. Darin ist der Zeiger für die Trägerspannung durch einen gegen ihn rotierenden Zeiger für die Störspannung – die auf 1 Hz Bandbreite bezogene Störspannung u_{st} – mit vom Träger um f_{st} abweichender Frequenz zu einem resultierenden Zeiger für Träger und Störung ergänzt. Dieser pendelt mit dem Störphasenhub φ_{st} um seine Normallage. Näherungsweise ist für $u_{st} < U_s$

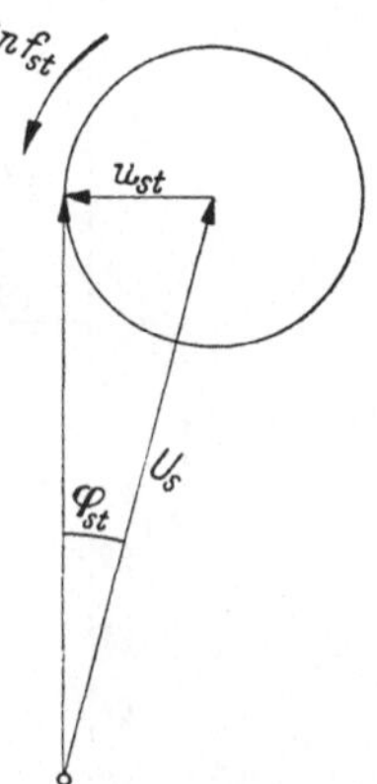

Abb. 86. Addition von Stör- und Trägerspannung bei Frequenzmodulation

$$\varphi_{st} = \frac{u_{st}}{U_s}. \tag{15}$$

Aus dem Störphasenhub erhält man den Störfrequenzhub zu

$$h_{st} = f_{st}\cdot\varphi_{st} = f_{st}\cdot\frac{u_{st}}{U_s}. \tag{16}$$

Der Störfrequenzhub ist also proportional dem Abstand der Störfrequenz von der Nutzfrequenz, dieser Abstand ist gleich der Frequenz f_{fr} der nach der Demodulation auftretenden Fremdspannung. Da zur Fremdspannung jeweils Störungen aus beiden Seitenbändern beitragen, erhöht sich ihr Wert um den Faktor $\sqrt{2}$ wie beim Zweiseitenbandverfahren, und man erhält für das Verhältnis von Nutz- zu Fremdspannung

$$\frac{U_n}{u_{fr}} = \frac{H_0}{\sqrt{2}\,h_{st}} = \frac{H_0}{\sqrt{2}\,f_{st}}\cdot\frac{U_s}{u_{st}}. \tag{17}$$

Entsprechend dem Störfrequenzhub ist auch die Fremdspannung am Empfängerausgang proportional der Frequenz. Das gleiche gilt für das

Verhältnis von Fremdspannung zu Nutzspannung, also für den reziproken Gewinnfaktor $1/G$. Dieser hat gemäß Gl. (17) den Wert $\frac{f}{H_0}\sqrt{2}$, also bei $f_g = H_0$ den Wert $\sqrt{2}$, den man nach Gl. (14) für ein Zweiseitenbandverfahren bei $m = 100\%$ im ganzen Niederfrequenzbereich erhalten würde. Die reziproken Gewinnfaktoren für die drei Übertragungsverfahren lassen sich am besten in einer Übersicht miteinander vergleichen (Abb. 87). Für die Frequenzmodulation ist wegen der Abhängigkeit des Gewinnfaktors von der Frequenz ein direkter Vergleich nur für genügend schmale Teilfrequenzbereiche möglich oder für einen Mittelwert, den man aus der Leistung im gesamten Niederfrequenzband durch In-

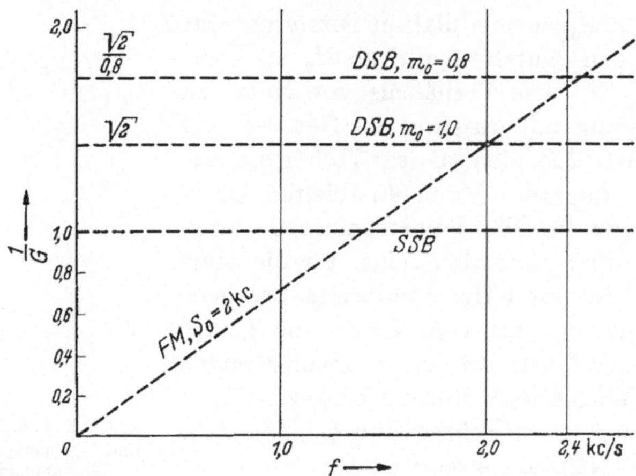

Abb. 87. Reziproker Gewinnfaktor abhängig von der Frequenz bei Amplitudenmodulation und Frequenzmodulation

tegration von $f = 0$ bis $f = f_g$ erhält. Dem linearen Anstieg der Spannung entsprechend steigt die Leistung quadratisch mit der Frequenz an, und über die Integration erhält man das gesuchte Verhältnis von Nutzleistung zu Fremdleistung mit

$$\frac{P_n}{P_{fr}} = \left(\frac{H_0}{\sqrt{2}\, f_g}\right)^2 \cdot \frac{U_s^2}{\frac{1}{3}\, u_{st}^2\, f_g} = \frac{3}{2}\left(\frac{H_0}{f_g}\right)^2 \frac{P_s}{P_{st}}\,. \tag{18}$$

Daraus ist der mittlere Gewinnfaktor für Frequenzmodulation zu entnehmen mit

$$\bar{G}_{FM} = \frac{H_0}{f_g}\sqrt{\frac{3}{2}} \tag{19}$$

und

$$\bar{g}_{FM} = \ln \frac{H_0}{f_g}\sqrt{\frac{3}{2}}\,. \tag{20}$$

Über Hochspannungsleitungen überträgt man auch bei Frequenzmodulation mit schmalen Frequenzbändern; mit einem Hub von 2 kHz und einer höchsten übertragenen Frequenz von 2,4 kHz ergibt sich damit noch ein Gewinnfaktor von etwa 1 entsprechend 0 Np. Bei gleicher Sendeleistung ist also die Frequenzmodulation der Einseitenbandübertragung in bezug auf den Fremdpegelabstand gleichwertig.

d) Praktische Anwendung

Die gefundenen Gewinnfaktoren wurden errechnet unter Voraussetzung einer Rauschstörung mit gleicher Störleistung je Einheit der Bandbreite und der daraus errechneten Störleistung P_{st} in einem Hochfrequenzband Δf, dessen Breite gleich der des Niederfrequenzkanals ist. Dementsprechend ist bei der Berechnung der Reichweite nach Gl. (2) immer die auf ein Hochfrequenzband dieser Breite entfallende Störleistung P_{st} oder der entsprechende Störpegel p_{st} einzusetzen.

Stellt man entsprechend diesen Betrachtungen die Reichweite der verschiedenen Trägerfrequenzgeräte zusammen, so ergibt sich eine Übersicht (Abb. 88) für den Entwurf von Anlagen. Die wirklich in der Praxis vorkommenden Störpegel können merklich von diesen errechneten Werten abweichen (s. S. 61). In kritischen Fällen bestimmt man der Sicherheit halber die tatsächlich vorhandenen Störpegel durch Messungen und errechnet daraus die Reichweiten.

		Frequenzmodulation	Amplitudenmodulation						
			Sprechgeräte ZSB	Sprechgeräte ESB	Mehrfachfernwirkgeräte				
Kanalzahl	n				2	4	6	12	18
Sendepegel	p_s	+4,6	+4,6	+4,6	+4,3	3,9	3,5	2,8	2,0
Gewinn	g	0	−0,6	0	—	—	—	—	—
Fremdpegel Abst.	p_{fr}	3	3	3	3	3	3	3	3
$p_s + g - p_{fr}$		+1,6	+1,0	+1,6	+1,3	+0,9	+0,5	−0,2	−1,0
p_{st} (220 kV)		−2,4	−2,4	−2,4	−4	−4	−4	−4	−4
Reichweite r_{220}		4,0	3,4	4,0	5,3	4,9	4,5	3,8	3,0
p_{st}(110 kV)		−4,4	−4,4	−4,4	−6	−6	−6	−6	−6
Reichweite r_{110}		6,0	5,4	6,0	7,3	6,9	6,5	5,8	5,0

Abb. 88. Reichweiten von Trägerfrequenzgeräten für Hochspannungsleitungen (in Np).

Sendeleistung	10 W
Spitzenleistung	40 W bei n ≧ 4
Modulationsgrad bei Vollaussteuerung,	
Zweiseitenbandverfahren (ZSB)	80%
Frequenzhub bei Vollaussteuerung,	
Frequenzmodulation (FM)	2 kHz
Störpegel der 220-kV-Leitung	−2 Np/5 kHz
Störpegel der 110-kV-Leitung	−4 Np/5 kHz

9.8 e^n-Tabelle

n	0	1	2	3	4	5	6	7	8	9
0,0	1	1,010	1,020	1,030	1,041	1,051	1,062	1,073	1,083	1,094
0,1	1,105	1,116	1,127	1,139	1,150	1,162	1,174	1,185	1,197	1,209
0,2	1,221	1,234	1,246	1,259	1,271	1,284	1,297	1,310	1,323	1,336
0,3	1,350	1,363	1,377	1,391	1,405	1,419	1,433	1,448	1,462	1,477
0,4	1,492	1,507	1,522	1,537	1,553	1,568	1,584	1,600	1,616	1,632
0,5	1,649	1,665	1,682	1,699	1,716	1,733	1,751	1,768	1,786	1,804
0,6	1,822	1,840	1,859	1,878	1,896	1,916	1,935	1,954	1,974	1,994
0,7	2,014	2,034	2,054	2,075	2,096	2,117	2,138	2,160	2,181	2,203
0,8	2,226	2,248	2,271	2,293	2,316	2,340	2,363	2,387	2,411	2,435
0,9	2,460	2,484	2,509	2,535	2,560	2,586	2,612	2,638	2,664	2,691
1,0	2,718	2,746	2,773	2,801	2,829	2,858	2,886	2,915	2,945	2,974
1,1	3,004	3,034	3,065	3,096	3,127	3,158	3,190	3,222	3,254	3,287
1,2	3,320	3,353	3,387	3,421	3,456	3,490	3,525	3,561	3,597	3,633
1,3	3,669	3,706	3,743	3,781	3,819	3,857	3,896	3,935	3,975	4,015
1,4	4,055	4,096	4,137	4,179	4,221	4,263	4,306	4,349	4,393	4,437
1,5	4,482	4,527	4,572	4,618	4,665	4,711	4,759	4,807	4,855	4,904
1,6	4,953	5,003	5,053	5,104	5,155	5,207	5,259	5,312	5,366	5,419
1,7	5,474	5,529	5,585	5,641	5,697	5,755	5,812	5,871	5,930	5,989
1,8	6,050	6,110	6,172	6,234	6,297	6,360	6,424	6,488	6,554	6,619
1,9	6,686	6,753	6,821	6,890	6,959	7,029	7,099	7,171	7,243	7,316
2,0	7,389	7,463	7,538	7,614	7,691	7,768	7,846	7,925	8,004	8,085
2,1	8,166	8,248	8,331	8,415	8,499	8,585	8,671	8,758	8,846	8,935
2,2	9,025	9,116	9,207	9,300	9,393	9,488	9,583	9,679	9,777	9,875
2,3	9,974	10,07	10,18	10,28	10,38	10,49	10,59	10,70	10,80	10,91
2,4	11,02	11,13	11,25	11,36	11,47	11,59	11,70	11,82	11,94	12,06
2,5	12,18	12,30	12,43	12,55	12,68	12,81	12,94	13,07	13,20	13,33
2,6	13,46	13,60	13,74	13,87	14,01	14,15	14,30	14,44	14,59	14,73
2,7	14,88	15,03	15,18	15,33	15,49	15,64	15,80	15,96	16,12	16,28
2,8	16,44	16,61	16,78	16,95	17,12	17,29	17,46	17,64	17,81	17,99
2,9	18,17	18,36	18,54	18,73	18,92	19,11	19,30	19,49	19,69	19,89
3,0	20,09	20,29	20,49	20,70	20,91	21,12	21,33	21,54	21,76	21,98
3,1	22,20	22,42	22,65	22,87	23,10	23,34	23,57	23,81	24,05	24,29
3,2	24,53	24,78	25,03	25,28	25,53	25,79	26,05	26,31	26,58	26,84
3,3	27,11	27,39	27,66	27,94	28,22	28,50	28,79	29,08	29,37	29,67
3,4	29,96	30,27	30,57	30,88	31,19	31,50	31,82	32,14	32,46	32,79
3,5	33,12	33,45	33,78	34,12	34,47	34,81	35,16	35,52	35,87	36,23
3,6	36,60	36,97	37,34	37,71	38,09	38,47	38,86	39,25	39,65	40,04
3,7	40,45	40,85	41,26	41,68	42,10	42,52	42,95	43,38	43,82	44,26

9.8 e^n-Tabelle (Fortsetzung)

n		0	1	2	3	4	5	6	7	8	9
3,8		44,70	45,15	45,60	46,06	46,53	46,99	47,47	47,94	48,42	48,91
3,9		49,40	49,90	50,40	50,91	51,42	51,94	52,46	52,98	53,52	54,05
4,0		54,60	55,15	55,70	56,26	56,83	57,40	57,97	58,56	59,15	59,74
4,1		60,34	60,95	61,56	62,18	62,80	63,43	64,07	64,72	65,37	66,02
4,2		66,69	67,36	68,03	68,72	69,41	70,11	70,81	71,52	72,24	72,97
4,3		73,70	74,44	75,19	75,94	76,71	77,48	78,26	79,04	79,84	80.64
4,4		81,45	82,27	83,10	83,93	84,77	85,63	86,49	87,36	88,23	89,12
4,5		90,02	90,92	91,84	92,76	93,69	94,63	95,58	96,54	97,51	98,49
4,6		99,48	100,5	101,5	102,5	103,5	104,6	105,6	106,7	107,8	108,9
4,7		109,9	111,1	112,2	113,3	114,4	115,6	116,7	117,9	119,1	120,3
4,8		121,5	122,7	124,0	125,2	126,5	127,7	129,0	130,3	131,6	133,0
4,9		134,3	135,6	137,0	138,4	139,8	141,2	142,6	144,0	145,5	146,9
5,0		148,4	149,9	151,4	152,9	154,5	156,0	157,6	159,2	160,8	162,4
5,1		164,0	165,7	167,3	169,0	170,7	172,4	174,2	175,9	177,7	179,4
5,2		181,3	183,1	184,9	186,8	188,7	190,6	192,5	194,4	196,4	198,3
5,3		200,3	202,4	204,4	206,4	208,5	210,6	212,7	214,9	217,0	219,2
5,4		221,4	223,6	225,9	228,1	230,4	232,8	235,1	237,5	239,8	242,3
5,5		244,7	247,2	249,6	252,1	254,7	257,2	259,8	262,4	265,1	267,7
5,6		270,4	273,1	275,9	278,7	281,5	284,3	287,1	290,0	292,9	295,9
5,7		298,9	301,9	304,9	308,0	311,1	314,2	317,3	320,5	323,8	327,0
5,8		330,3	333,6	337,0	340,4	343,8	347,2	350,7	354,2	357,8	361,4
5,9		365,0	368,7	372,4	376,2	379,4	383,8	387,6	391,5	395,4	399,4
6,0		403,4	407,5	411,6	415,7	419,9	424,1	428,4	432,7	437,0	441,4
6		403,4	445,9	492,7	544,6	601,8	665,1	735,1	812,4	897,8	992,3
7		1079	1212	1339	1480	1636	1808	1998	2208	2441	2697
8		2981	3294	3641	4024	4447	4915	5432	6003	6634	7332
9	$\times 10^3$	8,103	8,955	9,897	10,94	12,09	13,36	14,76	16,32	18,03	19,93
10	$\times 10^3$	22,03	24,34	26,90	29,73	32,86	36,31	40,13	44,35	49,02	54,17
11	$\times 10^3$	59,87	66,17	73,13	80,82	89,32	98,71	109,1	120,6	133,2	147,3
12	$\times 10^3$	162,8	179,9	198,8	219,7	242,8	268,3	296,5	327,7	362,2	400,3
13	$\times 10^6$	0,4424	0,4889	0,5404	0,5972	0,6600	0,7294	0,8061	0,8909	0,9846	1,089
14	$\times 10^6$	1,203	1,329	1,469	1,623	1,794	1,983	2,191	2,422	2,676	2,958
15	$\times 10^6$	3,269	3,613	3,993	4,413	4,877	5,390	5,956	6,583	7,275	8,040
16	$\times 10^6$	8,886	9,820	10,85	11,99	13,26	14,65	16,19	17,89	19,78	21,86
17	$\times 10^6$	24,15	26,69	29,50	32,60	36,03	39,82	44,01	48,64	53,76	59,41
18	$\times 10^6$	65,66	72,56	80,20	88,63	97,95	108,3	119,6	132,2	146,1	161,5
19	$\times 10^6$	178,5	197,2	218,0	240,9	266,3	294,3	325,2	359,4	397,2	439,0
20	$\times 10^6$	485,2	536,2	592,6	654,9	723,8	799,9	884,0	977,0	1080	1193

Schrifttum

A. Bücher

1. CEI: Specification pour condensateurs de réseau, 1ère – 3ième Partie, Genève (Suisse): Bureau Central de la CEI, 1954, 1955, 1957.
2. CHEVALLIER, A.: Télétransmission par ondes porteuses dans les réseaux de transport d'énergie à haute tension, Paris: Dunod 1946.
3. DRESSLER, G.: Hochfrequenz-Nachrichtentechnik für Elektrizitätswerke, Berlin: Springer 1941.
4. HENNING, W.: Die Fernwirktechnik im Dienste der Elektrizitätsversorgung, 3. Aufl., München/Wien: Oldenbourg 1963.
5. JOHN, S., BERGMANN, G.: Die Fernmessung Bd. III, Karlsruhe: G. Braun 1963.
6. ZUR MEGEDE, W.: Fortleitung elektrischer Energie längs Leitungen in Starkstrom- und Fernmeldetechnik, Berlin/Göttingen/Heidelberg: Springer 1950.
7. NEUGEBAUER, H.: Selektivschutz, 2. Aufl., Berlin/Göttingen/Heidelberg: Springer 1958.
8. SCHÖNHAMMER, K., VOSS, H. H.: Fernschreibübertragungstechnik. München/Wien: Oldenbourg 1966
9. SWOBODA, G.: Die Planung von Fernwirkanlagen, München/Wien: Oldenbourg 1967.
10. UCPTE: Der Schutz grenzüberschreitender Kuppelleitungen unter Verwendung von TFH-Signalverbindungen für den Leitungsschutz, Laufenburg (Schweiz), 1959/60, Jahresbericht.

B. Aufsätze in Zeitschriften, Berichte

11. AIEE: Guide to application and treatment of Channels for powerline carrier. AIEE Transactions 73 (1954) Pt III-A, S. 417–436.
12. ALSLEBEN, E.: Betriebsdämpfung von Hochspannungsleitungen im Trägerfrequenzbereich, ETZ A 80 (1959) H. 8, S. 245–251.
13. ALSLEBEN, E.: Valeurs des grandeurs caractéristiques des réseaux à haute tension à prendre en considération pour l'établissement d'un projet d'installation à courants porteurs et données pour la mesure de ces grandeurs. CIGRE 1962. Rapport 319.
    Deutsche Fassung: Elektrizitätswirtschaft 61 (1962) H. 11, 363–373.
14. ALSLEBEN, E., SCHUMM, E.: Schutzsignalübertragung über Hochspannungsleitungen, ETZ B 19 (1967) H. 4, S. 89–95.
15. ALSLEBEN, E., BERGMANN, G.: Entkopplung von Hochspannungsnetzen für die Trägerfrequenzübertragung (TFH). Österr. Zeitschrift für Elektrizitätswirtschaft, Jg. 23 (1970) H. 4, S. 127–131.
16. BARSTOW, J. M.: Carrier telephones for farms. Bell. Labor. Rec. 25 (1947) H. 10, S. 363–366.

17. CHEVALLIER, A., HOLLEVILLE, M., BARRAULT, F.: Perturbations produites par les ondes parasites engendrées par les manœvres des sectionneurs. CIGRE, Session 1950, Rapport 337.

18. CHEVALLIER, A.: Prédétermination des conditions de propagation d'une onde à haute fréquence, se propageant le long d'une ligne triphasée symétrique à haute tension, lorsque le générateur de cette onde attaque la ligne entre un conducteur de phase et la terre. Rev. Gén. Electr. 60 (1951) 164–172.

19. ELMUND, H., ENGSTRÖM, S., HOLLNER, A.: Recherches expérimentales sur les interférences transitoires provenant des défauts des lignes d'énergie sur l'equipement à courant porteur, du point de vue des relais, CIGRE, Session 1952, Rapport 303.

20. FLEISCHER, H., GRAFF, G.: Abschätzung der höchstzulässigen Fremdspannungen für Trägerfrequenzverbindungen auf Hochspannungsleitungen und Vorschläge für Mindestempfangspegel der hochfrequenten Signale. Elektrizitätswirtsch. 58 (1959) H. 22, S. 775–781.

21. FLEISCHHAUER, W., PODSZECK, H. K., VOGL, W.: Vielfach-Trägerfrequenz-Nachrichtenübertragung über Hochspannungs-Bündelleiter. Siemens Zeitschr. H. 8 (1963) 589–596.

22. GROSSKOPF, J.: Die Beeinflussung des trägerfrequenten Sprechverkehrs auf Hochspannungsleitungen durch Funksender. FTZ 7 (1954) H. 11, S. 623–636.

23. HABANN, E.: Die HF-Telephonie und ihre Drosseleinrichtungen. Elektrizitätswirtsch. 27 (1928) Okt. 1/468, S. 499–505.

24. HOCHRAINER, H.: Fortschritte auf dem Gebiete der Rundsteuerung von Elektrizitätsversorgungsnetzen. Elektrotechnik und Maschinenbau 86 (1969) H. 2, S. 44–65.

25. JAUDET, R.: Origine, nature et ordre de grandeur des oscillations à haute fréquence produites par les manœvres de sectionneurs sur les réseaux de transport d'énergie à haute tension. Bull. Soc. franç. Electr. 8 série, tome I, No. 6 (Juni 1960) 381–398.

26. KALCKHOFF, G.: Über die Hochfrequenzverluste in einer Hochspannungsschaltstation beim Trägerfrequenzfernsprechen auf Hochspannungsleitungen. Frequenz 7 (1953) H. 1, S. 1.8.

27. KUHN-KUNIEWSKI, H.: Influence des transformateurs de puissance sur la distribution de courants porteurs dans les lignes de transport d'énergie à haute tension. CIGRE, Session 1954, Rapport 315.

28. LUTSCH, A.: Beitrag zur Frage der Anwendbarkeit des Einseitenbandverfahrens für frequenzmodulierte Schwingungen. FTZ 2 (1949) H. 11, S. 347–351.

29. MATTHIES, H.: Trägerfrequenz-Übertragung auf isolierten Erdseilen von Hochspannungsleitungen in den USA. ETZ Ausg. B (1967) H. 26, S. 737–741.

30. MIKKELSEN, M. A.: Affaiblissement de la transmission par courant porteurs sur ligne d'énergie, specialement pendant la formation de verglas et de givre sur les conducteurs. CIGRE, Session 1950, Rapport 323.

31. MOEBES, R.: EW-Fernmeldeanlagen als Ursache von Rundfunkstörungen. Telegr. Prax. 18 (1938) H. 10, S. 153 u. 154.

32. MOEBES, R.: Gegenseitige Beeinflussung von drahtgebundenen und drahtlosen Funkdiensten. ETZ 63 Ausg. A (1942) H. 9/10, S. 113–116.

33. PELISSIER, R.: Propagation des ondes éléctromagnétiques guidées par une ligne multifilaire. Rev. Gen. Electr. 78 (1969) 337–352 u. 491–505.

34. PODSZECK, H. K.: Die Bandbreite von Trägerfrequenz-Nachrichtenkanälen auf Hochspannungsleitungen. ETZ 74 Ausg. A (1953) H. 18, S. 525–529.

35. PODSZECK, H. K.: Kapazitive Spannungswandler in Trägerfrequenz-Nachrichtenanlagen für Hochspannungsnetze. ETZ 75 Ausg. A (1954) H. 19, S. 668–671.

36. Podszeck, H. K.: Sécurité des télécommunication dans les réseaux éléctriques en présence de bruit. CIGRE 1970, Rapport 35-01.
37. de Quervain, A.: Die Dämpfung von leitungsgerichteten Trägerfrequenzwellen durch Rauhreif. Bull. schweiz. elektrotechn. Ver. 42 (1951) H. 24, S. 949–953.
38. de Quervain, A.: Hochfrequenzkupplung für den Schnelldistanzschutz. Brown Boveri Mitt. 47 (1960) H. 5/6, S. 345–352.
39. Schumm, E.: Fernauslösung von Hochspannungsschaltern durch Trägerfrequenzsignale. ETZ 11 Ausg. B (1959) H. 12, S. 471–475.
40. Seidler, E.: Ströme in Erdungsvorrichtungen und tragbaren THF-Sperren bei Arbeiten an einsystemig abgeschalteten 220-und 380-kV-Doppelleitungen. Mitteilungen des Instituts für Energetik, Leipzig (1966) H. 81, S. 29–41.
41. Stimmer, H.: Distanzschutz für Höchstspannungsleitungen mit gegenseitiger Schaltermitnahme über leitungsgerichtete Trägerfrequenzverbindungen. Elektrizitätswirtsch. 59 (1960) H. 17, S. 595–598.
42. Wedepohl, L. M., Wasly, R. G.: Wave propagation in polyphase transmission systems. Resonance effects due to discretely bonded earth wires. Proc. Instn. Electr. Engrs. 112 (1965) H. 11, S. 2113–2119.
43. Westell, E. P. L.: The reduction of Radiation from Carrier Communication Circuits on Overhead Power Lines. J. Instn. Engrs. Austr. 24 (1952) 213–219.
44. Wood, T. D.: Application and operating experience of carrier communication over insulated static wires. IEEE Paper 31 CP 66–41.

Sachverzeichnis

721/34/70